Prefácio

A muito tempo atrás no leve não Era nada - nenhum terra, nenhum céu, nenhum areia, nenhum resfriado ondas. Havia apenas um abismo negro impenetrável, Ginnungagap, ao norte do qual ficava reino eterno névoas Niflheim, uma para sul - reino eterno incêndio Muspelheim. Muspelheim foi arrepiante país escaldante aquecer, uma dentro Niflheim, contra, o frio gelado e a escuridão prevaleceram. O mundo estava um caos, e assim continuou por muito tempo. Quanto tempo - ninguém pode dizer, porque o tempo e o espaço dos mitos édicos não não tem nada a ver com os conceitos abstratos de extensão e duração, que estamos acostumados a operar com você. O espaço mitológico não é apenas finito, mas discreto e não uniforme; se decompõe em pedaços isolados, que são ou Lugar, colocar algum importante desenvolvimentos, ou Lugar, colocar fique herói. É por isso é absolutamente impossível fazer um mapa do mundo dos mitos eddic, já que os países neles mencionados não são orientados um em relação ao outro. Aliás, daqui há também um ponto tão importante quanto a falta de ideias inteligíveis sobre o mundo supra-sensível, ou de outro mundo, pois todos os mundos dos mitos escandinavos são equivalentes e igualmente reais. Eles não se opõem de forma alguma ao mundo "aqui e agora", mas a possibilidade dentro eles penetrar determinado unicamente perseverança herói.

Outros palavras narrador não parece no Itens de fora e não tentando retratá-los como eles realmente aparecem para ele. Ele se coloca no meio dos acontecimentos, dentro do que está acontecendo, e não se pensa fora desse todo único. Não separando-se do objeto, ele ordena as coisas e os eventos antes de tudo pelo seu parâmetro significado. Considerações de confiabilidade ou visibilidade não desempenham nenhum papel para ele. Semelhante ausência Claro oposição sujeito objeto posso nome interno ponto ver em espaço.

MAS porque o espaço Eddic mitos privado conectividade e desmorona dentro casca fragmentária, então o vazio primordial declarativo não é concebido fora do concreto o preenchimento. O abismo do mundo, como se vê nas primeiras páginas, não é de todo mundo, uma vez que do norte é adjacente ao país das trevas e do frio, e do sul - o reino do fogo. Portanto, a criação não é um nascimento do nada, mas uma transformação banal de existir. A PARTIR DE assim mesmo sucesso posso rasgar aberto velho inútil vestir e esculpir a partir de dele novo terno.

Quando a primavera vivificante Görgelmir de repente irrompeu no reino das neblinas, o abismo de Ginnungagap foi corrido pelas águas de doze poderosos córregos. E embora a geada feroz Niflheim imediatamente virou agua dentro gelo, fonte contínuo bater não cessando.

Blocos de gelo cresceram aos trancos e barrancos, empilhando-se uns sobre os outros e subindo, e quando um manto de gelo monstruoso se arrastou perto dos arredores de Muspelheim, seu fogo respiração derreteu o gelo milenar. Fogos de artifício de faíscas quentes, espirrados do reino do fogo, misturado com água derretida e deu vida a ele. E então do abismo de Ginnungagap lentamente rosa gigantesco figura, pisando forte pé fixo gelo Concha. Foi o gigante Ymir, a primeira criatura viva do mundo. No primeiro dia da criação (se considere o nascimento de Ymir no primeiro dia) um menino e uma menina apareceram debaixo de seu braço, e 1 perna concebida Com outro seis cabeças filho gigante. Então Era suposto Começar cruel e insidioso tribo gigantes Grimtursenov.

Ymir e sua prole precisavam de comida, mas na escuridão, frio e caos dos sem vida alimentar-se no deserto era muito problemático. Assim, juntamente com o progenitor gigantes a partir de Derretendo gelo apareceu gigantesco vaca Audumla, a partir de úbere que correm quatro rios de leite. Audumla pastava no gelo e lambia o gelo salgado pedaços. Ela trabalhou tanto que no final do terceiro dia, um gigante da Tempestade saiu do bloco, o antepassado dos três deuses - Odin, Vili e Be. Os irmãos não favoreceram o imperioso e cruel Ymir, mas por isso se rebelaram contra o primeiro dos gigantes e, depois de uma longa e cansativa luta, mataram seu.

E paz foi assim enorme o que sangue, jorrando a partir de seu correu, inundado o todo mundo. Os gigantes e a vaca Audumla desapareceram sem deixar vestígios nos elementos em fúria, e apenas um dos Os netos de Ymir tiveram sorte: ele conseguiu construir um barco no qual e escapou com seu esposa. Os deuses irmãos começaram a reconstruir o mundo, para o eterno frio e escuridão que reinava ao redor, eles não gostaram. Do corpo de Ymir eles fizeram a terra na forma de um disco plano e eles a colocaram no meio de um vasto mar que se formou com seu sangue. Do crânio de Ymir irmãos feito celestial cofre, a partir de seu ossos construído as montanhas, a partir de cabelo feito árvores,dos dentes - pedras e do cérebro - nuvens. No meio do mundo eles construíram Midgard - a morada pessoas (na tradução, midgard significa "pátio do meio"), e as terras periféricas à beira-mar dado aos gigantes. Para proteger contra os gigantes, eles cercaram Midgard com um muro alto, que feito das pálpebras (ou cílios) de Ymir. Cada um dos quatro cantos dos deuses do firmamento enrolado em forma de chifre e plantado em cada chifre de acordo com o vento. Das faíscas quentes voando para fora Muspelheim, eles fizeram estrelas e decoraram o firmamento com elas. Algumas das estrelas foram fixos e imóveis, e alguns foram autorizados a circular o céu para que pudessemaprender Tempo.

É verdade que outras canções eddicas dizem que existiram corpos celestes e antes da, é por isso Trabalhar Deuses reduzido Total só para instruções Essa lugares, que eles deveria leva.

O sol não sabia
onde é a casa dele
as estrelas não
sabiamonde eles
brilham não sabia
por um mês
relíquias seu.

interno ponto visão no espaço parece, dentro em particular dentro volume, o que a geografia nos mitos escandinavos não existe à parte da ética. Todas as coisas boas estão reunidas em Centro Paz, uma mal condenado amontoado no seu arredores. Algum sujeito automaticamente recebe uma classificação de qualidade dependendo de onde está localizado. No meio do mundo localizado Midgard, e o país Giants Jotunheim fica nos arredores, ou seja, razoável suponha o que arredores Paz - isto é terra. Entre tópicos a partir de outros músicas segue, o quea periferia do mundo nada mais é do que o mar que circunda a terra em um anel, no fundo do qual adormece a monstruosa serpente do mundo Jormungandr, mordendo o próprio rabo. Mas quando os deuses vão para a terra dos gigantes, toda vez que eles têm que atravessar o mar estreitos. A periferia do universo escandinavo paradoxalmente acaba por ser terra e pelo mar simultaneamente.

NO Centro Paz também reina flagrante confusão. Exceto Midgard, habitado povo, a câmara dos deuses Asgard se ergue lá, e a árvore do mundo, o freixo Yggdrasil, perfura terrestre disco dentro precisão no meio por seu coroa estende acima de todos o mundo. NO interpretações cristãs posteriores tentam elevar Asgard ao céu, mas essas lamentáveis "caretas e saltos" só podem causar um sorriso condescendente, já que o céu dos mitos édicos não é diferente da terra. E embora no espaço euclidiano a combinação de três objetos no mesmo lugar é absolutamente impossível, esses contadores de histórias absurdo não é embaraçoso. Apenas a câmara dos deuses, a morada das pessoas e a árvore sagrada não são poderia estar em nenhum lugar, mas meio Paz.

O tempo dos mitos escandinavos também é fragmentário e rigidamente ligado ao evento fileira. Se nada digno de atenção está acontecendo no mundo, então o tempo pára. Lugar, colocar. Simplesmente não é concebido como uma substância fluida, não sujeita a influências. de fora: E se entre dois eventos ausência de causal conexão, arranjoeles sobre ordem resolutamente impossível. Digamos absolutamente não claro, dentro que cronológico sequências devo ser localizado Visita trovão Torá para ao gigante Geirod, seu duelo com a serpente mundial Jormungandr e a batalha com a pedra gigante Grungnir. Mais Ir, algum narração imediatamente desmorona no fragmentos vivendo uma vida independente, e o caráter deste ou daquele mito é quase sempre uma figura estática executando um número de circo memorizado. Não há desenvolvimento nisso. Por exemplo, Magni, filho de Thor, é famoso por empurrar a perna do gigante derrotado do pescoço pai. No entanto, este não era seu feito infantil, mas um feito em geral. Magni é sempre uma criança efora de seu ato corajoso simplesmente não existe. Por outro lado, o pai dos deuses Um, aparentemente sempre Velhote.

Passado, presente e futuro também fluem suavemente um para o outro e maravilhosos convivem lado a lado. Isso é inequivocamente evidenciado pela gramática do Eddic mitos, quando formulários passado Tempo à vontade alternar Com formulários presente ou futuro. Os deuses não vivem em tempo, onde os eventos podem se tornar tão ou algo assim, mas numa espécie de eternidade imóvel, onde tudo é pintado como que por notas. A partir de meros mortais são separados por uma distância épica absoluta, como um historiador inteligente. Naquela época distante, tudo era diferente e até o tempo fluía de forma diferente. Chegando morte Deuses, designadas esmerilhamento palavra "Ragnarok" estabelecer volva-adivinhos como um evento que ocorre aqui e agora, mas isso não é nada não contradiz o fato de que a catástrofe ainda não ocorreu. Outros palavras passado e futuro apresentaram-se igualmente real, e mover-se ao longo do eixo do tempo parecia tão natural quanto, digamos, viajar a partir de Asgard dentro Jotunheim.

Uma recontagem bastante detalhada do mito escandinavo da criação do mundo não foi realizada. por amor à arte (embora a poesia sombria e majestosa das sagas do norte não possa, em nossa olha, deixa indiferente uma pessoa com bom gosto literário), mas só por Ir, para vocês, leitor, poderia imbuir confuso cosmogonia antigo. Atos escandinavo Deuses e Heróis dentro pré-cristão era recebido ligar Eddic mitos, Porque o que elas alcançado antes da nosso dias dentro dois literário monumentos - "Younger Edda" e "Elder Edda". O autor da "Younger Edda" é considerado islandês Snorri sturluson, que o dentro primeiro metade XIII século coletado juntos e sistematizou os mitos que existiam na tradição oral. No entanto, chamá-lo de autor possível com um certo trecho, porque naquela época tal conceito simplesmente não existia. A autoria do "Elder Edda" não foi estabelecida, assim como a etimologia da palavra "Edda" é desconhecida; suposto, o que isto indo a partir de fazendas Oddy, Onde Snorri trouxe mas longa distância não tudo cientistas tal a interpretação é satisfatória.

Mitos cosmogônicos sobre o nascimento do mundo a partir do caos existiram em diferentes épocas entre muitos povos. Por pouco tudo elas permeado 1 e tópicos mesmo motivo: original caos oposição elementos (Como as regra incêndio e agua) sobre vai Deuses finge ser dentro espaço bem organizado, e a desordem dá lugar à harmonia estrita. Muitas vezes o criador parte a partir de romances, e então comprometido transição a partir de mitológico Tempo para Tempo histórico. Em outras palavras, o mundo nasce não no tempo, mas junto com o tempo. Se um Aplique para antigo camadas folclore e mitológico performances, mostrar-se incrível semelhança cosmogônico sistemas, criada dentro diferente partes do globo. Claro, não haverá correspondência detalhada, mas o principal a linha será destacada com bastante clareza: um confronto feroz entre as forças polares, confrontos de deuses e monstros, ordenação do caos primordial e repetição tediosa tudo mudança. egípcio antigo ou hindu cultural tradições dentro isto senso de jeito nenhum não diferente a partir de Antiguidade. Nós decidiu Aplique para escandinavo legendas só porque eles têm um selo estranho de autenticidade pagã, que não é você encontrará, por exemplo, em antigos mitos gregos, que no decorrer de séculos de cultura os polimentos estão bastante desgastados e parecem, por assim dizer, um pouco pós-modernos no contexto do Eddic músicas. islandês cientista Sigurd nórdico Então escreveu cerca de 1 a partir de livros "Mais jovem Edda":

...

A Visão de Gylvi é uma daquelas obras atemporais que você pode ler criança imediatamente após a cartilha e depois repetidas vezes em todos os níveis de desenvolvimento e conhecimento e cada uma vez achar novo, e novo, e novo. este livro simultaneamente e transparente e difícil de entender, simples como uma pomba e astuta como uma cobra, dependendo de como profundo leitor penetra dentro sua. Por, Apesar pagão panorama não totalmente revelado dentro sua, dentro maior integridade seu não achar nenhum dentro o que amigo trabalhar.

Quando dentro era Iluminação triunfou Ciência natural quadro Paz, as idéias ingênuas dos antigos foram riscadas. O universo se tornou um padrão divino harmonia, eterno e inalterado espaço, vivo sobre rigoroso leis matemáticas. No final do século 19, eles até começaram a falar sobre o fim da física: dizem que todas as questões fundamentais já receberam resolução final, portanto deixei só dar um passeio mão mestres sobre polido antes da brilhar fachada, para eliminar menor rugosidade. No entanto muito em breve a partir de imperceptível rachaduras lançou tanta fumaça que todo o edifício da física tradicional estava desesperadamente febril. Do passado não havia vestígios de boa vontade. A acolhedora era vitoriana estava lentamente desaparecendo passado, e no mudança clássico Ciência XIX século veio novo física - paradoxal incomum e assustador. mudança ocorreu no virar séculos nada mal refletido dentro famoso quadrinho quadras.

Este mundo estava envolto em profunda escuridão. Que haja luz! E aí vem Newton.
Mas Satanás não por muito tempo esperou vingança:
Veio Einstein - e passou a ser tudo Como as antes da.

Claro, seria absurdo traçar um paralelo direto entre a filosofia natural Visualizações antigo e conquistas contemporâneo Ciências Naturais. No entanto pagão quadro Paz no tudo seu ingenuidade e ingenuidade rentável é diferente a partir de imóvel e tedioso espaço deterministas. Ela é paradoxal exótico e surpreendentemente dinâmico. Aliás, os pensadores de épocas posteriores sempre abundantemente extraída do folclore. Por exemplo, uma das mentes mais profundas e originais da Hellas - Heráclito, o Escuro (século VI aC), que disse que não se pode entrar duas vezes no mesmo rio, uma vez proclamou: "Você deve saber que a guerra é universal!" Claro que não se trata de armado confrontos no campo repreensão, porque eles Total só privado acontecendo universal lei: tudo ser - feto luta livre, e Eu mesmo mundo há eterno tornando-se.

A filosofia natural pagã está longe de ser tão primitiva quanto pode parecer na superfície. primeiro olhar. digamos mitos sobre o início dos tempos o universo era mais dentro Estado, perto do caos, revelam interseções surpreendentes com as últimas tendências cosmológicas Ideias. É verdade que a relação entre caos e espaço, entropia e ordem no mundo moderno modelos cosmológicos do nascimento do Universo do nada é um pouco diferente: os primeiros momentosas vidas do nosso mundo são concebidas como um estado de ordem superior, e mais entropia Irresistível está crescendo. No entanto, existe e oposto ponto visão: "primárioátomo", a partir de o qual surgiu mundo, foi caótico homogêneo Estado, uma tudo história O Universo nada mais é do que o processo de sua complicação evolutiva estruturante. De uma forma ou de outra, mas as questões fundamentais do ser estavam novamente em evidência astrofísicos e cosmólogos, é claro, no amigo nível compreensão.

Moderno fisica quadro Paz perdido visibilidade, antigo alfa e ómega clássico Ciência penúltimo séculos. Quando leitura cerca de quantização espaço, onda corpuscular dualismo ou incrível metamorfose, que ocorrem ao longo do tempo dentro de buracos negros, lembra-se involuntariamente de uma divisão em peças espaço Eddic mitos e incrível mítico Tempo, não sabendo diferenças entre passado e futuro. E a combinação em um ponto do mundo das pessoas, o salão deuses e a árvore sagrada do mundo - por que não os detalhes das partículas elementares na física micromundo? A milagrosa evaporação do Universo da espuma do espaço-tempo e sua morte inevitável, quando "não haverá mais tempo" (palavras de João, o Teólogo), também é possível encontrar correspondências nos mitos de diferentes povos. Portanto, dificilmente é razoável dar um tapinha ancestrais no ombro, reclamando das limitações de seus conhecimentos em ciências naturais. Ainda não conhecido,o que é mais fácil - inventar um novo cenário cosmológico ou ser o primeiro a dar respostas, vamos aproximados ou mesmo errôneos, a questões sobre padrões fundamentais ser. E quem sabe, talvez, modelos sofisticados da ordem mundial, que são muito astrofísica moderna, parecerá aos nossos descendentes como desajeitada e distante a partir de realidade, o que nós ver cosmogônico representação antigo.

distâncias, milhas, milhas

Aquele que criou o mundo fez um sonho de conhecer Criada em estrelas diferentes. Ele erguido entre eles uma barreira perfeito vazio e invisível mas irresistível: ter, uma nãohumano distância.

Stanislav Lem

NO antiguidade pessoas vivido no apartamento Terra. Nada incrível dentro isto Não, por humano olho terreno superfície e na verdade vê fugindo por horizonte sem limites avião, E se, certamente, negligência local gotas alívio sobre altura. Viajando pelos vales e pelas colinas, os mercadores e soldados do Mundo Antigo podiam própria experiência para se certificar de que a superfície da Terra é um enorme apartamento panqueca.

No entanto, considerar nossos ancestrais distantes como simplórios ingênuos seria imprudente e míope. É só que a ciência naquela época ainda estava se debatendo em fraldas. Pilha solta fatos, onde observações precisas e conjecturas surpreendentes intercaladas com monstruosas equívocos, ainda não sistematizados. Separar o joio do trigo não é nada tal tarefa fácil como pode parecer no primeiro olhar.

Mas E se visão nós não engana e Terra verdade apartamento, deve gostaria descobrir, Como as longa distância ela é estende. MAS porque o ninguém a partir de mortais não gerenciou chegar à borda e olhar para baixo, parecia bastante lógico supor que isso as bordas não de forma alguma - terreno superfície lugar algum não termina. Mas infinidade - muito desconfortável conceito, mal receptivo racional compreensão, e pessoas sempre procurado a partir de sua livrar-se de. Se um mesmo borda no Terra afinal há, o que, dizer no misericórdia, pode impedir as águas do mundo, de todos os lados lavando a terra, sem deixar rastro para derramar sem fundo um abismo? Posição salvou celestial cofre, derrubado acima de terra tigela gigantesca e constituindo com ela um único todo. Então para sempre em fuga o horizonte será o lugar onde a cúpula de cristal do céu se conecta com o firmamento da terra. Entre a propósito, bíblico expressão " firmamento terreno e firmamento celestial" é eco Essa Antigo Testamento representações geográficas.

Então, nós pelo menos resolvido Com dispositivo Universo. Ocorrido cocho Comfundo chato, bateu com a tampa da abóbada do céu. Resta determinar a forma e dimensões isto desenhos. No entanto no diferente povos as vezes existia diametralmente oposto opiniões sobre esta conta.

Digamos, os antigos egípcios, que viviam no vale do Nilo, e os sumérios, que habitavam o interflúvio Tigre e Eufrates, acreditavam que a Terra é muito mais longa de leste a oeste do que do norte Sul. Por uma série de razões históricas, eles estavam bastante familiarizados com os habitantespaíses vizinhos situados nas fronteiras leste e oeste de seus reinos, mas o sul e norte terra por muito tempo nós estamos por eles por pouco completo terra incógnita. É por isso Sumérios e egípcios Terra desenhado dentro Formato retangular gaveta, alongado dentro latitudinal direção. Entre os gregos, o sentido das proporções geométricas foi, aparentemente, desenvolvido melhor: na opinião deles, a Terra era uma placa redonda, claro, com a Grécia em Centro. terra co tudo partidos lavado agua poderoso rios debaixo nome Oceano, uma Mediterrâneo mar foi sua magro ramo, seu Gentil apêndice, esticado para o centro Paz.

grego antigo historiador e geógrafo Hecateu Milesiano, viveu para cinco séculos antes da início da era cristã, o autor da obra fundamental "Descrição da Terra", que veio a até os dias atuais em fragmentos, até tentou calcular as dimensões desta placa. Ele veio para a conclusão de que seu diâmetro não deve ultrapassar 8 mil quilômetros; então a área terra plana será igual a 50 milhões de quilômetros quadrados. E embora verdade a área do nosso planeta é 10 vezes maior, atrevemo-nos a acreditar que os números obtidos pelos bravos um nativo de Mileto, parecia monstruoso para os contemporâneos. Claro, o círculo é mais perfeito figura sobre comparação Com desajeitado retângulo, mas a questão sacramental do que mantém o disco da terra no lugar ainda permaneceu sem resposta. Os antigos gregos não nasceram do nada e sabiam perfeitamente que todos os corpos pesados tendência cair.

— Se o disco da Terra plana é realmente tão grande, disseram os céticos, alegremente esfregando as palmas secas, então deixe o respeitado Hecateus nos explicar, irracional, o que forças fazem com que ele fique imóvel. Se, no entanto, ele cair com um apito no vazio, como todos os outros corpos, então por que não notamos essa impetuosa cair?

Nós não nós sabemos Como as respondidas o primeiro Antiguidade geógrafo no desconfortável perguntas oponentes. Era mais fácil dizer que o firmamento da terra se estende para baixo indefinidamente, mas isso imediatamente levou a memória amaldiçoado infinito, de que agora mesmo gerenciou sai fora. Onde mais esperto Era suponha o que terrestre disco descansa no nada durável. hindus coloque a terra no quatro pilar.

— Altamente Bom, - mordazmente filtrado Através dos lábio céticos, - uma no Como as ficar pilares?

— No elefantes gigantes, isto é até pequena crianças conhecer.

— MAS elefantes?

— MAS elefantes, Sim vai ser para você conhecido Pisotear seus pés Concha gigantesco tartarugas.

— MAS tartaruga?...

O mal infinito rastejou teimosamente para fora de todos os buracos vez após vez, e a ideia de apartamento Terra dirigiu pensador em sem esperança fim da linha.

Vamos relembrar o engraçado conto de Lazar Lagin sobre o poderoso gênio Gassan Abdurrahman ibn Hottabe por nascimento a partir de antigo Arábia, por vontade destino encontrou-se dentro moderna Moscou. Dizem que ele era uma figura muito influente na corte do sábio rei Salomão, que governou 3000 anos atrás na Palestina, mas de alguma forma não agradou a César. O rei amoroso (segundo a lenda, Salomão teve 700 esposas e 300 concubinas) não para ficar em cerimônia com os desobedientes e sem longas conversas ordenou que ele fosse preso em um vaso de barro, que se afogaria nas profundezas do mar. E 3000 anos depois, um estudante de Moscou Volka Kostylkov por acaso deparar no musgoso cerâmica navio em Tempo manhã tomando banho. Quão viver gênios, dentro precisão ninguém não sabe mas Hottabych revelou-se um velho incomumente alegre e complacente e, portanto, imediatamente ofereceu sua salvador de muitos serviços. Volka fez um exame de geografia, no qual foi bastante finamente nadar Então o que depois de várias puramente formal movimentos do corpo certo pioneiro e válido membro astronômico Xícara no Moscou planetários acenou benefício mútuo acordo.

Dicas gênio - não Libra. passas de uva. Wolke pegou Índia, mas cerca de árabe mare a Baía de Bengala, que banham as margens desta vasta península, pobre rapaz não teve tempo de dizer nada. Contra sua própria vontade, ele falou um absurdo total sobre país, deitado no ele mesmo borda terreno disco, e cerca de adjacente terras, habitado Careca pessoas que comer exclusivamente cru peixe e amadeiradocones.

Quando lhe perguntaram de que disco ele estava falando, e ele não sabia que a Terra tem a forma de uma bola, Volka, obedecendo Hottabych, sorriu arrogantemente e continuou em brinquedo mesmo maneira eloquente:

...

– Você se você por favor conte piadas acima de Sua mais devotado aluna! Se um gostaria Terra foi bola, agua fluiu para baixo gostaria Com sua caminho e pessoas morreu gostaria a partir de sede uma plantas secou. Terra, Ó mais digno e nobre dos professores e mentores, teve e tem a forma disco plano e é banhado por todos os lados por um majestoso rio chamado "Oceano". A terra repousa sobre seis elefantes, e eles estão sobre uma enorme tartaruga. É assim que o mundo funciona, oh professora!

piadas piadas mas sem imaginação representação cerca de natureza das coisas no raridade persistente. Diz-se que uma vez Bertrand Russell, o eminente filósofo inglês e matemático, deu uma palestra pública sobre astronomia. E embora tenha acontecido relativamente recentemente, no início do século passado, o conferencista foi meticuloso e sem pressa. Falando sobre como A terra gira em torno do sol, ele não deixou de notar que nossa magnífica luz do dia leve é comum Estrela e, dentro minha virar, também em movimento por aí Centro Galáxias. Quando a palestra terminou, uma pequena senhora idosa se levantou das fileiras de trás. senhora e declarado o que tudo, cerca de Como as aqui interpretado caro conferencista, - contínuo Absurdo.

– No ele mesmo ato, - disse ela é, - nosso mundo - isto é grande apartamento prato, que custos no de volta tartaruga gigante.

– Nós iremos Bom, - sorriu Russel, um no Como as mesmo segurando tartaruga?

– Você é muito perspicaz, jovem, respondeu a velhinha. - Uma tartaruga está de pé nas costas de outra tartaruga, aquela está em cima da outra, e assim por diante, e assim por diante. Mais longe.

Pode ser, cosmogonia Hecateia mais por muito tempo foi gostaria dentro vai, E se gostaria não separado pequenas coisas irritantes. Os gregos observadores notaram que a imagem do céu estrelado é palpavelmente muda conforme você viaja do sul para o norte. Parte das estrelas flutua sobre o horizonte sul, e no norte, novas constelações se iluminam que não podem ser vistas nas latitudes do sul. Por exemplo, Polar Estrela degrau por degrau escaladas tudo acima de e acima de, a partir de o que Com era necessário concluir que mais cedo ou mais tarde ele ficaria pendurado bem acima viajante. É claro gregos Era inconsciente, o que semelhante evento pode ser tomar lugar só só no Norte pólo, mas tendência falou ela própria por Eu mesmo. (Para ser justo, notamos que cinco séculos antes do nascimento de Cristo, o Polar, isto é, alfa Ursa Menor, não era a estrela mais próxima do pólo, mas essas particularidades estamos aqui omitir.) Por outro lado, ao viajar para o sul, a Estrela do Norte começa a deslizar para baixo, arrastando ao longo das constelações do norte, e as desconhecidas emergem do horizonte do sul estrelas. Na linha do equador (o conceito é igualmente especulativo para os antigos gregos, como Pólo Norte) A Estrela do Norte deve estar no horizonte norte. Se a terra fosse um disco plano, o padrão das constelações mudaria extremamente ligeiramente, mudando ligeiramente por perspectiva. O céu estrelado pareceria o mesmo em todos os lugares, mas o complexo evolução não gostaria e dentro lembrar.

Portanto, o antigo filósofo grego Anaximandro, que viveu quase 100 anos antes de Hecateus e também nativo Mileto, sugerido o que terreno superfície urdidura sobre direção de sul para norte. Em vez de uma laje redonda, ele tem um cilindro deitado horizontalmente, na superfície da qual as pessoas vivem. Deve-se dizer que a cidade da Ásia Menor Mileto era a verdadeira Meca cultural do mundo antigo, para um contemporâneo mais antigo Anaximandro, seu compatriota e professora Tales o primeiro representante escolas jônico filósofos naturais, também Entendido senso dentro movimento celestial luminárias. Por lenda, ele previu um eclipse solar de 585 aC. e. Francamente, não está totalmente claro como ele conseguiu fazer isso, porque em Tales nossa Terra tinha a forma de um disco plano, flutuando na superfície do oceano sem fim. A teoria dos eclipses solares e lunares os gregos se desenvolveram muito mais tarde, então vamos deixar as conquistas de Tales de Mileto para consciência cronistas.

A Terra cilíndrica de Anaximandro foi um avanço inegável em comparação com Universo plano de Hecateus ou Thales, mas, infelizmente, ela não salvou a situação. Como se sabe, Antiguidade gregos nós estamos marítimo as pessoas muito cedo dominado e assentou Mediterrâneo costa no todos seu por todo - a partir de Gibraltar pilares no oeste até as costas da Ásia Menor no leste. Navios ágeis de nariz afiado de bravos marinheirosnão só penetrou através da cadeia de estreitos no Mar Negro (os gregos o chamavam de Euxine Pontom), mas também foram para o Atlântico, e em busca do lendário país de Thule, chegaram Britânico ilhas (expedição Píteas). não sem razão fabulista Esopo uma vez comparado seus companheiros de tribo com sapos, presos em torno de seu pântano nativo por todos os lados. antigo gregos, cuja vida inteira estava intimamente ligada ao mar, quase todos os dias teve uma chance ver fora frágil cartuchos dentro distante natação. Com cuidado assistindo por navios que saem do porto, eles mais de uma vez tiveram a oportunidade de se certificar de que o navio não apenas derrete "no nevoeiro azul do mar", mas parece desaparecer atrás da encosta do morro ao longo partes: primeiro o casco é escondido dos olhos, depois a vela, depois os topos dos mastros. Para aqueles que capaz acho, permaneceu Faz elementar mental um esforço, para venha para conclusão cerca de esfericidade Terra. Mais Ir, navios iludido debaixo montanha absolutamente igualmente fora dependências a partir de instruções, dentro que elas flutuava. Viagem no suldeu exatamente o mesmo resultado que navegar para leste ou oeste. Cilíndrico O modelo de Anaximandro foi incapaz de explicar a curvatura uniforme da superfície da Terra ao longo todas as direções e, portanto, acabou por ser insustentável. Os gregos julgaram corretamente que só superfície bola não contradiz tudo soma acumulado Antiguidade Ciência fatos.

Acredita-se que a ideia da esfericidade da Terra foi expressa pela primeira vez por um contemporâneo Sócrates Filolau de Tarento. Isso aconteceu na segunda metade do século 5 aC. e. E ótimo Aristóteles, que viveu cerca de 100 anos depois, já sabia com certeza que a Terra é uma esfera, e até acrescentou seu próprio argumento ao tesouro da astronomia antiga. Ele adivinhou que causa lunar eclipses é descartado terra sombra, quando nosso planeta está entre a lua e o sol. Além disso, a seção transversal da sombra da Terra no disco A lua é sempre redonda, o que só pode acontecer se a terra tiver Formato bola. Ser Terra apartamento disco, quadro foi gostaria absolutamente diferente. Eles dizem, o que

Aristóteles até tentou calcular comprimento equador nosso planetas, tirando por base a diferença na posição da Estrela do Norte na Grécia e no Egito. Ele tem o tamanho aproximadamente igual a 400.000 estágios. Se traduzirmos medidas antigas de comprimento para o familiar para nós sistema métrico, então em um estágio haverá cerca de 200 metros. De qualquer forma, a maioria dos historiadores acredita que este é exatamente o caso (os estágios áticos totalizaram 185 metros, uma babilônico - 195 metros), Apesar completo clareza dentro isto pergunta não. Então ou caso contrário, mas o diâmetro da Terra, medido por Aristóteles, acabou por ser o dobro do moderno valores.

Mas Eratóstenes de Cirene, que viveu no século III aC. e., ficou muito mais confiável resultado. Dos cálculos de Eratóstenes, seguiu-se que a circunferência do globo é (em convertidos para medidas métricas) 39.700 quilômetros (cálculos modernos dão quase 40 000 quilômetros). O resultado de Eratóstenes conseguiu ser ligeiramente corrigido apenas no final do século XVIII. séculos, o que não pode deixar de alertar o pesquisador atento, uma vez que as ferramentas que curtiu grego astrônomo, nós estamos no raridade primitivo. Ele medido a altura do Sol acima do horizonte em 21 de junho, no dia do solstício de verão, ao meio-dia a luminária sobe mais alto no céu. As medidas foram feitas no mesmo dia duas cidades egípcias - Syene (moderna Aswan) e Alexandria, que está localizada no 800 quilômetros norte. NO Siena verticalmente grudou dentro terra grudar não deram sombras, a partir de o que segue, o que Sol dentro este dia permaneceu exatamente dentro zênite acima de Siena. MAS aqui dentro Alexandria, uma pequena sombra foi revelada, que correspondia à posição do meio-dia Sol no 7 segundos supérfluo graus sul zênite.

Ser Terra apartamento, Sol e dentro Siena e dentro Alexandria permaneceu gostaria dentro zênite ao mesmo tempo, uma vez que a distância entre essas cidades é relativamente pequena. MAS assim que foi possível identificar a diferença no comprimento da sombra, isso significa que a superfície do planeta entre as cidades é curvo, uma vez que os bastões em Syene e Alexandria estavam em ângulo um com o outro para amigo. Um cálculo simples mostra que se uma diferença de 7 graus corresponde a 800 quilômetros então diferença dentro 360 graus (cheio volume de negócios sobre círculos) darei valor aproximar
40 000 quilômetros. Claro, o que E se conhecido comprimento círculos, não vai ser trabalho calcular diâmetro bola, seu volume e quadrado seu superfícies. Diâmetro Terra é de aproximadamente 12.800 quilômetros, e a área de uma esfera com tal diâmetro será igual cerca de 500 milhões quadrado quilômetros.

By the way, a humanidade tem muita sorte que o tamanho da Terra não é particularmente grande. Se o nosso planeta é muito maior, a visão do céu estrelado ao mover alguns centenas quilômetros praticamente não mudado gostaria, uma navios gerenciou gostaria dissipar dentro neblina atmosférica antes de seu casco desaparecer no horizonte. Sim, e a fronteira da terra a sombra no disco da lua pareceria uma linha perfeitamente reta neste caso. Adivinhe a olho insignificante curvatura Era gostaria resolutamente impossível. Necessário acreditam, o que e desenvolvimento a astronomia então seria completamente diferente, e a ideia da esfericidade do planeta surgiu Muito de mais tarde.

Se um gostaria Universo Exausta terra, antigo gregos permitido gostaria básico questão da cosmologia há mais de 2.000 anos. No entanto, havia também o céu. Porque o Era irrefutavelmente comprovado o que Terra Tem esférico forma, deve reconsiderar as idéias tradicionais sobre o firmamento do céu. Modelo de tigela invertida passou para o arquivo, e seu lugar foi ocupado por uma esfera oca, cobrindo o globo por todos os lados. Claro, o que diâmetro tal esferas devo ser mais diâmetro Terra. Todo pergunta é quanto mais. Em outras palavras, a que distância está o céu? bicicleta comum sobre o fato de ser um pouco mais alto do que a águia voa, não funcionou mais. Que coisas interessantes podem ver no céu? Além de viajar ativamente pelo firmamento do Sol e da Lua, no céu também existem estrelas fixas. Mais precisamente, eles estão mudando de uma só vez, como se celestial a esfera os carrega, fazendo uma revolução completa ao redor da Terra a cada 24 horas. Mas amigo relativamente amigo estrelas imóvel, uma foto constelações sempre 1 e este mesmo. E Através dos um ano, e depois de 10, e depois de 100 anos, eles podem ser encontrados exatamente no mesmo lugar. Tem-se a impressão de que as estrelas estão presas à esfera celeste, que implacavelmente fiação ao redor da Terra.

No entanto, os antigos adoravam observar e eram capazes de perceber. Eles descobriram há muito tempo que uma grande família de estrelas tem suas próprias inquietações que não ficam paradas, mas correm como um louco, desenhando ziguezagues complexos em forma de laço ao longo do ano. sol e A lua, é claro - eles são grandes demais para serem considerados estrelas. Bem, e mais tão apressado exatamente cinco - Mercúrio, Vênus, Marte, Júpiter e Saturno. Os gregos começaram a chamar esses eternos andarilhos planetas, o que dentro tradução significa "vagando". Aconteceu, o que no famoso destreza posso até definir relativo distâncias entre eles.

Mais perto Total para terra, sem dúvida foi Lua, porque em Tempo solar eclipses navegou entre terra e Sol. Distâncias antes da outros planetas posso calcular a partir do relativo suas velocidades movimento contra o fundo de estrelas fixas. Sabemos por experiência que quanto mais próximo um objeto está, mais rápido ele se move. Pássaro alto no céu sobe majestosamente e devagar uma ser baixo acima de terra, corre por Curti relâmpago cinza rápido. Então, o alinhamento dos gregos antigos era assim (à medida que a distância da Terra aumenta): Lua, Mercúrio, Vênus, Sol, Marte, Júpiter e Saturno.

Foi assim que surgiu o modelo geocêntrico, que costuma ser associado ao nome de Cláudio. Ptolomeu, grego antigo astrônomo, quem viveu dentro I-II séculos não, O Criador fundamental tratado Almagest. NO Centro universo ainda descansado Terra, e em torno dela girava em círculos regulares oito aninhados um em outra esfera carregando a Lua, o Sol e os cinco planetas conhecidos na época. No a oitava esfera continha as estrelas fixas. Para explicar de uma maneira muito complicada, que o planetas comprometer-se no fundo estrelas, Ptolomeu sugerido o que elas além do que, além do mais mover-se em círculos menores ligados à esfera correspondente. Esses adicionais órbitas tem o nome epiciclos.

MAS é proibido se calcular não relativo, uma absoluto distância Apesar gostaria antes da alguns corpos celestes? Exceto pelo semi-lendário Aristarco de Samos, supostamente que construiu o modelo heliocêntrico mil e quinhentos anos antes de Copérnico, pela primeira vez o notável astrônomo da antiguidade Hiparco cuidou de medir a distância até a lua, viveu no século 2 aC. e., quase 300 anos antes de Ptolomeu. Lembre-se que durante a lua eclipses no disco Lua observado o circuito terrestre sombras, que sempre (no algum eclipses) é um círculo. Pela curvatura da borda da sombra da Terra, pode-se julgar o tamanho de sua seção transversal em comparação com o tamanho da lua. Se assumirmos que O sol está muito mais longe da terra do que a lua, você pode calcular a que distância da terra a lua deve ser posicionada de modo que a sombra da terra seja reduzida ao tamanho observável (conhecemos as dimensões da Terra). Hiparco chegou à conclusão de que a distância até a lua é 30 vezes mais terreno diâmetro E se aceitar valor do diâmetro nosso planetas, encontrado Eratóstenes (12 800 quilômetros), então distância antes da Lua vai ser 384 000 quilômetros.

isto absolutamente brilhante resultado: sobre moderno estimativas, média distância entre a lua e terra é 384 400 quilômetros, mudando a partir de 356 610 quilômetros no perigeu (ponto de distância mínima) para 406.700 quilômetros no apogeu (ponto remoção máxima). E então estou pronto para concordar com os revisionistas da ortodoxia versão histórica que insistem que as medições deste nível de precisão não são poderia ser realizada antes da era Renascimento. Mais Ir, até dentro XVII século semelhante precisão foi assustador tarefa. Absolutamente claro, o que caminho os antigos gregos conseguiram medir com precisão os ângulos entre os corpos celestes usando aqueles ferramentas primitivas à sua disposição. não falo mais que para observações astronômicas precisas, um relógio com um segundo seta, enquanto o relógio mecânico inventado na Europa no final da Idade Média grandes Tempo não tive até minuto. Entre tópicos nós dizer, o que Hiparco Com

com precisão de tirar o fôlego calculou a duração do mês lunar - 29 dias 12 horas 44 minutos 2,5 segundos (valor real - 29 dias 12 horas 44 minutos 3,5 segundos). Quão ele gerenciou cometer um erro Total no 1 me dê um segundo (e Como as pensamento metades segundos), não tendo mecânico horas, história é silencioso.

Crônicas relatório o que distâncias entre geográfico parágrafos Eratóstenes medido pela velocidade de caravanas de camelos e determinado os ângulos de ascensão do Sol usando varas cravadas no chão. Parece verdade, porque, digamos, entre os mongóis medievais, um comprimento foi considerado uma travessia diária de cavalos. É claro que a constância de tal unidade de medida mais do que duvidoso, embora os batyrs de Genghis Khan, aparentemente, estivessem bastante satisfeitos com isso. Mas mongóis até dentro cabeça não veio a medida círculo Terra! Vai Sua mas Com astronomia antiga, algo não é tão simples se, por exemplo, um antigo arquiteto romano Vitrúvio (século I aC) conheceu os períodos das revoluções heliocêntricas (isto é, ao redor do Sol) planetas Melhor Copérnico.

Um argumento indireto a favor da validade de nosso raciocínio pode ser absolutamente homem das cavernas nível cosmológico representações dentro início da Idade Média Bizâncio. Iluminado bizantino Cosme Indicopleuto (Kozma Indicopol), reconhecido especialista sobre medieval cosmografia, pensamento o que Universo representa você mesma retangular caixa, lavado por águas excelente rios Oceano. A abóbada do céu é sustentada por quatro paredes escarpadas. As estrelas, segundo Cosmas, não há nada mais do que os pequenos cravos com que a tampa desta caixa é recheada, mas quatro anjos produtores de vento são colocados nos cantos dessa estrutura ininteligível. A propósito, o dito Cosme viveu em século VI já uma nova era, ou seja, depois de 900 anos depois de Aristarco e 700 depois de Eratóstenes. Mas Bizâncio é romano oriental império que já foi parte da iluminista Pax Romana, que, por sua vez, herdado gregos. NO diferença a partir de Ocidental romano Império Bizâncio não sujeito ataques devastadores de tribos bárbaras e, de fato, o tempo desde a queda de Roma (476 ano) um pouco se passou - cerca de 100 anos. Ok, considerando não convencional versões históricas não está incluído em nossas tarefas. Estas são apenas observações, como dizem, de acordo com cerca de...

Assim, mais de 100 anos antes do início da era cristã, os astrônomos conseguiram medir distância da lua, e com muita precisão. E os outros corpos celestes? A que distância estão da Terra? O já mencionado Aristarco de Samos (séculos IV-III. antes da não) tentou calcular distância a partir de Terra antes da Sol, mas sofreu fiasco. O raciocínio matemático do astrônomo grego era bastante impecável, mas as ferramentas à sua disposição não eram boas, então o magnitude acabou menos verdadeiro distâncias por pouco dentro quinze uma vez. (No entanto, muitos historiadores duvidam da existência real de Aristarco e, não sem razão, acreditam que que as realizações dos astrônomos europeus do século 16 são atribuídas a ele.) O resultado de Arquimedes foi muito melhor (2/5 do valor real), mas isso é muito alarmante, já que nem mesmo Johannes Kepler no século XVII conseguiu dar conta dessa tarefa, o calculado por ele a distância era ainda menor. Seja como for, o céu mudou para um distância, uma Universo acabou Muito de mais, Como as poderia acho a maioria audaz mentesantiguidade.

Depois de Hiparco e Ptolomeu, a estagnação se instalou nas ciências astronômicas. Estagnação contínuo sobre um e meio mil anos, até antes da começar XVI século, quando polonês Padre Nicolau Copérnico proposto novo modelo universo Com imóvel Sol dentro Centro, recebido título heliocêntrico. De acordo com isto modelos, os planetas giravam em torno do sol em círculos regulares, e seu número diminuiu paraseis (Mercúrio, Vênus, Terra, Marte, Júpiter, Saturno). A lua, estritamente falando, perdeu o status de um planeta de pleno direito e se transformou em um satélite natural da Terra. Embora o modelo Copérnico era muito mais simples que Ptolomaico e deu resultados um pouco melhores, seu no por todo por pouco 100 anos Seriamente não percebido. fratura ocorrido dentro XVII século, quando o astrônomo italiano Galileo Galilei pela primeira vez conseguiu ver através de um telescópio (que ele mesmo inventou em 1608) os satélites de Júpiter, seguido pelo grande Johannes Kepler introduzido emendas dentro esquema Copérnico. Tendo analisado brilhante observações Marte realizada por seu professor, o astrônomo dinamarquês Tycho Brahe, Kepler concluiu que o único geométrico figura, que perfeito respostas isto observações - elipse. Assim, no modelo modificado de Copérnico, os planetas começaram a girar em torno de Sol sobre elíptico órbitas uma Sol mudou-se dentro 1 a partir de truques isto elipse.

Além disso, Kepler descobriu que entre as distâncias médias dos planetas do Sol e há uma relação matemática simples entre seus períodos de circulação. Nesse caminho, passou a ser possível calcular relativo distância entre Sol e algum a partir de planetas. Infelizmente, isso pouco adiantou, pois o esquema proposto por Kepler (bastante confiável e notavelmente consistente com as observações), não havia escala alguma. Pode-se dizer que, digamos, Saturno está localizado 10 vezes mais longe do Sol do que a Terra, mas qual é essa distância em quilômetros - um mistério envolto em escuridão. Mas se fosse possível alguma maneira de calcular a distância entre a Terra e qualquer um dos planetas, os astrônomos a escala necessária apareceria imediatamente nas mãos. Era uma questão pequena - para chegar a tal caminho.

Por definições distâncias entre celestial corpos usar fenômeno paralaxe. Paralaxe é uma coisa muito simples. Se você considerar seu próprio dedo contra um fundo colorido papel de parede olho direito e esquerdo alternadamente, facilmente certifique-se de que nesse no momento em que você fecha um olho e abre o outro, o dedo se move um pouco distância de fundo. Quanto mais próximo o dedo estiver dos olhos, maior será. tendência. A essência do fenômeno está na superfície: como os olhos estão separados por alguns distância amigo a partir de amigo, vocês Vejo no sujeito cada olho debaixo certo ângulo.

A mesma abordagem pode ser facilmente aplicada a corpos celestes. Claro que sucessivamente piscar olhos, Procurando, Digamos no a lua absolutamente sem significado porque o ela é localizado muito longa distância. MAS aqui E se dois astrônomo, separado distância dentro centenas de quilômetros, nosso satélite natural será observado simultaneamente em fundo do céu estrelado, a paralaxe lunar é facilmente detectada. Só precisamos concordar sobre quais observações de estrelas serão feitas, e então o primeiro astrônomo verá a borda lunar disco no 1 canto distância a partir de antecipadamente selecionado estrelas, uma segundo, respectivamente, - no por outro lado. Mais - já um negócio técnicas: E se conhecido tendência Lua relativamente estelar fundo e distância entre observatórios, então Com ajuda funções trigonométricas simples posso calcular distância antes da Lua.

NO progresso tal observações Era estabelecido, o que magnitude lunar paralaxe é 57 minutos de arco, ou cerca de 1 grau de arco (um círculo completo é 360 graus; Há 60 minutos em um grau e 60 segundos em um minuto). Deslocamento em 57 minutos de arco é muito fácil de medir, pois é aproximadamente igual a dois diâmetros aparentes completo Lua. Distância, calculado Com ajuda paralaxe, mostrou Boa coincidência com os números obtidos pelo antigo método comprovado - pela sombra da Terra em Tempo Eclipse lunar.

Mas havia um problema com os planetas. O problema é que estão muito longe. portanto, o deslocamento paralático é tão pequeno que não pode ser medido até o início do século XVII. O problema foi resolvido com sucesso após a invenção do telescópio em 1608 ano. Dentro segundo metade XVII século dois Francês astrônomo, jeans Rico e Giovanni Cassini (italiano de origem), calculado pelo método de paralaxe distância a partir de Terra antes da Marte. Observações foram realizados simultaneamente dentro Paris e Guiana Francesa. O modelo de Kepler finalmente recebeu a escala desejada, após o que todas as outras distâncias dentro do sistema solar podiam ser calculadas sem dificuldade. NO em particular Cassini determinado o que distância a partir de Terra antes da Sol é 140 milhão quilômetros. Por XVII século isto é muito nada mal precisão, Então Como as ele errado Total por 10 milhões de quilômetros. A tecnologia não parou, e na primeira metade do século XVIII O resultado da Cassini foi corrigido para 152 milhões de quilômetros (o valor atual é 149,6 milhão quilômetros). este valor subseqüentemente chamado *astronômico unidade* (uma. e.) e vir a ser largo Aplique dentro qualidade seu Gentil interplanetário milhas.

Ensolarado sistema adquirido impressionante dimensões: por exemplo, distância a partir de O sol para Saturno é quase um bilhão e meio de quilômetros, quase dez vezes mais do que para a Terra. E quando o astrônomo inglês William Herschel descobriu em 1781 Urano (este planeta não é visível a olho nu, então os antigos não sabiam nada sobre isso existência), Ensolarado sistema imediatamente mesmo cresceu por pouco duas vezes (entre Urano e O sol fica a cerca de 3 bilhões de quilômetros). Em 1846, o astrônomo francês Urban Joseph Le Verrier descobriu Netuno, e o americano Clyde Tombaugh em 1930 descobriu Plutão, o nono e último planeta. Assim, o sistema solar novamente dobrou de tamanho, por Plutão está separado do Sol por quase 6 bilhões de quilômetros, ou cerca de 40 unidades. E seu diâmetro será, respectivamente, igual a 12 bilhões de quilômetros (80 UA). Um feixe de luz que voa 300.000 quilômetros por segundo e viaja em um segundo com trimestre antes da Lua e por oito minutos antes da Sol, precisaria aproximar 12 horas, para Cruz suaa partir de fim dentro o fim.

Vamos tentar mais visualmente introduzir você mesma relativo escala solar sistemas. Se um retratar Sol dentro Sala de bilhar bola (cerca de 7 centímetros em diâmetro), então para Mercúrio - o planeta mais próximo do Sol - estará em tal escala quase três metros (280 centímetros), e para a Terra - pouco mais de sete metros e meio. O gigante planeta Júpiter se moverá a uma distância de cerca de 40 metros, e Plutão terá que comprometer-se decente andar porque o ele vai ser mentira dentro 300 metros a partir de Sol. As dimensões da Terra nesta escala serão de apenas 0,5 milímetros, então para ver tais um grão de poeira só pode ser uma pessoa com boa visão. Então é melhor fazer um pouco mais: deixar magnitude Terra vai ser corresponder Tamanho padrão pulso horas. Então nesta escala o diâmetro do Sol será igual ao dobro da média crescimento humano, e a distância entre a Terra e o Sol será de 400 metros. Plutão vai ser e de forma alguma não ver porque ele se aposentar no distância dentro quinze quilômetros.

No entanto, a órbita de Plutão não é de forma alguma o ponto mais distante do sistema solar. Quando em 1684 ano excelente Inglês cientista Isaque newton aberto minha famoso lei gravitação universal, segundo a qual os corpos são atraídos uns aos outros com força, diretamente proporcional ao produto de suas massas e inversamente proporcional ao quadrado da distância entre eles, o modelo de Kepler adquiriu uma justificação matemática. Os cientistas receberam braços confiável ferramenta, permitindo calcular algum órbita, até E se corpo observado em um pequeno segmento de sua trajetória. Os astrônomos estão ocupados há muito tempo com cometas - caudado convidados, Tempo a partir de Tempo emergente no firmamento. Amigo e contemporâneo Newton, Edmund Halley viu uma periodicidade distinta no comportamento de alguns cometas. e sugerido o que elas estão se movendo por aí Sol sobre muito fortemente alongado órbitas (elipses com grande excentricidade, como dizem os astrônomos). Halley calculou a órbita um desses cometas e previu que retornaria novamente em 1758. 16 anos depois seu de morte predição halley tornar-se realidade: cometa verdade apareceu no céu dentro Especificadas eles ano e Com desde então desgasta seu nome, regularmente retornando todo 75 ou 76 anos.

No seu ponto de periélio (mais próximo do Sol), o cometa Halley está dentro órbita de Vênus, e no afélio (o ponto de distância máxima do Sol) vai muito além órbita Netuno - no 5 Com supérfluo bilhão quilômetros. No entanto existir Então chamado período longo cometas, que Aplique sobre assim alongado órbitas o que estão retornando para tempos de sol dentro de várias séculos uma então e milênios. NO Em meados do século passado, o astrônomo holandês Jan Hendrik Oort sugeriu que que muito além da órbita de Plutão está uma enorme nuvem de cometas, de onde eles vêm de tempos em tempos penetrar dentro vizinhança Sol. NO tal caso diâmetro solar sistemas pode ser alcançar 1000 bilhão quilômetros e até mais, ou dezenas mil astronômico unidades. Hoje, a hipótese de Oort praticamente se tornou uma teoria. História detalhada cerca de planetas solar sistemas e celestial corpos deitado por órbita Plutão vocês, leitor, você pode achar dentro capítulos "Anel por aí Sol" e "Nove ou dez?".

Então para início do XVIII questão do tamanho do século solar família era praticamente resolvido (claro, sem os últimos três planetas que foram descobertos mais tarde). Deixei lidar com as estrelas fixas, descobrindo de uma vez por todas o que elas são. o que elas assim: Total só pontos no esférico firmamento, deitado no a maioria fronteiras solar sistemas, Como as acreditava antigo, ou enorme celestial corpo, controlo remoto no distância monstruosa? O método de paralaxe, que provou ser notavelmente bem ao calcular as distâncias entre os planetas, obviamente não funcionou aqui, pois nenhum deles estrelas não gerenciou registro algum conspícuo Deslocamento. Até E se observadores foram separados por uma distância igual ao diâmetro da Terra, a lacuna entre estrelas não nem mudou no iota.

No entanto, havia mais uma possibilidade. O diâmetro do nosso planeta não atinge e 13 mil quilômetros, mas afinal, a Terra, como você sabe, não descansa no lugar, mas rapidamente voa pelo vazio ao redor do sol. Pontos opostos da órbita da Terra são separados por espaço de quase 300 milhões de quilômetros. A solução foi sugerida por si mesma: se uma noite para colocar a posição das estrelas no mapa, e então faça o mesmo exatamente depois meio ano, então o astrônomo observará o céu estrelado de dois pontos separados por uma enorme distância, superior dentro 23 milhares uma vez completo comprimento terreno diâmetro. Relevante caminho devo aumentar e paralaxe. Por ano Estrela descrever minúsculo elipse - seu Gentil imagem terrestre órbitas dentro miniatura, uma angular distância a partir de as bordas isto elipse antes da seu Centro Como as vezes e vai ser paralaxe estrelas.

Para planetas método semelhante não é bom porque eles enrolando caprichosamente através do céu no por todo Do ano, mascarar tópicos a maioria paralaxe tendência, chamado movimento Terra. Separado ter tráfego planetas a partir de sua paralaxe - uma tarefa complexidade avassaladora. Mas as estrelas são praticamente estacionárias ao longo do ano, então descobrir eles têm um deslocamento de paralaxe é bastante real. A lógica parece ser impecável, mas nenhuma paralaxe estelar pôde ser detectada. Está no quintal há muito tempo XIX, mas os astrônomos, por mais que lutassem, não conseguiram determinar pelo menos um tendência nenhum no uma estrela.

A situação estava ficando muito desagradável. Claro, pode-se sempre supor que tudo estrelas sem exceções são no 1 e volume mesmo distância a partir de Terra. Então, é claro estelar paralaxe não vai ser, porque o paralaxe tendência surge só dentro volume caso, E se nós comparar posição perto sujeito Com posição relativamente distante. No entanto hipótese sólido firmamento, ou fino concha esférica, na superfície da qual as estrelas estão localizadas, parecia muito duvidoso. As estrelas variam bastante em brilho, e para ter certeza disso, o suficiente simplesmente olhar no noturno céu. classificar eles sobre isto parâmetro os antigos gregos aprenderam, dividindo toda a população estelar em 6 magnitudes (1ª estrela 100 vezes mais brilhante que uma estrela de 6ª magnitude). É claro que com a invenção do telescópio regimento estelar chegou, pois tornou-se possível observar estrelas que são indistinguíveis olho nu. O número de magnitudes estelares imediatamente cresceu consideravelmente. Era razoável assumir que a verdadeira luminosidade todas as estrelas mentiras em bonito limites estreitos e a diferença em seu brilho aparente se deve apenas à distância. Por outro lado, é proibido Era Redefinir co contas e oposto consideração: tudo estrelas mentira aproximadamente à mesma distância da Terra, mas eles brilham de maneiras completamente diferentes, como lâmpadas maior e menos potência.

Conceito equidistância estrelas Com crepitante fracassado quando astrônomos adivinhado Aplique para Antiguidade estelar diretórios. Primeiro sistematicamente Hiparco começou a catalogar as estrelas, e Ptolomeu continuou seu trabalho, deixando para a posteridade fundamental tratado "Almagest", dentro que fixo coordenadas 1000 Com supérfluo estrelas. NO 1718 ano já familiar nós Edmundo Halley, estudo estelar céu, descobriu inesperadamente que pelo menos três estrelas (Arcturus, Procyon e Sirius) sãonem um pouco onde eles foram notados pelos gregos antigos. A discrepância era tão grande que erro não poderia ser e discursos: por exemplo, Arcturus defendido no todo grau a partir de Especificadas dentro Pontos "Almagest". Lembramos que um grau é uma distância duas vezes o diâmetro. lua cheia. Resta supor que as estrelas, como os planetas, têm suas próprias movimento, só eles tráfego incomparável Mais devagar E se Arcturus levou mais um e meio mil anos, para mudar para 1 grau.

A busca por paralaxes estelares continuou, mas o primeiro sucesso veio para os astrônomos só dentro 30 anos anos XIX século, quando telescópios e astronômico Ferramentas vir a ser Muito de mais perfeito. NO 1838 ano Alemão astrônomo Frederico Guilherme Bessel gerenciou definir paralaxe 61 cisne, ano mais tarde Publicados seus resultados inglês Thomas Henderson (ele estudado posição de Alfa Centauro) uma 1840 O astrônomo russo Vasily Yakovlevich relatou suas observações da estrela brilhante Begi Struve. Justiça por causa de deve gostaria doar Palmeira campeonato exatamente Struve, porque ele terminou o trabalho antes de todos - em 1837, mas ele estava um pouco atrasado com publicação. As distâncias estelares acabaram sendo inimaginavelmente enormes. Mesmo o mais próximo Estrela do Sol - Alpha Centauri (na verdade, é uma estrela tripla e mais próxima do Sol mentiras terceiro, fraco sua componente - Próxima, o que traduzido Como as "mais próximo") localizado no distância 4.3 leve Do ano. interplanetário verso - astronômico unidade não é mais adequada para esses espaços abertos, então os astrônomos usam o interestelar uma milha é um ano-luz. *Ano luz* - é a distância percorrida por um feixe de luz velocidade de 300 mil quilômetros por segundo, supera em um ano. Lembre-se daquela luz o feixe leva apenas 8 minutos para chegar ao Sol e cerca de 6 horas para correr antes da Plutão uma antes da mais próximo estrelas ele tem que engatinhar sobre quatro anos. Se um qualquer que seja, você pode tentar expressar é a distância em quilômetros: uma vez que um leve ano aproximadamente igual a 9,5 trilhões de quilômetros, então a distância até Proxima Centauri é aproximar 40 trilhões quilômetros (40.000.000.000.000 km).

Se nos lembrarmos do nosso modelo com uma bola de bilhar no lugar do Sol, a Terra em sete meio metro dele e Plutão a uma distância de cerca de 300 metros, então nesta escala distância entre Sol e mais próximo para dele Estrela vai ser vestir por pouco 2000 quilômetros. MAS dentro modelos, Onde Terra foi magnitude Com pulso ver, uma Plutão foi dentro
quinze quilômetros a partir de sua chegar lá antes da próximo centauro vai ser muito problemático porque o isto é distância vai ser aproximar 100 mil quilômetros - dois Com metade em todo o mundo viagens. Mais mais visual exemplo inventou 1 Moscou conferencista. Ele pegou um pedaço de giz e o declarou "planeta Terra", e uma placa pendurada na parede - Sol. Do quadro-negro ao giz havia apenas um metro, projetado para retratar o astronômico unidade - 150 milhão quilômetros, separando sol e Terra. "Quão dentro isto escala para a estrela mais próxima? perguntou o palestrante ao público. O público ficou tímido fala. Alguém sugeriu que a estrela estaria em uma pista próxima, mas a maioria resoluto representava os arredores da cidade. Enquanto isso, a estrela estava em Yaroslavl (ou algum amigo cidade, controlo remoto no 300 quilômetros). Mais uma vez nós enfatizamos o que isto é mais próximo ao sol Estrela.

Besselevskaya 61 cisne acabou mais mais - dentro 11.1 leve Do ano, uma antes da correque se estudou por V. Ya. Struve, tinha 27 anos-luz. Esta é a escala de distâncias estelares. Depois definições primeiro paralaxe no mais próximo estrelas recebido largo Espalhar mais 1 interestelar milha - *segundo paralaxe,* ou parsec. *Parsec* (computador) - isto é distância, no que Estrela no sua observação Com oposto pontosA órbita da Terra muda sua posição aparente em um segundo de arco de arco. Ou mais mais simples: a distância a partir da qual a órbita da Terra é visível em um ângulo de um segundo de arco. Um analisar é igual a 3,26 leve Do ano, 206 265 astronômico unidades ou 30.857 X 10¹² quilômetros (um pouco mais trinta trilhão quilômetros). Distância antes da próximo centauro é 1.3 analisar, antes da 61 cisne - 3.4 analisar, uma antes da corre - 7,8 parsec. sugerido conclusão, o que estrelas - de jeito nenhum não sem dimensão pontos no firmamento, uma gigantesco Sol, dentro todos semelhante nosso nativo luminar, só controlo remoto monstruosamente longa distância, no distância medida por muitos leve por anos.

Calculando a distância real da estrela, você pode calcular sua luminosidade, ou seja, não visível estelar valor, uma genuíno força sua Sveta, que recebido ligar absoluto estelar Tamanho. Bastante possível e marcha ré procedimento: mentalmente colocando uma estrela a qualquer distância arbitrária, pode-se determinar quão brilhante ela é vai ser parecer terreno observador. Absoluto estelar magnitude chamado brilho estrelas no distância dentro dez analisar (32,6 leve Do ano); é claro estrelas distribuídos de forma desigual no espaço, mas se os alinharmos em um determinado distância, então podemos comparar eles válido luminosidade. Nosso Sol no uma distância de 10 parsecs seria uma estrela muito fraca com uma magnitude absoluta de 4,9, e Sirius é a estrela mais brilhante do nosso céu - brilharia quase da mesma forma que brilha em seu lugar (2,7 parsecs, ou cerca de 9 anos-luz). Sua magnitude absoluta é 1.4, a partir de o que segue, o que verdadeiro luminosidade Sírius excede ensolarado dentro 25 uma vez. Claro, isso está longe do limite: o gigante azul Deneb (falaremos sobre as classes de estrelas em próximo capítulo) excede sobre luminosidade Sol dentro 270 mil uma vez; ele não parece especialmente brilhante apenas porque está muito longe de nós (mais de 3 mil leve anos).

Em outras palavras, o brilho aparente de uma estrela não diz nada sobre a quantidade de luz que ela irradia. O sol brilha muito forte, porque está localizado literalmente na dois passos. Sirius é cerca de quatro vezes mais brilhante que Vega da constelação de Lyra, e o guiaA Estrela do Norte é a mais fraca delas (seis vezes mais fraca que Vega). No entanto, se nós produzido reavaliação de valores e alinhados esses estrelas no o mesmo distância a partir de Terra, então a Estrela Polar assumiria com confiança o primeiro lugar, e o segundo lugar seria Vega, no terceiro - Sírius, mas magnífico Sol passou a ser gostaria sem esperança estranho.

Quando em meados do século retrasado foi possível determinar a distância até o ponto mais próximo estrelas, surgiu imediatamente a questão de quão longe elas se estendiam. olho nu posso Vejo aproximar seis mil estrelas, mas quando Galileu visto no céu dentro minha uma luneta primitiva, ele imediatamente descobriu que as estrelas eram cutucadas muito mais densamente. É só que muitos membros desta família gloriosa são tão fracos que você não pode vê-los. sem o auxílio de um telescópio não há possibilidade. Tecnologia astronômica moderna permite distinguir estrelas de magnitude 25. Além disso, já no tempo de Herschel ficou claro que as estrelas estão distribuídas no espaço de forma muito desigual. Se você olhar para o céu noite escura sem lua, você pode ver um leve brilho nebuloso circundando toda a firmamento a partir de horizonte para horizonte. Para infelizmente brilhante urbano as luzes não permitir decifrar seu Como as deve (eletrificação, Com pontos visão astrônomo, geralmente uma bênção duvidosa), mas em algum lugar no deserto você pode ver facilmentesuave luminoso laticínios faixa, cruzando noturno céu. antigo gregos chamado seu galaktikos ("leitoso, leitoso") e os romanos - via lactea, que traduz literalmente significa "leitoso caminho". Origem isto títulos associado com Antiguidade o mito de jato leite, que salpicado no céu a partir de peito deusas Hera, esposas Zeus quando ela é empurrada para trás bebê sozinho Hércules.

Há muito mais estrelas na direção da Via Láctea do que em qualquer outro partes firmamento, é por isso Herschel razoável sugerido o que estrelas não distribuído uniformemente, uma coletado dentro compactar estrutura, tendo Formato lente biconvexa. De acordo com Herschel, nosso sistema estelar (mais tarde se tornou chamar de Galáxia) poderia conter cerca de 300 milhões de estrelas e ter 15 mil anos-luz (não esqueçamos que as primeiras paralaxes estelares foram medidas apenas Através dos 16 anos depois de morte Herschel). Hoje nós nós sabemos o que nosso galáxia *leitoso Caminho* (ou apenas *Galáxia* com letra maiúscula) é muito maior: seu diâmetro é 100 mil anos-luz, e o número de estrelas chega a 200 bilhões (no entanto, o número população estelar, segundo estimativas de vários autores, varia muito - de 150 a400 bilhão estrelas).

Aqui necessário Faz pequena retiro e dizer para o leitor o que esses parâmetros foram calculados dessa maneira. Uma vez que o deslocamento de paralaxe com grandes trabalho ter sucesso a medida até perto do mais próximo estrelas, detecção de paralaxe nos objetos mais de 100 anos-luz de distância, torna-se uma tarefa quase impossível. Paralaxe é um valor derivado do movimento próprio de uma estrela, então é claro que que quanto mais distante está uma estrela, mais difícil é captar seu movimento pelo céu. Não indo à dentro detalhes, Digamos o que astrônomos ajudou Então chamado Cefeida escala. As cefeidas são chamadas de estrelas variáveis pulsantes, que são estritamente periódicas. alteram seu brilho em uma ou duas magnitudes (o poder de radiação aumenta em 2,5-6 uma vez sobre comparação Com mínimo). Na realidade vários variáveis estrelas existe vários; um dos mais famosos é o gigante vermelho Omicron Ceti, descoberto em final do século 16 pelo astrônomo alemão David Fabricius. Esta estrela é várias vezes muda seu brilho com um período de cerca de 11 meses, então ela foi chamada de Mira (traduzido do latim - "incrível"). No entanto o melhor significado por astrofísicos tenho estrelas variáveis de curto período com um período de um dia a um mês (geralmente cerca de semanas). Este é exatamente o delta de Cepheus, mudando de brilho com um período de 5,37 dias, o que deu seu nome para tudo família semelhante estrelas.

NO cedo do passado século americano astrônomo Henriqueta Leavitt descoberto correta relação entre luminosidade e período de algumas Cefeidas. O mais houve um período, mais energia a estrela irradiava por unidade de tempo. Calculando a potência radiação de acordo com a dependência "período - luminosidade", os cientistas foram capazes de calcular a distância para Cefeidas. Primeiro, as distâncias relativas foram estabelecidas (quantas vezes uma estrela mais perto ou mais longe do que outro), e depois absolutas, levando em conta a velocidade radial das Cefeidas (em espectro de uma estrela se aproximando ou se afastando ao longo da linha de visão, ocorre uma mudança espectral linhas). Astrofísicos pegou confiável escala. MAS de forma alguma recentemente no os astrônomos foram ajudados por supernovas de um certo tipo (tipo 1a), cuja luminosidade situa-se dentro de limites muito estreitos. Sobre essas estrelas, chamadas de "velas padrão",detalhe disse em capítulo "E a escuridão veio."

No início do século 20, o mundo havia se expandido de forma inimaginável. Ficou finalmente claro que O sol é uma das muitas centenas de bilhões de estrelas que habitam nossa Galáxia, e longe de ser o mais notável. Na nomenclatura estrela, é listado como um amarelo comum anão classe G. Sim, e está, aliás, de modo algum no centro, como acreditava, por exemplo, Herschel, e na periferia da Via Láctea, em um de seus braços espirais - 26 mil leve anos a partir de Centro galáxias (cerca de oito quiloparsec). claramente Imagine esses extensão esmagadora não é fácil. Se encolhermos todo o sistema solar para do tamanho de um grão de areia, então a estrela mais próxima Proxima Centauri estará nesta escala em distância de um metro, e a distância até o centro da Galáxia será de quase 9 quilômetros. Se nos lembrarmos do modelo com uma bola de bilhar no lugar do Sol, as dimensões da Via Láctea será igual a 60 milhões de quilômetros - um valor bastante comparável com a distância a partir de Terra ao Sol.

No entanto, o universo não se limita à Via Láctea. Se nós pudéssemos sair sua limites, antes da nós abriu gostaria imenso vazio espaço, impenetrável escuridão do carvão, desprovida de quaisquer objetos perceptíveis. E somente em cerca de 200 mil anos-luz de nossa ilha estelar, encontraríamos dois esfarrapado nebuloso Educação errado formulários - grande e Pequena Magalhães nuvens. Eles são Bom visível no céu Sulista hemisfério dentro Formato dois manchas esbranquiçadas e parecem fragmentos isolados da Via Láctea. Pela primeira vez descrito 1 dos participantes em todo o mundo natação fernana Magalhães. direto relações eles não têm a Via Láctea: são duas pequenas galáxias independentes, bastante pobres estrelas. A Pequena Nuvem de Magalhães fica a 160.000 anos-luz de distância, e O grande é empurrado ainda mais longe - por quase 200.000 anos-luz. Embora o Magalhães nuvens são visivelmente menores do que a Via Láctea em tamanho, muito curioso objetos. Por exemplo, a estrela S Doradus está localizada na Grande Nuvem de Magalhães, possuindo o melhor famoso luminosidade. desarmado olho ela é não visível Porque o que Tem 8º estelar valor, mas sua absoluto luminosidade supera sol 600 mil vezes! E na Pequena Nuvem de Magalhães existem centenas de já conhecidos nós cefeida, que sistematicamente estudado Henriqueta Leavitt dentro cedo do passado século.

Se um gostaria nós visto Com tal distâncias no nosso ter galáxia, então veria um impressionante disco espiral, vagamente parecido com um furiosamente girando hidromassagem (forma biconvexo lentes ou fusos ela é adquire no olhar Com costelas). No entanto leitoso Caminho e Magalhães nuvens - isto é mais longa distância não tudo. NO 2 Com metade milhão leve anos a partir de leitoso Caminhos mentiras espiral galáxia Andrômeda, Muito de superior nosso sobre massa e quantidade estrelas. Ela é visível a olho nu como um fraco asterisco de 5ª magnitude e está listado no catálogo Messier sob número 31, por isso foi chamado M31. (Charles Messier - o famoso francês astrônomo, 1 a partir de primeiro iniciado Maquiagem Catálogo nebulosas e estelar aglomerados.)

Galáxia de Andrômeda, Via Láctea, Nuvens de Magalhães, Espiral no Triângulo (MZZ) e vários galáxias um pouco menos (em geral número aproximar 40) estão incluídos dentro composto Então chamado *Grupo Local* com um diâmetro de mais de 3 milhões de anos-luz. Dentro de 10 Mpc (megaparsec, isto é, milhões de parsecs), ou mais de 30 milhões de anos-luz, espalhados cerca de uma dúzia de grupos semelhantes. E a 15 Mpc (quase 50 milhões de luz anos) encontra-se um grande aglomerado na constelação de Virgem, com vários milhares de galáxias. Então o caminho nosso local Grupo pertence para mais mais grande escala estrutura, comumente referido como um superaglomerado local de galáxias. Seu diâmetro é 30 Mpc, uma espessura - aproximar dez MPC (100 e trinta Com supérfluo milhão leve anos respectivamente). Centro isto gigantesco galáctico nuvens é o referido aglomerado dentro Virgem.

A galáxia Via Láctea se amontoa na borda de um superaglomerado local. E também mais, no distância dentro 90 MPC (Verifica vai já no centenas milhão leve anos), localizado Muito de mais ampla acumulação dentro constelação Cabelo Verônica, dentro composto o qual incluído mais de 10 mil galáxias. Por tudo aparência, é representa você mesma parte de outro superaglomerado galáctico gigante, que recentemente Dezenas estão abertas. Assim, eles coroam a hierarquia de estruturas de nossa *Metagaláxias* (da parte observável do universo). Apenas a distâncias da ordem de muitos centenas milhão leve anos universo posso considerar Como as relativamente homogêneo estrutura, que contém dezenas bilhão galáxias. Moderno a astrofísica possui equipamentos perfeitos de alta precisão que permitem realizar observações na mais ampla gama de ondas - de ondas de rádio metros a raios gama. Além de tradicional óptico telescópios largo Aplique infravermelho e radiotelescópios, bem como detectores de raios X e raios gama. Desenvolvimento rápido astronomia de neutrinos. Cientistas têm acesso a distâncias inimagináveis medidas 10-12 bilhões de anos-luz, quando o mundo ainda era jovem e fresco, e as primeiras galáxias mal gerenciou Formato. Então o caminho dimensões observável partes Universo posso estimativa aproximadamente em 6 mil megaparsec.

Quando olhamos para estrelas ou galáxias distantes, devemos ter em mente que movendo-se para trás ao longo do eixo do tempo. Se Sirius está a cerca de 9 anos-luz de distância, vemos é do jeito que era há 9 anos-luz porque a luz tem uma velocidade finita distribuição. Raios vermelho gigante Betelgeuse a partir de constelações Órion zarpar, fugir dentro no Tempo das Perturbações, quando Boris Godunov estava sentado no trono russo. Bola aglomerados de estrelas no centro da galáxia nos levarão de volta à última era glacial, e a luz a nebulosa de Andrômeda foi emitida em uma época em que nossos ancestrais semelhantes a macacos ficou em duas pernas e virou as primeiras pedras. Os objetos mais distantes do nosso universo mandar leve a partir de era, controlo remoto dentro passado no muitos bilhões anos. solar sistemas e planetas Terra então mais não estava em lembrar.

Para estimar pessoalmente, em imagens vivas, o tamanho da parte observada do Universo, ou metagaláxias, mentalmente reduzir terreno órbita (sua diâmetro 300 milhão quilômetros) para o tamanho da camada interna de elétrons no modelo clássico do átomo Bora (sua raio é igual a $0,53 \times 10^{-8}$ cm). Então mais próximo Estrela acomodará Apesar e no distância pequena, mas bastante macroscópica de 0,014 milímetros, a distância para o centro da galáxia será de 10 centímetros e o diâmetro da Via Láctea será de 35 centímetros. A Galáxia de Andrômeda recuará até seis metros do átomo de Bohr, e distância até a parte central do aglomerado de galáxias na constelação de Virgem, que inclui nossa O grupo local será de cerca de 120 metros. Radiogaláxia Cygnus A (antes dela 600 milhões leve anos) "fugir" para isto escala no dois Com metade quilômetros uma antes da distante rádio galáxia 3C 295 terá que andar e andar - afinal, 25 quilômetros. Contudo, terrestre bola enorme Como as Com pathos um professor disse graus elementares...

Estrela show de horrores

- Sim... Vivemos vivemos - uma porque? Segredo séculos. E a não ser que compreendidoalguém fino filiforme a essência dos luminares?

Vencedor Pelevin

fora algum dúvidas, a maioria notável e comum objetos nossoO universo são as estrelas, então faz sentido começar a falar sobre seus "habitantes" com eles. Mundo estrelas greves seus variedade. Dentre eles há estrelas gigantes e estrelas anãs, estrelas coletivistas, preferindo errar dentro rebanhos, e anacoretas estrela vivendo em esplêndido isolamento. Muitas estrelas formam os chamadosmúltiplos sistemas de duas ou três estrelas que giram em torno de um centro de gravidade comum no relativamente pequena distância amigo a partir de amigo. Sozinho estrelas semelhante Sombrio fantasmas, porque eles brilham na faixa do infravermelho, enquanto outros brilham em dezenas e centenas milhares de vezes mais brilhante que o nosso sol. E apenas em um parâmetro - em massa - eles não são muito variam muito entre si: de 1/10 da massa do Sol a 100 massas solares. Estrelas quase como pessoas nascem, crescem, envelhecem e está morrendo. Mas se sozinho Vá para outro mundo silenciosa e imperceptivelmente, então a morte de outros é acompanhada por grandiosas cataclismos, recebido título explosões supernovas. Tal estrelas visível no distâncias de muitos milhões de anos-luz, e seu brilho excede o mais rico imaginação: intolerável brilhar anãs supernovas cumulativo brilhar centenas bilhão estrelas de toda a galáxia.

Quão conhecido nada não para todo sempre e para estrelas isto é se aplica dentro completo a medida. Cada tempo esgotado. Algumas estrelas vivem brilhantes e festivamente, queimando em questão de milhões anos. Quando os dinossauros vagavam pela Terra, eles ainda não existiam. A existência efêmera desses efêmeras em forma dentro 1 um curto galáctico instante. Outro conduzir medido sem pressa Existência e vai viver por muito tempo: Tempo vida estrelas, um poucomenos maciço Como as Sol, pode ser alcançar 25 bilhão anos (nosso Universo nasceu apenas cerca de 14 bilhões de anos atrás). O sol iluminou cerca de 5 bilhões anos atrás e hoje é "um homem no auge da vida", como Carlson costumava dizer. Curti lírico herói Dante isto gerenciou passe o terreno vida Total só antes da metade. Algum estrelas destinado díficil destino: quando elas queimar até o chão seu nuclear combustível, então transformar-se em dentro Preto furos - incrível objetos, possuindo muito estranho e até assustador propriedades. Caminho para Centro Preto furos - isto é descida dentro inferno, estrada sem Retorna, porque o força gravidade no sua superfícies atingem tais magnitudes que nem mesmo a luz é capaz de sair. Monstruoso gravidade Curti forte lápide fogão para sempre e sempre cercas fora Preto buraco a partir de nosso Paz. No entanto, sobre negros furos nós dentro seu tempo ainda vamos conversar.

A primeira coisa que chama sua atenção, mesmo com um olhar superficial para o céu noturno, é um diferença entre as estrelas em brilho e cor. Os antigos gregos, como nos lembramos, destruíram toda a audiência estelar em seis classes, que são chamadas de magnitudes estelares. Estrelas estrelas de primeira magnitude são 2,512 vezes mais brilhantes que estrelas de segunda magnitude, e assim por diante. Nesse caminho, estrelas sexto quantidades mais fraco estrelas primeiro quantidades dentro 100 uma vez. Além de visível magnitudes estelares, existem magnitudes absolutas, sobre as quais já escrevi no capítulo, então não vou repeti-lo. Na verdade, a magnitude absoluta é a mesma o mesmo que a luminosidade de uma estrela (geralmente é expressa em unidades da luminosidade do Sol e denotado pela letra L), ou seja, a quantidade total de energia emitida por uma estrela por unidade Tempo. As estrelas variam muito neste parâmetro. Deixe-me lembrá-lo que a luminosidade de Deneb supera a solar em 270 mil vezes, e o brilho de S Dorado na Grande Magalhães nuvem excede a luminosidade do Sol em 600 mil vezes. Entre outras estrelas brilhantes do nosso céu pode ser mencionado Antares (alfa Escorpião), Betelgeuse (alfa Orion) e Rigel (beta Órion), luminosidade que ultrapassarem ensolarado dentro quatro mil, oito mil e 45 mil vezes respectivamente. Por outro lado, a luminosidade das estrelas anãs pode, por sua vez, colheita luminosidade solar dentro milhares e dezenas mil uma vez.

Apenas estrelas muito brilhantes podem ver a diferença de cor a olho nu. Digamos Antares e Betelgeuse vai vermelho, Capela - amarelo, Sírius - branco, uma Vega
- Branco azulado. Mas um pequeno telescópio amador ou mesmo um campo decente binóculos irá melhorar significativamente a qualidade da imagem. A cor de uma estrela e, portanto, seu espectro determinado pela temperatura de suas camadas superficiais. A uma temperatura de 3-4 mil graus Kelvin Estrela vai ser vermelho, no 6–7 milhares graus adquire distinto tonalidade amarelada e estrelas quentes com temperatura de 10 a 12 mil graus brilham em branco ou azulado leve. NO contemporâneo astronomia existem confiável e bastante métodos objetivos para medir a cor das estrelas, com a ajuda de que a magnitude sob nome "índice cores". Para cada significado indicador cores corresponde definido tipo de espectro.

Recebido distribuir Sete formar-se espectral Aulas que designar Letras latinas O, B, A, F, G, K e M. Para maior precisão, cada classe espectral dividido em 10 subclasses (de 0 a 9 com o aumento da temperatura descendente). Então Assim, uma estrela com espectro B9 estará mais próxima em características espectrais de espectro A2 do que, por exemplo, o espectro B1. As estrelas das classes O - B são azuis (temperatura da superfície - aproximadamente 100 - 80 mil graus), A - F - branco (11 - 7,5 mil graus), G - amarelo (cerca de 6 mil graus), K - laranja (cerca de 5 mil graus), M - vermelho (2-3 milhares graus).

Nosso Sol pertence à classe espectral G2 (a temperatura de sua superfície camadas - cerca de 6 mil graus) e é considerado, não importa o quão ofensivo, uma estrela anã amarela. No entanto, o tamanho deste anão é bastante decente - o diâmetro do Sol é de cerca de 1,4 milhão quilômetros.

Algum estrelas poderia periodicamente mudança minha brilhar. NO primeiro capítulo contou cerca de cefeidas, pulsante variáveis estrelas, que as vezes chamado
"faróis do Universo", porque graças a eles foi possível construir uma escala confiável, com a ajuda de que os astrônomos aprenderam a determinar as distâncias de estrelas distantes e outras galáxias. As cefeidas são supergigantes amarelas com uma temperatura superficial de cerca de igual ao Sol. Mas eles brilham muito mais forte, porque o poder de sua radiação supera ensolarado dentro dezenas mil uma vez. periódico mudança brilhar estrelas

deste tipo está associado a processos físico-químicos complexos em suas profundezas, geralmente são chamadas de variáveis verdadeiras ou físicas. Estrela do mundo da constelação Kita também está entre as variáveis reais, embora o período de mudança de brilho em sua Muito de mais e é sobre onze meses (no cefeida - a partir de dias antes da meses).

No entanto, existem estrelas variáveis cujas flutuações de brilho não estão relacionadas com recursos eles interno edifícios. Um exemplo tal estrela é Algol (beta Perseu), que dentro antiguidade chamado "olho diabo" e "canibal". Sua brilho muda por uma magnitude inteira a cada três dias sem três horas. Os gregos colocaram beta Perseu na cabeça de Medusa Gorgon - um terrível monstro com presas em forma feminina e com cobras em vez de cabelo. O olhar desta criatura alada transformou todas as coisas vivas em pedra. Algol se aplica para número Então chamado eclipsando em dobro estrelas, Porque o que as razões a variabilidade de seu brilho é fundamentalmente diferente da do delta Cepheus ou do ômicron Cetus. Por aí Algol empates fraco Estrela - segundo componente em dobro sistemas, órbita que mentiras dentro 1 avião Com terrestre órbita. Quando ela é acontece entre Algolem e a Terra na linha de visão de um observador terrestre, então a obscurece parcialmente. Nesse caminho, intensidade radiação Algol dentro realidade não intensifica e não está enfraquecendo uma restos estritamente constante. Muito simples no caminho disseminação leve raios periodicamente surge um obstáculo.

É razoável supor que, uma vez que a temperatura da superfície das estrelas vermelhas do espectro classe M é mais de duas vezes menor que o sol, então eles devem brilhar muito fracamente. No entanto, na realidade, tudo acabou por estar longe de ser tão elementar. Algumas estrelas de classe M (Digamos "voando" Barnard) verdade arder por muito pouco, embora sejam de forma alguma perto do Sol (a distância de Barnard é de cerca de 6 anos-luz). Mas muitos outros, certamente caindo na mesma classe espectral, queimam muito brilhantemente, apesar de no significativo distância a partir de Sol. Por exemplo, Antares dentro Escorpião e Betelgeuse da constelação de Órion - estrelas vermelhas clássicas - não só tem uma menor que a unidade, mas também possuem uma grande luminosidade intrínseca. Poder A radiação de Betelgeuse é 8.000 vezes maior que a do sol. É claro que um nível tão alto luminosidade relativamente resfriado estrelas pode ser explicar só sua gigantesco tamanhos. E embora a superfície da gigante vermelha seja aquecida a apenas 2-3 mil graus, total intensidade leve fluxo vai ser muito significativo sobre comparação Com Sol. Deixe um quilômetro quadrado da superfície de Betelgeuse brilhar relativamente fracamente, mas há ordens de magnitude mais desses quilômetros quadrados no corpo de uma estrela, portanto potência sua radiação em muitas vezes excede a solar.

Em 1920, o diâmetro de Betelgeuse foi medido. Embora as estrelas, mesmo nas mais poderosas telescópios são vistos como pontos adimensionais, um método engenhoso foi desenvolvido para calculá-los tamanhos. Um negócio dentro volume, o que raios Sveta, chegando para terreno observador a partir de pontos opostos do disco estelar (que não percebemos como um disco) se formam, tópicos não menos, algum canto entre você mesma. É claro a medida seu valor diretamente impossível, mas leve raios, sobreposto amigo no amigo, interferem uns nos outros, para que com a ajuda de um dispositivo especial (interferômetro) você possa a medida resultado semelhante aditivos e calcular valor ângulo. Conhecendo isto canto e distância antes da estrelas, talvez sem especial trabalho calcular sua válido diâmetro. Claro, o método tem suas limitações (o ângulo não deve ser muito pequeno), mas em muitos casos ele devidamente funciona e muito não é ruim você mesmo recomendado.

Calculado assim caminho diâmetro Betelgeuse chocado imaginação. Descobriu-se que é quase 350 vezes o diâmetro do Sol e tem aproximadamente 500 milhão quilômetros. Lembrar para o leitor o que órbita Marte mentiras dentro 220 milhões quilômetros do sol. Se fosse possível colocar esta estrela no lugar da nossa luminária, as camadas superficiais da fotosfera de Betelgeuse se estenderiam muito além da órbita de Marte, e todos os quatro planetas terrestres (Mercúrio, Vênus, Terra e Marte) afundariam estelar seio. Superfície Betelgeuse vai ser por pouco dentro 120 mil uma vez mais superfícies

Sol, é por isso dificilmente se custos surpreenda-se, o que sua luminosidade dentro de várias mil uma vez supera o sol. O volume desta estrela vermelha é 40 milhões de vezes maior Sol. Apesar de um tamanho tão fantástico, a massa de Betelgeuse é estimada em apenas apenas 12-17 massas solares, ou seja, sua densidade média deve ser insignificante. Vermelho supergigantes, lado de dentro que poderia em forma de várias planetário órbitas solar sistemas, posso comparar Com enorme bolhas. Se um média densidade ensolarado substâncias é igual a cerca de 1,4 g/cm3 (quase dentro um e meio vezes mais densidade água), então em bolhas tão monstruosamente inchadas será milhões de vezes menos do que em ar.

Betelgeuse não é de forma alguma única entre as estrelas. Existem supergigantes vermelhas então inimaginavelmente enorme, o que estrelas Curti Antares ou Betelgeuse parecer ao lado Comeles meras migalhas. Por exemplo, Epsilon Aurigae é maior que Alpha Orion.pelo menos cinco vezes, mas nem vemos, porque a radiação desse monstro por pouco inteiramente mentiras dentro infravermelho áreas espectro. descobrir seu gerenciou devido a presença brilhante satélite, que o periodicamente eclipsado estrela invisível. Epsilon Aurigae é uma supergigante infravermelha com um diâmetro de 3,7 bilhões quilômetros. Se você colocá-lo no lugar do Sol, ele "engolirá" facilmente os primeiros 6 planetas (Mercúrio, Vênus, Terra, Marte, Júpiter e Saturno) e encherá o sistema solar até para a órbita de Urano. Outra estrela deste tipo - VV Cephei A - é apenas ligeiramente inferior em o tamanho de seu companheiro da constelação Auriga. Seu diâmetro é maior que o diâmetro de Betelgeuse mais de três vezes. A busca por estrelas invisíveis está associada a grandes dificuldades, pois a atmosfera da Terra é quase opaco para infravermelho raios; além disso, próprio térmico radiação Terra extingue caloroso, chegando a partir de espaço. Tempo não menos gerenciou a medida temperatura algum estrelas, que brilhar dentro infravermelho variar. Ela élocalizado dentro dentro de 800 - 1200 graus Kelvin o que, certamente mesmo, muito alguns: 800 graus - isto é somente temperatura vermelho aquecer. Escuro e resfriado supergigantes Curti VV Cefeu ou épsilon Cocheiro devo ser vazio mundos esparsos, porque seu recheio está espalhado sobre um volume colossal. Se por algum milagre conseguiu transferir a substância dessas estrelas para o laboratório da Terra, sua média densidade quase não seria diferente do vácuo.

Kohl em breve dentro natureza existem vermelho gigantes e supergigantes, naturalmente sugerem que deve haver anãs vermelhas que caem na mesma classe espectral M. Recordemos pelo menos a estrela "voadora" de Barnard, movendo-se rapidamente através do céu a uma velocidade de mais de 10 segundos de arco por ano. Isso é muito porque o movimento próprio das estrelas é medido, via de regra, por valores muito menores (cerca de um segundo por ano ou menos). Um atleta de destaque deve seu nome a americano astrônomo Eduardo Barnard que o aberto sua dentro 1916 ano. Vermelho anãs, visivelmente inferiores em massa ao Sol, não são de forma alguma bolhas, mas bastante pesadas estrelas completas. Além disso, muitas vezes eles são muito mais densos do que a nossa estrela. Por exemplo, vermelho anão Kruger 60V mais fácil Sol Total dentro cinco uma vez, Apesar seu volumeé 1/125 do sol. Portanto, sua densidade média deve ser igual a 35 g/cm3, que é 25 vezes a densidade do Sol (1,4 cm3) e uma vez e meia a densidade platina. Até tal sólido celestial corpo, Como as nosso nativo planeta, Tem meio densidade ordem 5,5 g/cm3 (densidade pedra raças terrestre latido é 2.6 g/cm3, umaao centro da Terra, atinge um valor de 11,5 g/cm3), ou seja, é inferior ao Kruger em seis segundos supérfluo uma vez.

NO colchetes Nota o que densidade tudo celestial telefone (e extremamente escasso gás bolhas Curti Antares e Betelgeuse aqui também não exceção) rapidamente crescendo sobre direção para Centro. Para Sol poderia estábulo existir, não colapsando sob a ação de forças gravitacionais, a densidade de suas regiões centrais deve alcançar quantidades ordem 100 g/cm3, o que excede densidade platina dentro cinco uma vez. É claro que no centro Kruger 60V semelhante indicador para extremo a medida para dois ordem mais.

No entanto, a densidade das anãs vermelhas não é nada comparada às anãs brancas. Branco anões - isto é pequena e muito quente estrelas, representando você mesma fase final de evolução celestial luminares como o nosso sol. Sua temperatura camadas superficiais varia muito - de 5 mil graus para os "velhos" estrelas frias até 50 mil em "jovem" e quente. São comparáveis em peso a do Sol, mas seu diâmetro, via de regra, não excede o diâmetro da Terra (cerca de 12.800 quilômetros). Assim, sua densidade média atinge valores da ordem de 106 g/cm3 e excede ensolarado dentro centenas mil uma vez. Um cúbico centímetro substâncias branco anão pode ser pesar de várias toneladas. O primeiro branco anão foi abrir dentro 1844 ano Friedrich Bessel quando inesperadamente descobriu anomalias no movimento de Sirius - a maioria brilhante estrelas nosso céu. Dele trajetória sobre incompreensível razão periodicamente desviou da posição média, então Bessel sugeriu que Sirius entrasse em dobro sistema, então há Tem maciço estrela satélite, uma Ambas luminárias Aplique em torno de um centro de massa comum. Em 1862, nas proximidades de Sirius, conseguiram divisar um partícula, e desde então o componente brilhante deste sistema binário foi nomeado Sirius A, e seu menor Sombrio vizinho tem título Sírio V.

Sírius NO - longa distância não a maioria pequena representante populações brancos anões. Como sua luminosidade é 300 vezes menor que a do sol, e a temperatura da superfície atinge 8000 graus Kelvin (temperatura Sol - 5800 graus), não vale muito trabalho calcular suas dimensões. Raio de Sirius O deve ser cerca de 20 mil quilômetros (5 mil quilômetros a menos que Netuno, mas três vezes mais que a Terra), e desde sua massa é 95 % massa solar, então média densidade seu substâncias é igual a 105g/cm3.

Claro, Sirius B não é de forma alguma um fenômeno excepcional. Logo foi descoberto satélite superdenso de Procyon, quase duas vezes mais leve que o Sol, e então os achados se espalharam como se cornucópia. Até hoje, muitas anãs brancas foram descobertas (embora procurar esses pequena escurecer estrelas conjugado Com considerável dificuldades), e sobre preliminares estimado no eles compartilhar responsável por de várias por cento estrelas nosso Galáxias.

Apesar da monstruosa disseminação da população estelar em termos do parâmetro de densidade - de vácuo quase completo a valores comparáveis com a densidade do núcleo atômico, as massas das estrelas diferem não muito - de 0,1 massas solares a 100 massas solares. Nesse caminho, a estrela mais pesada é apenas mil vezes mais massiva que a mais leve. E você deve ter em lembre-se de que nos pólos extremos da escala há relativamente poucas audiências estelares, Então Como as peso a grande maioria das estrelas flutua dentro 0,2-5 solares peso Peso - extremamente importante característica, porque o define não só estelar modus vivendi, mas também seu triste final e, em certo sentido, até póstumo destino estrelas. Mas sobre evolução nós somos as estrelas dentro seu Tempo vamos conversar separadamente.

MAS Como as Estrela pesar? Se um co luminosidade, indicador cores e espectral classe que determina a composição química e a temperatura da superfície de um corpo celeste, de alguma forma descobriu como determinar sua massa? Indispensável e insubstituível o instrumento em tais casos são as estrelas duplas já familiares para nós. O fato, que é quase impossível medir a massa de uma única estrela. Claro que a intensidade brilho e espectro podem dizer muito, porque dependem da massa, mas ainda assim eu queria saber esse valor com certeza. Felizmente, anacoretas convictos como o nosso Sol são relativamente raros, já que a maioria das estrelas prefere viver em um ambiente amigável equipe. Mais frequentemente Total isto é emparelhado em dobro sistemas, menos frequentemente - triplo e até quadruplicar. Não é fácil criar uma estrutura de três ou quatro estrelas, porque tais sistemas acabam por ser dinamicamente instáveis. Para torná-los estáveis requeridos cumprir fileira condições. Terceiro componente devo Morada por aí perto sistema binário em uma órbita suficientemente ampla, nunca se aproximando de uma distância menos oito - dez raios interno "dois". Ele Eu mesmo, dentro minha virar, pode ser ser em dobro sistema, e então esses dois pares perceberão um ao outro como objetos pontuais. NO no primeiro caso, temos uma estrela tripla e, no segundo, uma quádrupla. Devido às características Não há processos de formação estelar em sistemas de maior multiplicidade na natureza. Dobro estrelas giram em torno de um centro de gravidade comum - o chamado baricentro, uma vez que cada um deles puxa o cobertor sobre si mesmo, "balançando" o vizinho com seu campo gravitacional. Portanto, se os períodos de revolução das estrelas e as distâncias delas ao baricentro são conhecidos, não é vai ser grande trabalho definitivamente calcular massa cada estrelas.

Deve contar de várias palavras cerca de apartamento diagrama "espectro - luminosidade" (ou "temperatura - luminosidade"), Porque astrônomos amplamente desfrutar. Porque o pela primeira vez, diagramas deste tipo começaram a ser usados pelo dinamarquês E. Hertzsprung e americano G. N. Russell, eles são geralmente chamados de diagramas de Hertzsprung-Russell. No eixo horizontal deste diagrama, da esquerda para a direita, os tipos espectrais são dispostos de O a M, ou seja, em ordem diminuição da temperatura. No eixo vertical de baixo para cima estão as luminosidades, ou absoluto estelar quantidades, sobre a medida eles aumentar. Sem considerar amigo a partir de amigo Hertzsprung e Russell encontraram uma relação empírica entre temperatura e luminosidade. Quão regra Estrela tópicos mais brilhante Como as ela é mais quente Apesar, certamente, existem e exceções (lembrar vermelho supergigantes). Mas dentro média isto regularidade funciona de forma alguma nada mal. É por isso Como as Para a esquerda mentiras espectral Classe pesquisou estrelas no horizontal machados (Consequentemente, Como as mais sua temperatura), tópicos acima de ela é escaladassobre vertical escala absoluto estelar quantidades (luminosidade).

Então o caminho maioria estrelas estabelecidos sobre diagonais dentro Formato largo uma faixa que vai do canto superior esquerdo do diagrama, onde estão as estrelas quentes e brilhantes, até mais baixo certo canto, habitado resfriado e escurecer vermelho anões. este largo fita diagonal chamada de sequência principal.

Estrelas, deitado no a Principal sequências estão localizados não de qualquer maneira Como as, mas obedecer certo as regras. Imediatamente mesmo veio à tona relação entre temperatura estrelas e sua raio, porque o acabou, o que Estrela Com certo a temperatura da superfície não pode ser arbitrariamente grande e, portanto, sua luminosidade também se encaixam em alguns parâmetros fixos. Além disso, a luminosidade está relacionada a massa da estrela. Se seguirmos a sequência principal dos tipos espectrais O - B antes da Para - M, então massas estrelas continuamente diminuir. Digamos no estrelas classe O massas atingem várias dezenas de solares, enquanto nas estrelas da classe B não excedem 10 massas do sol. Nosso Sol é conhecido por ter uma classe espectral de G2, então ele ser por pouco dentro meio a Principal sequências um pouco mais perto para sua certoborda inferior. Estrelas de classes de massa posteriores são visivelmente menores que a massa solar; por exemplo, As anãs vermelhas da classe espectral M são 10 vezes mais leves que o Sol. A causa física de tudo esses padrões de sucesso Compreendo só depois criação teorias termonuclear reações.

No entanto, longe de toda a população estelar cai na sequência principal. Gigantes e supergigantes vermelhas (são tradicionalmente chamadas de vermelhas, embora entre eles também têm estrelas amarelas) formam um ramo separado, que cresce em uma larga faixa de no meio da sequência principal e vai para o canto superior direito do diagrama. Nós já essas estrelas são bem conhecidas Com grande luminosidade e baixa temperatura superfícies. No contexto da maior parte da população estelar de gigantes, há relativamente poucos. E no fundo no canto esquerdo do diagrama estão as anãs brancas - estrelas quentes com baixa luminosidade, o que Ele fala cerca de eles muito pequena tamanhos. corrida um pouco frente, Digamos o que branco anões presente você mesma regular final palco evolução algum estrelas. As reações termonucleares em seus intestinos não acontecem há muito tempo e estão esfriando lentamente. Então, sugere-se conclusão, o que e vermelho gigantes, e branco anões - isto é seu Gentil Produção desperdício, certo palco evolução estrelas, deixei casa subsequência. MAS porque o perguntas vida e de morte - sozinho a partir de a maioria queimando, chegou Tempo mais próximo познакомиться Com nascimento e evolução estrelas.

De acordo com conceitos modernos, as estrelas nascem dentro de nuvens de gás e poeira, que começar Psiquiatra debaixo ação ter gravidade forças. interestelar Quarta-feira só no o primeiro visão parece nada não preenchidas vazio espaço, mas na realidade contém quantidades significativas de gás e poeira, que se distribuem de forma muito desigual. A maior parte do gás e da poeira está concentrada em braços espirais galácticos, e aqui as chamadas associações jovem estrelas, o que é adicional argumento dentro beneficiar eles nascimento a partir de nuvens de gás e poeira. Além do hidrogênio molecular e do hélio atômico, essas nuvens contêm pequenas partículas de poeira cósmica compostas de elementos mais pesados. E embora ninguém ainda tenha sido capaz de traçar todas as fases da formação estelar do início ao fim, em ele mesmo em geral Formato Este processo pode ser imaginado próximo caminho.

Depois segregação e selos fragmento nuvens vem Estágio seu velozes compressão. Densidade coágulo rapidamente crescendo, uma seu transparência firmemente cai, portanto, o calor acumulado não pode deixá-lo e o coágulo começa a se aquecer. Raio tal protoestrelas Muito de supera raio Sol, mas ela é continuou Psiquiatra, Porque o que pressão gás e temperatura lado de dentro nuvens não dentro capaz Saldo gravitacional força. Quando temperatura dentro Centro protoestrelas atinge vários milhões de graus, as reações de fusão termonuclear explodem em suas profundezas. A temperatura e a pressão continuam a subir, e chega um ponto em que começam a efetivamente resistir forças gravitacional compressão. protoestrela torna-se completo Estrela e o suficiente velozes "sentar-se" no casa subsequência.

Para "atravessar" a maioria cedo Estágio seu evolução, Estrela requeridos relativamente um pouco Tempo. Velocidade aparência no leve depende a partir de peso bebê. Pesado estrelas nascido Muito de mais rápido pulmões. Por exemplo, no nosso Sol, sobre algum estimativas, se foi no isto é um negócio cerca de trinta milhão anos, uma estrelas, triplo superando-o em massa, salta como um canhão - em apenas 100 mil anos. Mas em anãs vermelhas, cuja massa é uma ordem de magnitude menor que a do sol, o parto se estende por centenas milhão anos, mas mas e viver tal estrelas Muito de mais tempo. Peso estrelas determina não só as circunstâncias de seu nascimento e os primeiros passos neste mundo, mas também deixa uma marca imperiosa em todo o seu destino subsequente. Mas primeiro, vamos lidar com processos vazando dentro estelar entranhas, que providenciar recém-nascido confortável Existência.

Algum Estrela representa você mesma auto-ajustável nuclear reator, fornecendo prolongado e estábulo Produção energia. NO estelar entranhas reacções de fusão termonuclear estão a ganhar impulso, durante o qual o hidrogénio é convertido em hélio, e que, por sua vez, gradualmente se transforma em elementos cada vez mais pesados. O principal ciclo nuclear de uma estrela é a conversão de hidrogênio em hélio, porque o hidrogênio em percentual em sua composição a mais. Por exemplo, nosso Sol, com segurança viveu no mundo branco por cerca de 5 bilhões de anos, contém um pouco mais de 80% de hidrogênio. Descanso vinte % cair no hélio e outro, mais pesado elementos, mas hélio, é claro incomparável mais. Transformação hidrogênio dentro hélio dentro majoritariamente realizado Através dos Então chamado próton-próton ciclo, uma porque o ele muito lento, garante a queima estável da estrela por 10 bilhões de anos. NO selva físico e químico processos, em progresso dentro entranhas estrelas, nós não escalar, uma notamos apenas que o tempo de vida de uma estrela na sequência principal (ou seja, seu período existência relativamente tranquila) depende principalmente de sua massa inicial. Nosso Sol e semelhante para ele estrelas destinado grandes e medido vida (não menos 5 bilhão anos), e vermelho anões viverão mais mais tempo.

Algum Estrela representa você mesma vermelho quente plasma bola (hélio e plasmas de hidrogênio, como dizem os astrofísicos), e termonucleares as reações desempenham um papel duplo: em primeiro lugar, mantêm a pressão no nível necessário e temperatura, que opor gravitacional compressão uma Em segundo lugar, enriquecer estrela com elementos pesados. A composição química média das camadas externas de uma estrela parece algo assim: para 10 mil átomos de hidrogênio existem 1 mil átomos de hélio, 5 átomos oxigênio, 2 átomos de nitrogênio, um átomo de carbono e 0,3 átomos de ferro. Conteúdo relativo outros elementos mais menos. No entanto acumulação pesado elementos (uma sem eles o surgimento de planetas do tipo terrestre e, aparentemente, a vida é impossível) mais ativamente indo dentro maciço estrelas, que perceptivelmente mais pesado Sol. Hélio dentro centros tal estrelas começa transformar-se em dentro elementos carbono ciclo (carbono, oxigênio, nitrogênio e etc.), e eles, por sua vez, são transformados em ainda mais pesado elementos até o ferro. Nosso Sol é conhecido por ser uma estrela relativamente pequena. (amarelo anão espectral classe G2), e cálculos mostrar o que E se gostaria isto originalmente no 100% foi a partir de hidrogênio, para ele levou gostaria não menos vinte bilhão anos, para alcançar contemporâneo índices hidrogênio, hélio e outros elementos. Enquanto isso, a "idade" solar não tem mais de 5 bilhões de anos. o que caminho Sol gerenciou assim velozes ficar rico pesado elementos, E se seu massaspor isso claramente não é suficiente?

Para responder a esta pergunta, você precisa olhar o que acontece com as estrelas a Principal sequências. Quão nós lembrar ser no a Principal sequências Estrela estábulo irradia no por todo grandes Tempo e sua posição no diagrama

"espectro - luminosidade" não muda. No entanto, o consumo de combustível de hidrogénio que suporta reações de fusão termonuclear nas profundezas, não é o mesmo para estrelas diferentes. Estrelas comparáveis a O sol em massa, eles vivem muito economicamente, então eles têm reservas de hidrogênio suficientes por um longo tempo. As anãs vermelhas são ainda maiores avarentas: contando cuidadosamente cada centavo, elas viverão duas vezes, e até três ou quatro vezes mais do que o nosso Sol. Mas estrelas massivas são grandes gastadoras emotes: o mais pesado deles estará apenas na sequência principal de várias milhão anos. Tormentoso vida dentro jovem anos conduz para cedo velhice.

O que acontece com uma estrela quando todo (ou quase todo) o hidrogênio em seu núcleo se queima? Quando hidrogênio combustível encaixa para o fim núcleo estrelas começa Psiquiatra, uma seu temperatura rapidamente está crescendo. NO resultado formado muito denso e quente região, consistindo a partir de hélio Com pequena impureza mais pesado elementos. Gás dentro tal estado é chamado degenerado. Reações nucleares na parte central do núcleo praticamente Pare, mas o suficiente ativamente Prosseguir vazar no seu periferia. A estrela começa a inchar rapidamente, inchar aos trancos e barrancos, e seu tamanho e luminosidade Muito de aumentar. Estrela saindo Com a Principal sequências e está virando dentro vermelho gigante Com temperatura superfícies aproximar 3 mil graus Kelvin.

No entanto dentro central áreas inchado estrelas hélio continuou transformar dentro carbono e oxigênio até antes da a maioria pesado elementos. o que acontecerá quando o combustível hélio também acabar, como o hidrogênio na etapa anterior? Mais longe jogada eventos depende a partir de inicial massas estrelas. Se um ela é foi pequena Curti nosso Sol, externo camadas despejado, formando planetário nebulosa (uma nuvem de gás em expansão), no centro da qual o já familiar para nós acende branco anão - quente Estrela Tamanho cerca de Com terra e Com peso ordem massasSol. Médio densidade da matéria anã branca é 106g/cm3.

Branco anões - muito curioso objetos. Representando você mesma sobre essência romances, morto Estrela (termonuclear reações a muito tempo atrás saiu no Não), elas Prosseguir irradiar, e a contração gravitacional é, no entanto, incapaz de superar a oposição para ele Alto pressão. Imediatamente mesmo surge pergunta: Onde isto é pressão é levado E se temperatura doméstico regiões estrelas relativamente baixo (verdade Então), uma reações termonucleares ordenadas a viver muito? Leis paradoxais são "culpadas" de tudo quântico mecânica. Debaixo ação gravidade substância branco anão compactado assim, o que atômico núcleos literalmente espremer lado de dentro eletrônico cartuchos vizinho átomos. Elétrons perder íntimo conexão co seus parentes átomos e começam a viajar livremente em vazios interatômicos por todo o espaço da estrela, então Tempo Como as nu núcleos Formato sustentável difícil sistema - algum semelhança estrutura de cristal. Este estado é chamado de gás de elétrons degenerado, e Apesar branco anão continuou esfriar, média Rapidez elétrons diminuir não acha. De acordo com as leis da mecânica quântica, quanto mais próximos os elétrons estiverem uns dos outros, mais suas velocidades devem diferir mais fortemente, do que se segue que a maioria dos elétrons vai ser mover muito rápido. Vamos ouvir físicos:

...

Esse movimento da mecânica quântica não está de forma alguma relacionado à temperatura da substância, cria pressão, chamado pressão degenerar eletrônico gás. No brancos anões exatamente isto força equilibra força eles ter gravidade.

Então o caminho branco anões Como as gostaria "amadurecer" lado de dentro vermelho gigantes e presente você mesma final palco evolução maioria estrelas. isto morto, mundos gradualmente esfriando, dentro dos quais todo o hidrogênio foi queimado, e reações nucleares parou. A propósito, em um futuro distante, um destino tão invejável acontecerá nosso Sol. De acordo com os cálculos, em cerca de 5-6 bilhões de anos queimará toda a hidrogênio e se transformar em uma gigante vermelha, aumentando sua luminosidade centenas de vezes, e o raio - em dezenas. É curioso que HG Wells tenha previsto uma evolução semelhante do nosso luminar em romance "A Máquina do Tempo" Se você, leitor, se lembrar, é um viajante do tempo viu no futuro distante um enorme Sol carmesim na metade do céu, pairando sobre o deserto pelo mar. francamente ditado poços um pouco blefado porque o inchado Sol deveria aquecer a superfície da Terra a várias centenas de graus Celsius, de modo que o viajante do tempo seria assado vivo junto com sua máquina desajeitada. Mas não vamos nos apegar aos clássicos em ninharias. O Sol viverá no palco gigante vermelhode várias centenas milhão anos, uma depois jogar fora Concha e vai virar dentro branco anão.

E como uma estrela mais massiva se comportará após o esgotamento do hélio? Se sua inicial a massa era superior a 8 - 10 massas solares, no centro da estrela uma forma de cebola um núcleo formado por elementos pesados cercados por camadas de elementos mais leves. Para alguns momento, tal núcleo perde estabilidade e começa a encolher catastroficamente. Este fenômeno chamado colapso gravitacional. Dependendo da massa do núcleo, suapapel ou está virando dentro superdenso um objeto - nêutron Estrela, ou desmorona
"até a parada", formando um buraco negro. A monstruosa energia gravitacional que é liberada durante a compressão, arranca a casca e a parte externa do núcleo, jogando-os para fora com um alto Rapidez. indo grandioso explosão, acompanhado nascimento Super Nova estrelas. Nós não conhecido espaço cataclismos mais escala, Como as surtos supernovas; dentro fluxo algum Tempo tal Estrela brilha mais brilhante todo galáxias. Gradualmente desistiu gás Concha esfriar e desacelerar (dentro interestelar há muito gás rarefeito no espaço), e com o tempo formará uma nuvem de gás-poeira, em em que a gravidade específica de elementos pesados será muito perceptível. Isso se explica pelo fato de que em durante sua curta mas turbulenta vida, a estrela massiva conseguiu acumular muitos elementos até glândula, algum alguns dos quais voou para o espaço interestelar dentro Tempo explosão. Quando pó de gás nuvem vai começar condensar debaixo ação gravidade força, lado de dentro dele pode ser inflamar-se novo Estrela. Semelhante estrelas, nascido no ruínas antigo recebido ligar estrelas segundo gerações, e nossoSol, parece vezes se refere a número apenas tal estrelas.

Assim, há alguma continuidade na natureza: estrelas massivas primeiro gerações está morrendo enriquecedor interestelar espaço pesado elementos, que servem de material de construção para estrelas de segunda geração. Todos os produtos químicos elementos mais pesado hélio formado dentro estelar entranhas dentro progresso termonuclear síntese, uma

Os elementos mais pesados foram criados em explosões de supernovas. A terra tem um núcleo de ferro que representa cerca de um terço de sua massa, então você pode estimar aproximadamente que quantia glândula cuspiu pré-histórico Super Nova 5 bilhão anos para isso de volta. Tudo o que nos rodeia na Terra, e a própria Terra, é matéria estelar herdada nos um legado. Pode-se dizer que as reações nucleares no interior das estrelas são a principal razão diversidade do ambiente. No passado distante no universo de elementos pesados Era Muito de menos, Como as agora, cerca de Como as testemunhar dados supervisor astronomia. espectroscópico pesquisar mostrou o que estelar público fortemente diferente sobre seu químico composição. Por exemplo, quente maciço estrelas, concentrado no plano galáctico, várias dezenas de vezes mais rico em elementos, Como as estrelas bola aglomerados, deitado aproximar Centro Galáxias.

Instantâneo Super Nova - muito cru fenômeno. Por último mil anos dentro nosso Galáxia quebrou Total três supernovas - dentro 1054 ano, dentro 1572 ano e dentro 1604 ano. A supernova de 1572, que eclodiu na constelação de Cassiopeia, foi observada por um astrônomo dinamarquês Calma Brah. NO período máximo ela brilhou com seu brilho mais brilhante Vênus. Supernova 1604 Do ano rendeu dentro brilho Estrela Tranquilo Brahe, mas tudo mesmo e ela é dentro máximo brilhar competiu com Júpiter. Ele se iluminou na constelação de Ophiuchus e foi observado por Johannes Kepler e Galileu Galileu. Quanto à supernova de 1054, as referências a ela foram preservadas em chinês crônicas, a partir de que segue, o que ela é foi visível até tarde, uma dentro máximo brilhar repetidamente em menor número Vênus. Hoje conta, o que Caranguejo nebulosa dentro a constelação de Touro e o pulsar nela (uma estrela de nêutrons que gira rapidamente) são os restos da supernova de 1054. A Nebulosa do Caranguejo é uma nuvem de turbilhão gás, perfurado por fios rasgados - embora lentamente, mas distintamente se arrasta céu. Pareceu gostaria, nada especial mas porque o distância antes da isto nebulosas ultrapassa 4 mil anos-luz, o que significa que a velocidade de expansão de seus gases chega a 1500 quilômetros dentro me dê um segundo. Entre tópicos Rapidez convencional gás nebulosas dentro nosso Galáxia não excede 20-30 quilômetros dentro me dê um segundo. Apenas monstruoso sobre força explosão poderia informar a massa gás tão alto Rapidez.

Embora surtos supernovas - fenômeno muito cru, sobre a medida melhoria técnicas de observação astronômica começaram a detectá-los com cada vez mais frequência. galáxias existem dezenas bilhão e em algum lugar Super Nova necessariamente incendiar-se. MAS porque o dentro máximo seu brilhar elas capaz ofuscar galáxia, dentro que iluminados, eles podem ser vistos a distâncias acessíveis apenas aos telescópios. Por exemplo, a supernova S Andromedae, que explodiu nesta galáxia em 1885, teve absoluto estelar valor menos 19, a partir de o que segue, o que sua luminosidade dentro por um curto período de tempo, 10 bilhões de vezes a luminosidade do Sol. Ela mesmo podia ser visto a olho nu como um asterisco muito fraco da 6ª magnitude, mas nebulosa Andrômedas separado a partir de nosso galáxias por pouco 2 Com metade milhão anos luz. Hoje, dezenas de supernovas estão sendo descobertas em outras galáxias em ano.

Embora todas as explosões de supernovas representem o estágio final da vida de uma estrela, os astrônomos distinguem vários tipos deles, dependendo da natureza do espectro e da luminosidade. Geralmente existem dois tipos dessas estrelas raras. Supernovas tipo I - velhas e não tão velhas estrelas massivas que brilham em galáxias elípticas e espirais. Poder radiação supernovas isto modelo especialmente excelente. supernovas II modelo estão associadas a jovens estrelas massivas que rapidamente "percorreram" sua evolução caminho. Eles são encontrados nos braços das galáxias espirais, onde os processos continuam a ocorrer. explosão estelar, uma dentro elíptico galáxias elas não inflamar-se Nunca.

A partir de supernovas deve diferem comum novo estrelas. Eles são inflamar-se relativamente frequente (cerca de 100 erupções por ano na nossa Galáxia), e o poder da radiação essas estrelas são milhares e dezenas de milhares a menos. Sem exceção, todos os novos são apertados em dobro sistemas, Como as regra consistindo a partir de branco anão e normal estrelas.

O iniciador da explosão é geralmente uma anã branca, uma estrela queimada até o chão, da qual apenas as cinzas de reações termonucleares de longa duração permaneceram. Pela proximidade entre componentes em dobro sistemas substância superficial camadas satélite transborda no branco anão, e quando seu acumula um monte de, termonuclear reações poderia acender novamente. O processo tem um caráter flash e lembra a explosão de um hidrogênio gigante bombas. Ao longo de várias horas ou dias, a estrela atinge seu brilho máximo e então, por muitos meses ou mesmo anos, ela desaparece lentamente. A massa da casca caída é sempre Muito de menos massas a maioria estrelas, Então o que ela é não desmorona no explosão, Como as Super Nova, uma restos dentro intacto e segurança. Recebido contar, o que novo perder 1/100 000 seu massas, enquanto em supernovas Tipo I este indicador flutua dentro de a partir de 1/10 a 9/10 também em supernovas Tipo II - de 1/100 a 1/10. Depois de um certo vez, uma nova estrela pode brilhar novamente (às vezes isso acontece depois de alguns décadas). supernovas estrelas não é nunca acenda.

Então, depois catastrófico explosão maciço Super Nova restos minúsculo um coágulo de densidade monstruosa - a chamada estrela de nêutrons. Se o recheio for branco anão representa você mesma degenerar eletrônico gás, então dentro nêutron Estrela não há elétrons livres. Sua massa é tão grande que a pressão do gás de elétrons não é forças resistir crescendo gravitacional compressão. figurativamente ditado elétrons
"pressionado" dentro prótons, dentro resultado o que prótons virar dentro nêutrons. Por exceto pelas camadas externas de uma estrela de nêutrons (crosta), sua substância consiste principalmente de nêutrons e muito pequena quantidades prótons e elétrons. Pressão dentro Centro estrela de nêutrons atinge valores tão grandes que pode exceder várias vezes densidade atômico grãos. É claro atômico núcleo também construído a partir de prótons e nêutrons, mas apenas forças nucleares atuam sobre eles, e no caso de uma estrela de nêutrons, para ele adiciona a prensa de gravidade mais pesada. Podemos dizer que uma estrela de nêutrons representa um contínuo atômico núcleo.

Para algum visualmente Imagine monstruoso aperto entranhas nêutron estrelas, lembre-se que o tamanho de um átomo é em média 10^{-8} cm, e o tamanho do núcleo atômico é 10^{-13} cm. Então o caminho núcleo menos átomo dentro no geral dentro 100 mil uma vez, uma porque o quase toda a massa de um átomo está concentrada no núcleo, a matéria comum consiste em quase vazio. Para efeito de comparação: no segmento entre a Terra e o Sol, pouco mais de 100 diâmetros solares e quase 12 mil diâmetros da Terra, enquanto entre os diâmetros atômicos essencial e mais próximo eletrônico Concha (órbita) sem trabalho acomodará 100 mil nuclear núcleos. Se um nós vamos apertar núcleos de volta para trás amigo para amigo, densidade substâncias vai aumentar 10^{15} vezes e excederá densidade núcleo atômico. Densidade nêutron estrelas é estimado em 5×10^{15} g/cm3, o que, aliás, é de vários bilhões de toneladas. No peso ordem dois solar massas Curti um objeto vai ser perfeito minúsculo - 10-15 quilômetros dentro diâmetro.

A estrutura de uma estrela de nêutrons é muito complexa e pouco compreendida. Como a substância se comporta no densidades superior nuclear posso só acho. Sugerido de várias modelos que descrevem a estrutura das estrelas de nêutrons, mas todos eles acabam em um ou outro graus hipotéticos. Especialistas concordam em apenas uma coisa: uma estrela de nêutrons tem uma estrutura em camadas. A camada superficial é um plasma que captura a partir de espaço relativista partícula, que estão se movendo sobre espirais ao longo magnético potência linhas e intensamente irradiar dentro raio X variar. Mais longe vai camada, com uma estrutura cristalina, seguida por uma camada de núcleos pesados, nêutrons e elétrons. Ainda mais profundos estão os nêutrons densamente compactados, e bem no centro localizado núcleo a partir de quark-gluon plasma. Por direção a partir de superfícies para Centro densidade aumenta de $4,3 \times 10^{11}$ g/cm3 até $1,2 \times 10^{15}$ g/cm3.

Um modelo típico de estrela de nêutrons é uma cebola em camadas: o latido a partir de elétrons e núcleos, interno latido (superfluido nêutrons, núcleos Com excesso nêutrons e elétrons), externo núcleo (superfluido nêutrons, supercondutor prótons, elétrons normais) e o núcleo interno, próximo ao qual há um grande ponto de interrogação. Por algum dados, nêutron matéria pode ser lá transformar-se em dentro quark. Quão conhecido nêutrons e prótons consiste a partir de quark trigêmeos. No não muito Altodensidades de quarks são facilmente mantidas dentro do nêutron pela energia da interação forte, mas no centro de uma estrela de nêutrons, onde a densidade sai de escala, eles têm a oportunidade permear dentro vizinho partícula, então há começar gratuitamente viagem lado de dentro área superdensa. Trigêmeos de quarks se desfazem, e então essa matéria segue considerar Como as quark gás ou líquido. Por cálculos teóricos Além do mais convencional e-e d-quarks (superior e inferior, a partir dos quais os núcleos são construídos - prótons e nêutrons) em tal gás são encontrados dentro grande quantidade Então chamado s quarks (estranhas)que fazem parte das partículas pesadas - hiperons. Portanto, tais estrelas quark chamado de "estranho". (Sobre partículas subnucleares, incluindo quarks e glúons, detalhe descrito em capítulo "Tijolos universo.")

Então, de acordo com alguns modelos, um nêutron comum nasce primeiro estrela, e depois que a matéria em suas profundezas faz a transição para o estado quark, ela evolui dentro quark Estrela. No entanto, completo clareza dentro esses questões não.

É claro descobrir nêutron Estrela Através dos óptico observações impossível. As reações nucleares não ocorrem dentro deles, então também não há radiação. Além disso, a área da superfície de uma estrela de nêutrons é tão pequena que seu brilho aparente será completamente desprezível. Mas se estiver incluído em um sistema binário, então a natureza do movimento de uma estrela comum pode revelar a presença de um vizinho invisível. No entanto a descoberta veio, como muitas vezes acontece, de um lado completamente diferente e inesperado. No segundo metade do passado século gerenciou registro poderoso fontes emissão de rádio, cuja intensidade mudou periodicamente ao longo do tempo. Em 1967 Jocelyn Bell, estudante graduado Inglês rádio astrônomo Antônio Hewish, por acaso descoberto absolutamente incomum fonte de rádio, que o irradiado dentro impulsivo modo estritamente periodicamente - a cada 1,33 segundos. Após um curto período de tempo, mais três fontes foram encontradas com tal mesmo curto intervalos. Quando versão cerca de artificial origem sinais caiu (inicialmente começou a falar cerca de extraterrestre civilizações e até surgiu pequena pânico), permaneceu o único opção - natural origem pulsos de rádio. Misterioso fontes de rádio pegou título pulsares e o suficiente em breve nós estamos identificado Com velozes girando nêutron estrelas.

Se um leva Estrela Com parâmetros nosso Sol (diâmetro aproximar 1,4 milhão quilômetros e um período de revolução em torno do eixo de 25 dias) e comprimir sua substância em um volume com com um raio de cerca de 10 quilômetros, então a velocidade equatorial, sujeita à conservação da massa aumento monstruoso - cerca de 100 mil vezes. E o período de rotação é bilhões de vezes diminui para um milésimo de segundo. É verdade que o pulsar encontrado por Bell tinha período visivelmente mais, mas tudo é igual a isto é muito pequena valor, absolutamente atípico para corpos celestes. A propósito, o pulsar na Nebulosa do Caranguejo faz 30 rotações por segundo, que já está muito próximo do valor calculado, e o pulsar na constelação Chanterelles tem um período de 0,00155 segundos. É claro que só tais corpos, cujas dimensões lineares são medidas em dezenas de quilômetros. E se sim, entãoantes da nós não o que além de nêutrons estrelas.

Com um curto período recorde de impulsos, descobrimos. Resta saber onde uma emissão de rádio tão poderosa é tomada. A camada superior de uma estrela de nêutrons é plasma, permeado poderoso campo magnético. Partículas carregadas se movem potência linhas e dentro fim termina vire para fora dentro áreas magnético pólos, Onde jogar fora estritamente focado Pacotes partículas Com Alto energia - Então chamado jatos (do inglês jet - "jet"). A rápida rotação da estrela dá a partida energia adicional das partículas. Segue-se dos cálculos que a compressão da estrela leva a aumento em seu campo magnético, portanto, conhecendo seu valor médio para estrelas comuns, podemos calcular, o que isto vai ser no nêutron estrelas. Magnético campo vai aumentar dentro 10^{12} vezes e será um valor colossal de 108-109 Tesla. Bem, uma vez que o pólo magnético não é necessário deitar no eixo de rotação (o pólo geográfico da Terra também não coincide com o magnético) jato descreverá um cone. Veremos o pulsar no momento em que ele "olhar" diretamente para Terra. NO Segue instante ele "virou-se" uma então ciclo repete novamente.

Subseqüentemente Além do mais pulsares de rádio nós estamos descoberto raio X pulsares, uma também fontes poderoso fluxo radiação gama (fontes MPG) Com brinquedo mesmo a maioria frequência estrita. Pulsares de raios-X são componentes de binários próximos sistemas. Substância estrelas vizinhas transborda no seu superfície debaixo ação forças gravidade (este fenômeno é chamado de acreção), a partir do qual a fótons. No entanto irradiar dentro raio X variar poderia e solteiro nêutron estrelas. Mais recentemente, na década de 90 do século passado, sete rádios silenciosos nêutron estrelas Com extremo grande atitude raio X fluxo para óptico. Primeiro presumido o que dentro todos culpado mecanismo acréscimos: Apesar no sozinho nêutron estrelas Não irmão, ela é pode ser agarrar interestelar gás, dentro como resultado de que sua superfície é aquecida a um milhão de graus e começa a irradiar em raio X variar. No entanto sobre fileira razões isto hipótese não confirmado. Nêutron estrelas nascido muito quente (temperatura superfícies é cerca de um bilhão de graus), e então gradualmente esfriar, mas mesmo depois de centenas de milhares de anos após o nascimento, sua temperatura pode ultrapassar um milhão de graus. Portanto, mais provável Total, nós Vejo Sete jovem e quente nêutron estrelas. Tudo elas localizado relativamente aproximar a partir de Terra (cerca de 120 parsec), a partir de o que posso concluir, o que O sistema solar está atualmente passando por uma região de formação estelar recente. (Então chamado cinto Gould).

Assim, no final de sua vida, a estrela perde seu envelope de gás e seu núcleo começa a encolher rapidamente. Se sua massa fosse menor que 1,4 massas solares, a força gravitacional o colapso vai parar no estágio da anã branca. Se a massa do núcleo está na faixa de 1,4-3,0 massa solar, ela entrará em colapso em uma estrela de nêutrons. Se o núcleo for ainda mais massivo (mais três massas Sol), surgir falha dentro desconhecido - misterioso um objeto intitulado
"Preto buraco". crítico valor em 1,4 massas Sol recebido ligar limite Chandrasekara, sobre nome indiano física Teórica, calculado isto parâmetro.

Debaixo Preto buraco deve Compreendo região espaço-tempo, totalmente fechado por externo observador. De baixo gravidade cobre, para sempre e sempre bateu estrela esmagada, nenhum sinal pode sair, incluindo Incluindo e Raio Sveta. Caminho lado de dentro Preto furos - estrada dentro 1 o fim: algum sujeito, caído em seu abismo incompreensível, desaparece sem deixar vestígios. Então o buraco negro - um termo muito adequado, refletindo a própria essência desse objeto ininteligível. Eterno repouso leve quantum no fundo gravidade sepulturas explicou relativamente simplesmente. Quanto mais maciço o corpo, mais energia deve ser gasta para se desvencilhar dele. superfícies. Para quebrar os grilhões da gravidade (afastar-se da órbita da Terra), espaço navio devo desenvolve Rapidez 11.2 quilômetros dentro me dê um segundo. este magnitude é chamada de segunda velocidade cósmica, ou velocidade de escape. Na superfície do sol será de 700 quilômetros por segundo, mas a velocidade de escape de um buraco negro é Rapidez luz, portanto sair sua dentro nada pode.

Pode parecer estranho ao leitor destreinado, que não é tão louco pesado um objeto (sobre três solar massas) para sempre e sempre pára leve raios. Por que em tal caso maciço estrelas facilmente irradiar leve? No entanto um negócio aqui não tanto na massa como tal, mas no volume em que essa massa é colocada. Se nós vir a ser comprimir terra, com cuidado guardando sua completo peso, então viu gostaria, o que segundo espaço Rapidez firmemente crescendo, Apesar peso planetas não está mudando. Quando raio A terra diminuirá para 9 mm e a densidade de sua matéria aumentará para 1027 g / cm3 (em 13 ordens de magnitude mais densidade atômico grãos), Rapidez fugindo no sua superfícies é igual a co

A velocidade da luz. Depois disso, a prensa pode ser colocada de lado com segurança. De acordo com o general teorias relatividade, Terra Com isto momento vai começar Irresistível colapso por conta própria, tchau no sua Lugar, colocar não formado microscópico Preto buraco.

O termo "buraco negro" foi cunhado pelo físico americano John Wheeler em 1969. ano, Apesar atuação cerca de exclusivamente maciço corpos não emitindo sobre isto causa da luz, surgiu muito antes - no final do século 18. Em 1783, Cambridge professora e astrônomo amador John Michel sugerido o que dentro natureza devo existir compactar e pesado celestial corpo, no superfícies que Rapidez escapar excederá a velocidade da luz. O valor numérico do raio no qual a velocidade da luz iguala com a segunda velocidade cósmica, é fácil calcular para qualquer corpo se seu peso é conhecido. Esse valor é comumente chamado de raio gravitacional (r_g), e facilmente calculado pela fórmula $r_g = 2GM/c^2$, onde G é a constante gravitacional e - A velocidade da luz. No caso da terra, como mencionado acima, gravitacional raio será 9 mm, para o Sol será igual a 3 quilômetros, e corpos muito massivos (da ordem de vários bilhão massas Sol) vai tenho gravitacional raio, superior dimensões solar sistemas. Semelhante Gentil supermassivo Preto furos, Como as considerar astrofísicos, encontrar em núcleos galáxias espirais.

Um buraco negro é um objeto estranho. Se você olhar em suas entranhas escuras, não será encontrado até mesmo os menores sinais de matéria, mas apenas um vazio completo até o centro, onde senta Então chamado singularidade - sem dimensão ponto Com infinitamente grande densidade, dentro que focado tudo peso Preto furos. No isto facto indiretamente a fórmula acima também indica: se o buraco negro foi preenchido uniformemente substância, então o volume seria proporcional à massa, e não ao raio. No entanto, especialmente pessoas sensíveis que evitam infinidade em qualquer suas hipóstases, pode contar o núcleo de um buraco negro por algum tipo de quantum de espaço com um diâmetro de 10^{-33}cm (o chamado comprimento de Planck). Então a densidade da matéria inimaginavelmente espremida vai ser expresse-se extremamente grande, mas afinal final número - 10^{-93}g/cm^3(Planck densidade), é por isso matéria, engolido Preto buraco não encolhe até um ponto com dimensão zero, mas ocupa um volume tão pequeno (da ordem de 10^{-99}cm^3), o que é um pouco estranho para chamar de volume. Sobre todas essas coisas difíceis detalhe diz dentro "perinatal" capítulos, dedicada nascimento nosso Universo ("Compreensivo inflação", "E Sombrio veio" "Imaginário Tempo Stephen Hawking").

Se em torno de um buraco negro a uma distância de seu raio gravitacional para construir algum esfera condicional, cobrindo a singularidade por todos os lados, obtemos uma fronteira isto incrível objeto, chamado horizonte eventos, ou esfera Schwarzschild, sobre nome famoso Alemão astrofísica. Tudo, o que localizado debaixo horizonte eventos, fundamentalmente indisponível, por dentro estrutura em geral teorias relatividade, o tempo está intimamente relacionado com o espaço e depende força gravidade. Importante enfatizar, o que horizonte eventos de jeito nenhum não é reala superfície de um objeto enrugado, mas é um limite condicional, para sempre separando nosso mundo simples e compreensível das miudezas de um buraco negro, onde tudo é violado famoso física leis.

Como o curso do tempo depende da gravidade (quanto mais massivo o corpo, mais fluindo Tempo no seu superfícies Com pontos visão controlo remoto observador), sobre a medida aproximando-se do horizonte de eventos, o relógio desacelerará continuamente até que os ponteiros não congelar dentro completo imobilidade. No horizonte eventos Tempo pára de forma alguma, mas apenas do ponto de vista de um observador externo. Como dizem os físicos, qualquer um pode pequeno intervalo de tempo no horizonte de eventos corresponde a um intervalo arbitrariamente longo intervalo de tempo em um ponto no infinito. Se o buraco negro não estiver girando, o raio horizonte de eventos é exatamente igual ao seu raio gravitacional, mas para rotação Preto furos ele menos gravitacional raio. Talvez, custos mais uma vez lembrar, o que horizonte eventos - isto é seu Gentil semipermeável membrana, que admite em movimento material telefone só dentro primeira e única direção - para Centro Preto furos, Onde reinado desconhecido nós leis quântico gravidade. Se um nós vamos subir debaixo horizonte, para indagar Como as parece singularidade, Retorna de volta não será mais possível. Além disso, contar exatamente o que vimos lá também não vai acabar por não fisica sinal não será capaz sair De baixo invisível mas bastante real cobre. Embora em formação - conceito perfeito, mas ela é certamente implica a presença de um portador de material, e ele será enterrado para sempre abaixo do horizonte. A Singularidade com todos os seus mistérios está bem escondida do lado de fora e Teimosamente não dado em braços. Deus não é perdura nu singularidade, brincadeira física.

Quase todos os livros de cosmologia dão exemplos de viajantes, preso nas proximidades de um buraco negro. Nós também não seremos originais e seguiremos em frente ao longo da trilha batida. Então, vamos imaginar que em órbita em torno de um buraco negro está circulando a nave espacial da qual está separado o módulo de descida com o astronauta a bordo. O bravo explorador partiu para penetrar no horizonte de eventos a fim de através explorar miudezas Preto furos. o que verá seu satélites, remanescente no quadro navio e o que ele vai ver Eu mesmo? A tripulação da nave espacial surpreso ao descobrir que à medida que se aproxima do horizonte de eventos, a velocidade do módulo cai para quase zero. Com cada em um segundo ele se move cada vez mais devagar, quase rastejando, como uma mosca sonolenta, perto pairando sobre o horizonte, mas não pode atravessá-lo de forma alguma. A tripulação da nave espacial então você nunca verá como o módulo mergulha no horizonte, porque para isso precisar gastar infinitamente Tempo.

Suponha o que astronauta todo minuto envia sinal seus satélites permanecendo a bordo do navio. No início, os sinais seguem-se regularmente, mas com algum momento intervalos entre eles começar Irresistível crescer. Módulo Como as colado fica perto do horizonte, e os sinais vêm cada vez menos. E de repente como uma faca cortada - silêncio completo. Os companheiros de nosso bravo pioneiro podem viver antes da profundo cabelo grisalho mas Então e não vai ouvir próximo sinal. Para seu registro, eles tive gostaria esperar beijo eternidade. MAS entre tópicos astronauta dentro reentrada módulo continuou devidamente, todo minuto mandar sinal por sinal...

Agora vamos nos mover no quadro módulo e vamos ver no acontecendo olhos astronauta. Ele cruza sem esforço o horizonte de eventos e mergulha no desconhecido. o interior de um buraco negro. É verdade que ele não terá que triunfar por muito tempo, porque a maré forças vão primeiro esticar seu corpo à maneira de espaguete, e depois desmoronar em pequenas aletria. essência maré efeito é dentro volume, o que gravitacional força Com diferente intensidade afetar no diametralmente oposto pontos estendido objeto. No Terra nós isto não perceber Porque dois metros diferença sobre altura entre a coroa e os calcanhares é muito pequeno para a gravidade relativamente fraca poderia aparecer. Outra coisa é um buraco negro com sua gravidade monstruosa. dois metros abaixo horizonte eventos - colossal distância, é por isso humano corpo vai ser inevitavelmente despedaçado. No entanto, um efeito de maré tão pronunciado é observado apenas para pequenos buracos negros. Se nosso astronauta mergulhar no horizonte de eventos buraco negro supermassivo (da ordem de milhões e bilhões de massas solares), com ele absolutamente nada vai acontecer. Ele poderá desfrutar plenamente da abertura antes da dele espetáculo e seus ter olhos verá finalmente notório singularidade, só aqui dizer cerca de isto extravagâncias vai ser ninguém. Ser debaixo horizonte de eventos, não há como enviar um sinal para fora. o destino do nosso viajante triste: lado de dentro Preto furos tudo estradas conduzir dentro Roma, então eu quero dizer sua Centro, é por isso cedo ou tarde maré força deixe de ser criança assim, o que para ele má sorte.

digerir semelhante coisas difícil. Robusto significado começa imediatamente protesto, quando Fala entra cerca de tal objetos, Como as Preto furos. Mas o que tal robusto significado? Inteligência inteligente macaco, que cresceu dentro terrestre biológico nicho. Para Infelizmente, o mundo real, o mundo de temperaturas monstruosas e pressões inimagináveis, não é Tem cruzamentos Com nosso mundano experiência. No entanto, o falecido doméstico astrofísica E. A PARTIR DE. Shklovsky dentro seu Tempo gerenciou venha com Boa analogia permitindo mais ou menos visualmente Imagine inimaginável.

...

interessante analogia posso gasta entre transição a partir de vida para de morte por todos Individual e passagem algum objeto Através dos Schwarzschild raio lado de dentro algum Preto furos. Curti para isso Como as Com pontos visão *externo* observador última coisa evento *Nunca não acontecerá* Com pontos visão Individual ou melhor, seu "eu", sua própria morte é inimaginável e nesse sentido também nunca acontecerá. Deve-se notar que nesta analogia os conceitos de "interno" e "externo" como gostaria estão mudando lugares. Se um dentro "astronômico" caso mundo Com seu relações espaço-temporais é determinada *fora* buracos negros circundantes esferas de Schwarzschild, então dentro "psicobiológico" real consciência Individual está *dentro* ele, estando inextricavelmente ligado ao seu "eu". O autor ficaria feliz se filósofos profissionais desenvolveu isso analogia ‹...›

...

Pode ser ser, isto é esclarecido gostaria algum antes da agora desde não resolvido Problemas a relação entre o indivíduo e o ambiente do qual faz parte. Enquanto isso Como as não lembrar poesia Selvinsky, escrito anos trinta de volta, dentro que desenvolve ideia próxima:

Acho Como as isso é bom...
Nós só vivemos! Em nenhum lugar e
nuncanão veremos nosso próprio
cadáver. Nós nós só morremos por
outros
mas por Eu mesmo nós morrer não Posso.

Voltemos aos nossos viajantes espaciais. Então a tripulação a bordo do navio vê um módulo costurado a um buraco negro, pois a passagem do tempo no horizonte de eventos, com pontos visão distante observador, diminui a velocidade infinitamente (posso contar, o que Tempo parou). O tempo esticado como um cordão de borracha perfeito de um livro escolar física, e não dentro forças transbordar a partir de 1 momentos para para outro. Tempo mais não existe, resta apenas um segundo infinitamente longo. Como disse o poeta: "E mãos meio adormecidas são muito preguiçosas / jogando e girando o mostrador, / E o dia dura mais de um século, / E não termina Abraço." Um em uma palavra, olhe perfeitamente não no o que.

Mas o passageiro do módulo, se olhar pela janela, ao contrário, verá uma imagem extremamente interessante. A PARTIR DE facilidade deslizando através debaixo horizonte eventos e absolutamente isto não percebendo, ele começará a mergulhar rapidamente nas profundezas do buraco negro. estelar kantiano céu acima de a cabeça vai Vergonhoso, até se tornará literalmente dentro pele de carneiro, uma passageiro parece o que ele foi abaixo no fundo gigantesco Nós vamos. Monstruoso gravidade torce o espaço cada vez mais apertado, e o tempo fora do buraco negro, pouco a pouco, começaacelerar sua corrida. E agora já está voando a galope, e anos, séculos e milênios passam como em caleidoscópio. A descida no Maelstrom continua, um terrível pinhole no nada tudo mais perto e mais perto e o tempo se transformou em furioso vórtice.

Em questão de frações de segundo em seu relógio, o viajante verá o futuro distante Universo. Ele verá Como as queima Terra dentro cromosfera inchado Sol, Curti não Era

5 bilhões de anos, à medida que o próprio Sol desprende sua camada de gás e se transforma em uma anã branca, como estrelas desaparecem e morrem. Toda a história do universo caberá em um desaparecimento um pequeno momento, e a flecha do tempo, que até recentemente partiu para a eternidade, encolherá até um ponto. Todos os próximos eventos fim vezes vai acontecer de uma vez e de repente.

No entanto, as estranhezas dos buracos negros não param por aí. Tempo dentro de um buraco negro pode ser jogar fora tal joelho, o que só aguentar. Por exemplo, espacial e temporário coordenadas poderia mudança lugares. Se um gostaria passageiro módulo, Com pontos vista da tripulação da espaçonave, por algum milagre conseguiu penetrar no horizonte eventos (por exemplo, a tripulação espera por este evento indefinidamente), então para o externo observador (neste caso, esta é a tripulação do navio), o passageiro do módulo deixaria de se deslocar espaço, mas no tempo. Astronauta dentro de um buraco negro não rotativo não vai ver só outro o universo causalmente não relacionado Com nosso mas e seu ter futuro.

Se o buraco negro gira (é muito difícil imaginar um objeto pontual com zero dimensão, que o fiação por aí ter machados), ela é adquire mais mais incomum propriedades. NO isto caso raio horizonte eventos torna-se menos gravitacional raio, e esfera Schwarzschild acontece lado de dentro Então chamado ergosfera, que representa você mesma vórtice gravitacional campo. Tudo corpo, sua capturado, condenado no implacável tráfego. Se um astronauta mergulho debaixo horizonte eventos girando Preto furos, ele será capaz Vejo não 1 uma vários outros universos causalmente não relacionados ao nosso. Além disso, muitos físicos, não sem razão, Acredita-se que no fundo desse redemoinho negro se abre um corredor que leva a o chamado buraco branco - um buraco negro virado do avesso. Substância absorvida sob o horizonte de eventos por um buraco negro insaciável, imediatamente ejetado em um paralelo universo. E. D. Novikov, Supervisor Centro teórico astrofísicos no Universidade de Copenhague escreve: "Tudo o que cai em um buraco negro acaba em outro Universo... mais antes da será absorvido buraco negro."

Tal buracos de minhoca (buracos de minhoca em inglês), conectando entre você mesma mundos isolados, causalmente não relacionados entre si, os cientistas concordaram em chamar montículos tocas. Se um comparar Preto buraco Com inferno, Com último em círculos inferno de Dante, então a saída dele pode ser comparada ao Éden, ou pelo menos ao purgatório. No entanto potencial viajante, escorregou sobre toupeira toca dentro outro o universo não será capaz compartilhar impressões cerca de visto, porque o túnel, conduzindo dentro branco buraco - estrada Com unilateral movimento. Retornar de volta para ele nãopermitir leis física.

Necessário Marca, o que tudo sem exceções Preto furos indistinguível Como as irmãos gêmeos (ou irmãs). Todos têm a mesma cara. Quaisquer que sejam as condições iniciais sua formação, a diversidade desaparece sem deixar vestígios, e a saída é sempre um autômato Kalashnikov. Qualquer buraco negro é caracterizado por apenas três parâmetros - massa, momento angular (spin) e carga elétrica, e tudo o que cai nele também perde Individual características.

Se um mais 20-30 anos para isso de volta Preto furos foi considerado gracioso teórico especulação uma dentro eles real existência Era permitida dúvida, então hoje 99% astrofísicos convencido de que os buracos negros já descoberto, embora o Nobel prêmio para sua descoberta ainda não foi concedida a ninguém. A maneira mais fácil de observar buracos negros é de perto sistemas binários que consistem em uma estrela óptica normal e um componente invisível, na superfície da qual flui a matéria da estrela vizinha. Ao mesmo tempo em torno do buraco negro formado Então chamado adicional disco, semelhante no fiação hidromassagem. A matéria cai no buraco negro em uma espiral estreita, e a velocidade de seu movimento em partes internas do disco de acreção atinge valores enormes próximos à velocidade Sveta. Gás aquecendo antes da centenas milhão graus, e Preto buraco começa poderosamente emitir na faixa de raios X. A principal liberação de energia ocorre muito antes Ir, Como as substância desaparecer debaixo horizonte eventos, é por isso raio X radiação talvez registrado por um observador externo. Por uma série de parâmetros é perceptível difere dos jatos de raios-X (ejeções) de estrelas de nêutrons, então aqui é bastante acessível diferencial diagnóstico. Para presente Tempo descoberto sobre vinte raio X objetos dentro baixa massa em dobro sistemas, que considerado candidatos a buracos negros. Se adicionarmos buracos negros supermassivos a esta lista dentro núcleos galáxias, então eles número exceder três centenas.

Todos os buracos negros podem ser divididos em três tipos: 1) buracos negros com massa de 3 a 50 solar massas, representando você mesma produtos evolução maciço estrelas; 2) buracos negros supermassivos nos núcleos de galáxias atingindo 106–109 massas solares; 3) então chamados buracos negros primordiais, formados nos estágios iniciais da vida do universo. Dele aparência no leve elas obrigado local deformações Métricas espaço-tempo dentro primeiro momentos depois Grande explosão, grandes antes da Ir, Como as Iluminou primeiro estrelas. Porque preto furos gradualmente evaporar (mecanismo eles evaporação quântica foi prevista por Stephen Hawking), poderia sobreviver até hoje primário Preto furos somente com peso mais 1012kg.

NO conclusão isto capítulos - pequena citar a partir de livros "Astronomia: século XXI".

...

Assim, graças à pesquisa espacial e ao comissionamento de grandes telescópios novo gerações abrir centenas maciço e extremamente compactar objetos, observado propriedades que muito semelhante no propriedades Preto furos, previsto pela teoria geral da relatividade de Einstein. Pode-se esperar que ‹...› em o mais perto décadas vai ser finalmente comprovado Existência Preto furos dentro Universo. isto liderará para avanço dentro compreensão natureza espaço-tempo e entidades gravidade.

Algo cerca de saudável senso

Tente me pegar Isso-FAQ-Não-Pode-Ser! Anote seu nome Para dentro pressa não esquecer!

Leonid Filatov

Uma pessoa que pela primeira vez entrou em contato com a imagem do mundo que o moderno física, ou com modelos cosmológicos da evolução do nosso Universo, às vezes experimenta verdadeiro choque intelectual. Começa a parecer-lhe que os cientistas deliberadamente eles empilham absurdo sobre absurdo, como se tentassem superar um ao outro, então isto quadro não encaixa dentro habitual representação cerca de realidade. Involuntariamente lembrou famoso declaração Nils Bora sobre cerca de outro complicado hipóteses: esta ideia é certamente maluca, mas toda a questão é se é suficientemente maluca, para ser verdadeiro. Entre tópicos Bor de forma alguma não sentiu idiota uma Total só desejado enfatizar este indiscutível facto, o que contemporâneo física saindo no tal níveis compreensão realidade, que completamente privado visibilidade e não tenho analogias dentro todo dia mundano experiência.

Sombras indescritíveis se escondem atrás da fachada da vida cotidiana, iludindo a todos e a todos.definições. Quando dizemos que este objeto é verde, este é vermelho e aquele aquele é azul, todos entendem intuitivamente o que está em jogo. No entanto, na realidade não azul sem cor sim só estritamente certo Comprimento de onda eletromagnético radiação. Uma abelha ou libélula percebe o azul de uma maneira completamente diferente, porque sua o olho composto é organizado de forma diferente e é capaz de ver na faixa ultravioleta. Eles azul e nosso azul é terra e céu. A cor azul da libélula certamente será muito mais rica tons e semitons, Apesar comprimento ondas relevante local espectro dentro Ambas casos permanecerão exatamente os mesmos. A imagem subjetiva do mundo muitas vezes não é não tem nada a ver com o lado errado das coisas que são fundamentalmente inacessíveis ao percepção, que é guiada por considerações de senso comum. Os órgãos dos sentidos não são uma chave de ouro e não uma gazua mágica, mas apenas uma ferramenta útil que ajuda espécies para se adaptarem ao seu ambiente. A física moderna vai mais longe folhas a partir de visibilidade, operativo categorias, que poderia ser adequadamente descrito só no Língua rigoroso matemática. Mais de forma alguma recentemente átomo pintado dentro Formato miniatura solar sistemas: positivamente carregada núcleo dentro Centro dentro papéis um minúsculo luminar e elétrons ágeis carregados negativamente, girando como planetas por aí grãos. Hoje nós nós sabemos o que isto idílico foto não Tem Com nada a ver com a realidade. Primeiro, os elétrons não podem ser localizados em órbitas por aí essencial, uma forçado ocupar duro fixo níveis, que são determinados pela energia disponível para um ou outro elétron. Isso é em parte se assemelha a uma escada: você pode pular de degrau em degrau o quanto quiser, mas pendure entre eles - desculpe, mova-se! Em segundo lugar, os elétrons não são como sólidos planetas-bolas, embora digamos que o elétron gira em torno do núcleo. Na verdade nem cerca de o que movimento dentro habitual compreensão isto as palavras aqui não pode ser ser e discursos: o elétron não gira como enrolado, mas está em um certo estado, que descrito complexo aceno função. Outro palavras nós temos certo conversa só só cerca de *probabilidades* fique elétron dentro brinquedo ou diferente ponto.

E não se apresse exclamar, o que isto não pode ser ser. Acontece nada e E se Então chamado senso comum cede francamente, recusando-se a separar o joio do trigo, este mais não ocasião, para jogando fora dentro cesto de lixo intrigante científico construção.

Pode-se recordar um episódio da história dos irmãos Strugatsky "O Caracol na Encosta" quando Pepper (um dos personagens principais) tenta sem sucesso marcar um encontro com o diretor de um certo o misterioso Departamento de Assuntos da não menos misteriosa Floresta. Kim, o chefe de Pepper, seu consola e diz que tudo vai dar certo com o tempo, e quando Pepper grita em seus corações que isso segredo ridículo já está em sua garganta e ele quer saber pelo menos um pouco diretor parece, então recebe uma exaustiva responda.

...

– Que? baixo crescimento, avermelhado ‹...›

– MAS Tuzik Ele fala, o que ele magro e desgasta grandes cabelo, Porque o que no dele Não1 orelha.

– isto que mais Tuzik?

– Motorista, eu te disse. Kim bile sorriu.

– Onde motorista Tuzik pode ser tudo isto é conhecer? Ouço, pimenta, é proibido mesmo ser assim crédulo.

– Tuzik Ele fala, o que foi no dele motorista e de várias uma vez seu viu.

– Nós iremos e que? deitado, provavelmente. EU foi no dele secretário uma não viu seu nenhum uma vez.

– O qual?

– Diretores. EU por muito tempo estava em dele secretário tchau não defendido dissertações.

– E nenhum uma vez seu não viu?

– Nós iremos naturalmente! Você Imagine o que Isso é verdade simplesmente?

– Espere, Onde mesmo vocês você sabe, o que ele avermelhado e Então Mais longe? Kim balançou a cabeça.

– Pimenta," ele disse carinhosamente. - Querido. Ninguém jamais viu um átomo de hidrogênio, mas todo mundo sabe que tem uma camada eletrônica de certas características e um núcleo, consistindo dentro o mais simples caso de um próton.

Há muita tristeza em muito conhecimento, diziam nossos sábios ancestrais. Por que desperdiçar apelo para som significado? Se um algum teórico declaração inteiramente e totalmente consistente com os dados experimentais, deve ser reconhecido como verdadeiro, e não tratado escolástica vazia. Um modelo forte e confiável foi construído e, enquanto funcionar, por que você mais? Se ele parar de funcionar, outro tomará seu lugar. A ciência não é uma religião, não fascina a questão sacramental "o que é a verdade". A ciência não oferece soluções definitivas, mas constrói modelos. Mas no isto não deve esquecer, o que algum modelo vago e imperfeita; ela é nenhum dentro quem caso não realidade, uma só sua imprimir, e borovskaya modelo átomo de jeito nenhum semelhante átomo real.

E se os divulgadores da física falam sobre o dualismo de propriedades inerentes para toda a população do micromundo, deve-se sempre lembrar que isso nada mais é do que uma figura de linguagem. É proibido contar, para elas fortemente cometeu um erro contra verdade, porque o elétron realmente se comporta como um verdadeiro mágico, num piscar de olhos mudando de aparência: então se transformará em uma onda, caso contrário, demonstrará suas propriedades corpusculares do coração. Na realidade é tudo culpa nossa sufocantes estereótipos que têm mais relação indireta. O elétron não é uma onda nem uma partícula, pois o lado reverso das coisas indo não debaixo pessoa; elétron - apenas elétron, duas caras Janus, comportando-se da maneira que deveria. Em alguns casos, atua como uma partícula, e em outros - Como as aceno, ficando no isto incompreensível coisa dentro você mesma Com fixo massa, negativo carregar e meio inteiro rodar.

A teoria da relatividade de Albert Einstein (tanto especial quanto geral) também contradiz nosso todo dia experiência. Se um vocês, leitor, capaz visualmente imagine um espaço tridimensional curvo, então honre e elogie a você, mas a maioria as pessoas definitivamente não estão prontas para tais feitos. Enquanto isso, a curvatura do espaço próximo corpos celestes massivos - um fato indiscutível que foi demonstrado mais de uma vez experimentalmente. E a lei adição de velocidade em especial teorias relatividade? Se um condutor passeios "penny" co Rapidez 60 quilômetros dentro hora, uma ciclista - co velocidade 30, e ambos estão se movendo na mesma direção, então mesmo um estudante do escolas pode calculá-los facilmente velocidade relativa amigo.

Agora imagine uma nave espacial voando em busca de um feixe de luz com velocidade de 250 mil quilômetros por segundo. Deixe-me lembrá-lo, por precaução, que a velocidade da luz em espaço vazio é igual a 300.000 quilômetros por segundo. Pergunta: Qual é a velocidade da luz feixe fugir a partir de navio? Humano co médio Educação pode ser pensar o que seu estão sendo considerados tolos, porque a resposta, ao que parece, sugere-se - 50 mil quilômetros em me dê um segundo. No entanto, não estava lá! Ao medir a velocidade de um feixe de luz, obtemos, não importa quão estranho, os mesmos 300 mil quilômetros por segundo. Além disso, o referido espaço o navio pode aproximar-se da barreira de luz, mas a velocidade da luz, medida asua diretoria, ainda não mudará um iota e ainda será de 300 mil quilômetros dentro me dê um segundo.

Um negócio dentro volume, o que Rapidez Sveta dentro vazio - magnitude absoluto, isto é 1 a partir de constantes fundamentais. É ainda mais impressionante que esta velocidade seja distinguida por um rigoroso constância. Pela experiência cotidiana, sabemos que qualquer corpo que se mova por inércia, uma vez desacelerado, não será capaz de pegar a velocidade inicial. Digamos fuzil bala, rompendo direto através polegada quadro, voará Mais devagar. MAS aqui leve conduz Eu mesmo completamente diferente. Se você colocar um prisma de vidro no caminho de um feixe de luz, a velocidade a luz diminuirá, porque no vidro é menor do que no vazio. No entanto, custa apenas um feixe de luz se libertar como sua velocidade aumentará novamente abruptamente para 300 mil quilômetros dentro me dê um segundo. NO vazio leve sempre distribuído por Com 1 e brinquedo mesmo

Rapidez, e influência no sua fundamentalmente impossível.

Por outro lado, todos os corpos com massa de repouso diferente de zero só podem se mover em velocidades menores que a velocidade da luz. E quanto mais rápido esse corpo se move, mais mais aumenta seu peso e tópicos Mais devagar vai estabelecido no Alemão ver. Teoricamente, é possível acelerar uma partícula elementar, como um próton, a tal velocidade, o que seu peso excederá massa tudo nosso Galáxias. Aceitar semelhante declaração não é fácil, mas na realidade é. Idéias habituais sobre a natureza das coisas vire para fora falido no velocidades, Aproximando para Rapidez Sveta.

E não se pode perguntar por que a natureza agiu dessa maneira e não de outra, como pergunta longa distância não sempre correto. Suave Com tópicos mesmo sucesso posso perguntar, Por quê Rapidez Sveta é igual a 300 milhares quilômetros dentro me dê um segundo, uma não outro Tamanho - maior ou menor. Pode-se perguntar por que a natureza precisava limite Rapidez disseminação sinal algum marginal Tamanho. Por que corpos materiais não podem se mover com velocidade arbitrariamente alta? Tudo isso absolutamente vazio perguntas, não tendo direitos no Existência. Por que, Por quê… Você pode esmagar a água em um almofariz até ficar azul. Por cabeça e repolho! É assim que o mundo funciona e refazer seu ninguém mais não conseguiu o que gostaria nenhum falou sobre isto cerca de ortodoxo marxistas.

A lei da conservação da energia foi formulada há quase 300 anos, mas aindaAté agora, nada se sabe sobre os mecanismos pelos quais essa lei funciona. Todos os processos estão em execução para que a energia seja conservada. Igualmente absurdos são os argumentos sobre o que aconteceu quando o mundo não existia. Era. Entre a propósito, isto é Entendido mais antigo. Feliz Agostinho dentro seu Tempo costumava dizer que o mundo não foi criado no tempo, mas junto com o tempo, então fale sobre a existência de qualquer coisa antes do momento "zero" não faz sentido. E aí dizer? Headed era um pop, e os astrofísicos modernos vão assinar cada um de seus palavra.

Infelizmente, há questões que não têm o direito de serem levantadas. Enquanto a ciência estava se debatendo em fraldas e perguntou à natureza sobre fenômenos simples e familiares, as respostas soaram bastante significativo. Escala humano reivindicações foi dentro este Tempo comparável Com seu própria escala. No entanto, as leis da natureza mudam além do reconhecimento quando as forças campos e distâncias estão além de nossa experiência diária. Tivemos que perguntar se a matéria é uma partícula ou uma onda, a resposta acabou sendo tão inesperada que razão recusada aceite isso. Insistimos em uma alternativa difícil, mas do ponto de vista Do ponto de vista da natureza, a questão em tal formulação não tinha sentido. Deve ser de uma vez por todas assimilar o que Universo criada não por causa de nós, nós só lado produtos sua evolução, e, portanto, as respostas que a natureza nos apresenta não precisam se encaixar no tipo nosso coração esquema. Pergunte também necessário Com mente.

O escritor americano de ficção científica Robert Sheckley tem uma história maravilhosa chamada simplesmente e co gosto - "Leal pergunta". Algum poderoso galáctico corrida, a muito tempo atrás afundado dentro não existencia, construído único unidade, sabendo tudo no leve.Ele poderia responder a qualquer pergunta se fosse colocada corretamente. Ouvindo, como você sabe, a terra se enche, e legiões de entusiastas navegam pelas extensões cósmicas sem perder a esperança encontrar o lendário réu. Alguns conseguem, e então aqueles que têm sorte,pressa para perguntar ao sábio pergunta do carro sobre o mais importante. Alguém pergunta sobre o carmesim, alguém - sobre a lei dos dezoito anos, e alguém - sobre vida e morte, como Pasternak de Stalin, porque cada povo tem suas próprias idéias sobre a natureza das coisas. No entanto, todos caminhantes inevitavelmente falham. Infelizmente, o Requerido está obrigado a colocar corretamente perguntas uma tal perguntas exigir conhecimento, que Perguntando não tenho.Perguntar explicativo pergunta acontece por pouco impossível tarefa. Terráqueos também não afortunado.

...

réu apresentou-se eles branco tela dentro muro. No eles visão, ele foi extremamente simples. ‹...›

— Altamente OK. réu, - endereçado Lingman Alto fraco voz, - o que tal vida?

Voz ressoou dentro eles cabeças.

— Pergunta privado significado. Debaixo "vida" Perguntando implica privadofenômeno, explicável apenas em termos todo.

— Papel o que o todo é vida? - Perguntou Lingman.

— o pergunta dentro real Formato não pode ser resolver. Perguntando tudo maisconsidera "vida" subjetivamente, co seu limitado pontos visão.

— Responda mesmo dentro ter termos - disse Morran.

— Eu só respondo a perguntas", disse o Requerido com tristeza.

Chegou silêncio.

— Expandindo se Universo? - Perguntou Morran.

— Prazo "extensão" inaplicável para dado situações. Perguntando operafalso o conceito de universo.

— Você posso nós contar no entanto algo?

— EU Eu posso responder para qualquer certo entregue pergunta, tocando naturezadas coisas.

Um palavra, azarado observadores de estrelas não teve sorte. Eles são julgado Sim remou Então e assim, mas senso a partir de eles esforços Era um pouco. última tentativa visto Então:

...

— o que há morte?

— EU não posso definir antropomorfismo.

— Morte - antropomorfismo! - exclamou Morran, e Lingman velozes virou. - Nós iremos finalmente nós se mudou de lugares.

— real se antropomorfismo?

— Antropomorfismo posso classificar experimental: Como as MAS - falsoverdade ou em - privado verdade - dentro termos situação privada.

— o que aqui aplicável?

— E então e outro.

Não conseguiram nada mais concreto. Por longas horas eles atormentaram o Demandado, atormentaramEu mesmo, mas é verdade iludido tudo mais e mais.

...

Nesolono sorvendo Heróis zarpar casa. Aqui Como as termina história:

Um no planeta - não grande e não pequena, uma Como as uma vez adequado Tamanho - esperouRespondente. Ele não pode ser ajuda tópicos quem vem para dele por até réu não onipotente.

Universo? Vida? Morte? Carmesim? Dezoito? Privado verdade, meias verdadesMigas ótima pergunta.

E murmura réu perguntas Eu mesmo você mesma fiel perguntas, que ninguém não pode serCompreendo.

E Como as compreendê-los?

Para certo perguntar pergunta, precisar conhecer grande papel resposta.

Se com o pecado pela metade conseguimos encontrar alguns padrões do microcosmo e mesmo verificar algo experimentalmente, isso não significa que obteremos respostas para todas as malditas perguntas. A verdadeira natureza das coisas ainda não está nas mãos, e não é à toa que Leo Davidovich Landau rasgou e metal quando se preparou para imprimir a popular brochura "O que é teoria da relatividade?". "Não sobe em nenhum portão", ele bufou, virando-se para seu co-autor Yuri Borisovich Rume - dois bandidos tentando convencersimplório, que ele resolverá o problema por um centavo. Claro, Landau era absolutamente direitos. Analogia e metáfora - coisas Bons, mas e elas cedo ou tarde começar escorregar. No todos desejo nós não Posso visualmente Imagine espuma de espaço-tempo na área de comprimentos de Planck ou enrolada no mais fino tubos são dimensões extras, porque o Homo sapiens é apenas inteligente um macaco que conseguiu dominar a fala e o pensamento conceitual. Nossos sentidos são difíceis amarrado para biótopo debaixo nome "planeta Terra", Onde nós criado e nutrido no mais de 3 bilhões de anos. Você não pode pular acima de sua cabeça e, portanto, o fundo real ordem mundial, remanescente segredo por família selos, inteiramente e ao lado pode ser ser mostrando apenas matematicamente.

Mundo funcionando sobre universal leis, chamado leis natureza, e matemática atua como um guia para áreas não humanas do mundo. Inteligência, formado dentro terrestre biológico nicho, no todos degrau passa antes da paradoxos que não podem ser mordidos, cheirados ou apanhados. Para quem caiu emburaco negro, o espaço assume a aparência de tempo, pois não pode retornar para trás, assim como é impossível retroceder ao longo do eixo do tempo, isto é, para o passado. Imagine visualmente tal foto dífícil, mas Matemáticas, Como as um fio Ariadne, permite que você penetre em tais recantos e recantos do universo, onde o caminho está ordenado para meros mortais. Verdade, algum cientistas alegar o que Compreendo dentro semelhante coisas assim mesmo à vontade, como se sabe salgado ou azedo. Na verdade eles são um pouco ardiloso: dentro realidade elas Compreendo Total só conformidade teorias e com experiênciaresultados.

Física Com matemática - isto é estreito caminho acima de abismos, inacessível imaginação humana. O homem é tão constituído que anseia por verdades finais, mas em Ciência precisava contenção. Mundo recusa responder no perguntas cerca de seu essência última, e estamos perdidos quando aprendemos que o vácuo absoluto não é nada vazio, uma energia pode ser ser negativo. Entre a propósito, exatamente dentro isto enraizado específico diferença entre fé e conhecimento. Fé tudo sabe à frente, ela tem, Como as hábil canetinha, sempre escondido dentro manga carta de trunfo mapa. MAS a ciência distintamente consciente seu imperfeição. Matemáticas pode fazer muito mas longe não tudo.

Infelizmente, a matemática nem sempre ajuda, porque não há certeza de que o mundo é de natureza matemática. Claro, esse código inteligente às vezes permite que você obtenha respostas para questões colocadas corretamente, mas isso não significa que a matemática símbolos revelam essência das coisas. Claro, não somos tão ingênuos a ponto de riscar matemático uma abordagem dentro princípio nós só enfatizar puramente auxiliar Função matemática Como as cognitivo armas, ajudando alcançar certo metas. O não há identidade entre o objeto de cognição e o instrumento de cognição da fala. Stanislav Lem Então escreveu sobre isso:

...

A matemática é mais como uma escada para subir montanha, embora não se pareça com esta montanha. ‹...› De uma fotografia de uma montanha, você pode usar correspondente escala, determinar sua altura, queda de encosta e Então Mais longe. Escadas também pode nos dizer muito sobre a montanha para a qual ela estava inclinada. No entanto, a questão do que pesar corresponde degraus escadas, não Tem significado. Afinal elas servir por Ir, para chegar ao topo. Da mesma forma, é impossível perguntar se escada "verdadeira". Só pode ser melhor ou pior como instrumento de realização. metas.

Palavras de ouro. Na verdade, o ponto aqui é que nossos modelos, mesmo que executam bem, concordam notavelmente bem com a experiência e produzem resultados previsíveis, pode vir a ser apenas uma sombra pálida de uma realidade incompreensível. E é ainda melhor caso. E se um dia acontecer que todos os nossos modelos, recheados de quebra-cabeças matemática, não tenho suave conta não relações para o mundo das coisas? Tal desagradável perspectiva também deve tenho dentro mente no algum acontecendo. E Apesar aspecto pragmático da ciência teorias disso não sofrerão o mínimo, caberá ainda profundidades almas é uma vergonha estar ciente o que humanidade Nunca não destinado atravessar para fundamentos da vida. Esta questão profundamente filosófica foi espirituosamente interpretada pelo já familiar nós Roberto Sheckley.

Em seu brilhante romance The Exchange of Minds, há um pequeno capítulo dedicado a chamado de Mundo Distorcido - instável e caprichoso de dentro para fora chato realidade. vamos deixar você mesma algumas citações.

...

... então obrigado As equações de Riemann-Hacke foram finalmente comprovadas matematicamente teórico precisar homem-torta espacial zonas lógico deformações. este zona recebido título distorcido Mira, Apesar no ele mesmo ato não distorcido e o mundo não é.

E Mais longe:

...

Certo sábio perguntou certa vez: "O que acontecerá se eu entrar no Mundo Distorcido sem ter ideias preconcebidas? É impossível dar uma resposta exata a esta pergunta, mas acreditamos que quando o sábio sair de lá, já terá ideias preconcebidas. Ausência crenças não a proteção mais confiável.

...

Alguns consideram que a maior conquista do intelecto é a descoberta de que absolutamente tudo pode ser virado do avesso e transformado em seu próprio oposto. Sediada tal suposição, você pode jogar muitos jogos divertidos; mas não pedimos seu dentro Distorcido Mundo. Lá tudo dogmas igualmente arbitrário Incluindo dogma cerca de arbitrariedade dogma.

...

Não ter esperança enganar Distorcido Mundo. Ele mais, menos, mais tempo e mais curta, Como asnós. Ele é improvável. Ele apenas coma.

...

O que já existe não precisa de comprovação. Toda evidência é uma tentativa de algo. vir a ser. A prova só é verdadeira por si mesma, não atesta nada, Além do mais disponibilidade de provas uma Não é nada não prova.

...

Este, o que há, incrível, por tudo alienado, não há necessidade e ameaça razão.

...

Pode ser, esses observações cerca de Distorcido mundo não tenho nada em geral Com distorcido Paz. Mas o viajante avisou.

Claro, o tio está brincando, mas, como você sabe, em toda piada há sempre uma parte de uma piada. Mundo acabou sendo muito mais complicado do que nossas idéias caseiras sobre isso, e não há uma única palavra sobre isso. minuto não deve ser esquecido. Claro, a última coisa que eu quero é que você, leitor, pensava que a natureza era incognoscível. Eu estava apenas tentando enfatizar o que precisa ser sobriamente Avalie seus capacidades, uma não estudar barato tampando.

tijolos universo

Elogio para isso quem o primeiro começou ligar gatos e gatos humano nomes
Quem deu aos besouros nomes de moedores, coveiros e lenhadores,
Que decorou colheres de chá com letras e monogramas, Quem gregos dividido no antigo e por apenas gregos.

Nicolau Oleinikov

Antiguidade filósofos pensamento o que Fundação universo complicado a partir de quatro os elementos básicos são terra, ar, fogo e água. O grande Aristóteles acrescentou a isso combinações da quinta essência - a chamada quintessência, da qual essencial corpo. Ele pensamento o que substância posso fração infinitamente, Então Nunca e não tendo alcançado antes da brinquedo menor grãos, que já não presta-se mais longe esmagador. Os atomistas obstinados discordavam do luminar de todas as ciências, insistindo que a matéria é composta de átomos - minúsculas partículas indivisíveis que estão em constante movimento (a palavra "átomo" na tradução literal do grego significa "indivisível"). este idéia suportado tal excepcional pensadores antiguidades, Como as Demócrito, Epicuro e Leucippus, mas como a ciência antiga era completamente especulativa e temia a experiência como o diabo do incenso, havia pouco sentido nesses exercícios de vanglória. Mesmo quando o inglês naturalista John Dalton mostrou em 1803 que os produtos químicos são sempre unida em certas proporções, a centenária disputa entre as duas escolas ainda é não foi finalmente resolvido em beneficiar atomistas.

No entanto, no século retrasado, a grande maioria dos cientistas já não duvidava estrutura corpuscular da matéria. No final do século 19, quando Joseph John Thomson, da Trinity College, Cambridge descobriu o elétron, ficou claro que o átomo tem um complexo interno estrutura e não é elementar tijolo universo. Mas o que elétrons e prótons (o nêutron foi descoberto apenas em 1932 por James Chadwick) localizados no átomo um em relação ao outro, não era nada claro. Diga senhor Kelvin pensamento átomo esférico Educação, sobre tudo volume o qual uniformemente carga positiva é distribuída, e dentro da esfera em equilíbrio estático são elétrons carregados negativamente. Mas apenas alguns anos depois, Rutherford não deixei deste modelo pedra sobre pedra.

Uma experiência Inglês física foi relativamente simples. Ele descascado o mais fino dourado frustrar pacote partícula alfa, vôo co Rapidez vinte mil quilômetros dentro me dê um segundo. radiação alfa - isto é maciço positivamente carregada partícula, emitido algum nuclídeos dentro processo radioativo decair. Rutherford ocupado pergunta, quantos fortemente desviar partícula, passagem Através dos dourado frustrar. Foto acabou muito curioso. Quão e deve Espero, grande papel partículas alfa perfuraram a folha, praticamente não se desviando ou desviando um ligeiro ângulo de 2-3 graus. Mas algumas partículas foram desviadas muito mais visivelmente - 90 graus ou mais, e alguns poucos até se recuperaram, enquanto voava de bola lançada na parede. Tinha-se a impressão de que os átomos do filme mais fino poderiam ser sério obstáculo no caminho rapidamente vôo maciço partículas alfa. isto parecia completamente inacreditável: poderia muito bem ter assumido que a folha papel de desenho capaz de parar uma bala de fuzil.

E então Rutherford de repente amanheceu. Ele usou o exemplo, como se costuma dizer, de outra ópera - ele imaginou como um cometa se comporta nas proximidades do Sol. Preso em um poderoso gravitacional campo nosso luminárias, ela é pode ser fortemente mudança trajetória voar, Faz, por exemplo, bobina e se aposentar a partir de Sol dentro ele mesmo inesperado direção. A PARTIR DE por outro lado, a interação gravitacional entre os objetos do micromundo é tão pouco que dificilmente faz sentido levar em conta. Então talvez dentro do átomo operar algum outro força, por exemplo eletromagnético? partícula alfa de fato carregado positivamente, mas aqui está o problema: o próprio átomo é eletricamente neutro! MAS o que E se intraatômico carregar distribuído desigual? Afinal cometa também interage não co tudo solar sistema, uma só Com sua central link - Sol. E Rutherford adivinhou que é consistente explicar o resultado do experimento apenas uma maneira é possível. Um átomo é formado por uma carga positiva núcleo e elétrons carregados negativamente que giram em torno do núcleo como planetas por aí Sol. E atômico núcleo um monte de menos átomo dentro no geral (Como as e Sol muito menor que o sistema solar), embora quase toda a massa do átomo esteja concentrada apenas no núcleo atômico. Portanto, aquelas partículas alfa que voaram para longe do núcleo são quase foram influenciados por ele, mas as partículas capturadas pelo núcleo se desviaram muito fortemente. MAS uma vez que o átomo, com exceção do núcleo, está praticamente vazio, o número de desvios perceptíveispartículas isso foi muito insignificante.

Hoje sabemos que o tamanho médio de um átomo é de 10^{-8} cm, e o tamanho de um átomo núcleos - 10^{-13} cm. Diferença no cinco ordens então há dentro 100 mil uma vez! Cobranças próton e elétrons são opostos em sinal e iguais em termos absolutos, mas a massa de um próton excede a massa de um elétron em 1836 vezes. Em um átomo eletricamente neutro, o número de prótons corresponde ao número de elétrons, mas os prótons são coletados em um volume muito pequeno (e há há também nêutrons que superam os elétrons em aproximadamente a mesma quantidade) enquanto os elétrons são distribuídos por todo o átomo. Então o positivo carregar e por pouco tudo peso átomo extremamente concentrado uma negativo carregar pulverizado, "manchado" por todo espaço minúsculo "solar sistemas."

É claro que o modelo planetário átomo, proposto por Rutherford em 1911, não é permaneceu inalterado até hoje. As primeiras alterações sérias foram feitas por Niels Bor e gangue de lobos Paulo, e Com fluxo Tempo átomo passou a ser tudo menos e menos lembrar solar sistema. Dentro segundo metade do passado século Ele revelou, o que núcleons atômico núcleos (moderno física acha o que próton e nêutron - isto é dois carregar estados 1 e brinquedo mesmo partículas - núcleon) de forma alguma não inicial tijolos do universo, mas são construídos por sua vez a partir de partículas subnucleares especiais - quarks. este prazo inventou Murray Gell-Mann, teórico a partir de californiano tecnológica instituto, emprestado dublado palavra no James Joyce autor abstruso coisas "Acordar sobre Finnegan." NO 1969 ano por estudar quarks ele foi honrado Nobel prêmios.

Como podemos ver, não resta quase nada do sistema solar. E embora hoje nós Maravilhoso conhecido o que real elétron de forma alguma não semelhante no planeta uma E se seu e posso Com algo comparar, então mais rápido Com algum embaçado nuvem, possuindo complexo propriedades, isto é de jeito nenhum não menospreza valores proposto Rutherford modelos. Não sujeito a dúvida o que Eu mesmo Inglês cientista dentro completo a medida deu você mesma relatório dentro aproximado ter analogia, Apesar não teve conceitos nenhum cerca de princípio incerteza Heisenberg, nem tópicos mais cerca de quarks Gell-Mann.

No entanto, o modelo de Rutherford imediatamente enfrentou sérias dificuldades. Como o elétron está em constante movimento, ele representa essencialmente uma carga elétrica em movimento que desperdiça energia continuamente, porque em movimento carregar devo irradiar. Consequentemente, Através dos muito um curto Tempo Exausta elétron, medíocre desperdiçado minha ouro estoque, devo sobre espiral convergente para colapsar no núcleo. Em outras palavras, o átomo de Rutherford é, em última análise, instável, ele deve morrer em frações de segundo. Sair desse desagradável provisões encontrado excelente dinamarquês Nils Bor, 1 a partir de criadores quântico mecânica.

No entanto, primeiro como deve Lide com a estrutura do átomo. No caso mais simples atômico núcleo consiste a partir de o primeiro e único próton. Então arranjado por exemplo, átomo hidrogênio: positivamente carregada próton dentro Centro e operadora negativo carregar um elétron em órbita ao redor de um próton. Em geral, o átomo de hidrogênio é eletricamente é neutro, uma vez que mais e menos eventualmente resulta em zero (lembre-se que embora o elétron e o próton diferem em massa por um fator de 1836, suas cargas são iguais em magnitude). Então a estrutura do átomo hidrogênio simples (protium) pode ser representado graficamente como segue:]H. Unidade inferior esquerdo de química símbolo hidrogênio (H) apoia atômico quarto elemento, que corresponde ao número de prótons no núcleo (e como o átomo é eletricamente neutro, Há exatamente tantos elétrons em órbitas quanto prótons. A unidade no canto superior esquerdo é número de massa refletindo o número de nucleons no núcleo (isto é, prótons mais nêutrons). NO caso comum hidrogênio, protia, nêutrons dentro essencial Não, é por isso atômico quarto e maciço número são iguais entre você mesma.

Se adicionarmos um nêutron ao núcleo do hidrogênio comum, obtemos seu isótopo - deutério, ou pesado hidrogênio. Então seu Fórmula vai ser se parecer Então: 1 1H. atômico quarto ainda é igual a um, porque o número de prótons no núcleo não mudou, mas a massa número cresceu duas vezes porque o para próton adicionado não tendo carregar nêutron. No hidrogênio há mais 1 isótopo - trítio, Fórmula o qual inscrever-se próximo caminho: 3 1H. É fácil ver que o núcleo de trítio contém 2 nêutrons e 1 próton (número de massa é igual a três), uma aqui atômico quarto novamente mesmo não mudado Então Como as próton tudo mais fica em orgulhosa solidão. E prótio, deutério e trítio são quimicamente completamente idênticos e são o mesmo elemento - hidrogênio, porque as propriedades químicas elementos conectado Com valência elétrons uma eles quantia dentro tudo três casos absolutamente o mesmo (número de prótons é igual ao número elétrons).

Então, químico elementos, tendo mesmo atômico quarto, mas vários maciço números, chamado isótopos. Ou mais mais fácil: isótopos - isto é núcleos átomos, diferindo no número de nêutrons, mas contendo o mesmo número de prótons. Todos três hipóstases de hidrogênio - prótio, deutério e trítio - ocuparão a mesma célula em Sistema periódico de elementos. Agora vamos tentar aplicar o que aprendemos prática. Quão conhecido natural Urano consiste a partir de misturas três isótopos - urânio-238, urânio-235 e urânio-234, e no compartilhar urânio-238 responsável por mais 99 %. Aqui seu Fórmula:

238 92U. atômico quarto urânio-238 expresso número 92, Consequentemente, dentro seu essencial contém 92 prótons, mas o número total de prótons e nêutrons é 238. Para saber, Quantos dentro essencial urânio-238 acessível nêutrons precisar subtrair a partir de mais

o número menor: 238 menos 92 é igual a 146. Então, há quase o dobro de nêutrons no núcleo de urânio, do que prótons. O mesmo se aplica aos seus outros dois isótopos, apenas o número nêutrons em seus núcleos serão ligeiramente menores. Todos os três isótopos de urânio natural ocupam mesma célula do sistema periódico de elementos e contêm 92 prótons (sua quarto 1 e este mesmo). Tal sobrecarregado nêutrons núcleos muito instável e capaz de se desintegrar espontaneamente. Esse fenômeno é chamado de decaimento radioativo e acompanhado geração duro radiação (vários opções radioativo não analisaremos a decadência). Aliás, o núcleo de trítio, ao contrário do deutério e comum hidrogênio, também instável Porque o que tem um excesso nêutrons.

Vamos voltar para átomo Rutherford, que o não Tem direitos no Existência. Quão Salve □ vida elétron, que o desperdiça energia, endereçamento por aí atômicogrãos? Quão já disse acima de, solução isto Problemas encontrado Nils Bor. Ele postulado o que elétron situado não no algum arbitrário órbita, uma só no uma que se encontra a uma distância bem definida do núcleo. Se movendo para essas órbitas permitidas, os elétrons não irradiam e, portanto, não perdem energia. emissão ou absorção energia indo no pular elétron Com órbitas no órbita, e o fato dessa energia ser quantizada, ou seja, quebrada no seu Gentil porções. Elétron procura leva dentro átomo a maioria vantajoso dentro energeticamente o nível onde sua energia é mínima. Quanto mais próxima a órbita estiver núcleo, menor a energia do elétron nele localizado. Se a órbita mais próxima do núcleo já está ocupado, o elétron parte para uma órbita mais alta, mas para isso ele necessário comprar adicional energia, então há absorver quântico Sveta (eletromagnético radiação). emitindo quântico eletromagnético radiação, elétron pode ser descer um andar abaixo de.

Importante lembrar, o que tudo esses órbitas - Como as entes queridos, Então e distante - de jeito nenhum não arbitrário uma presente você mesma duro fixo energia níveis. NO famoso senso sistema eletrônico cartuchos (ou órbitas) posso comparar escadas comuns. Para subir as escadas, você precisa trabalhar, então é gastar alguma energia. A descida é incomparavelmente mais fácil, mas pendurada entre escadas ainda é impossível: em cada momento individual de tempo, o escalador deve ocupam um lugar muito específico degrau. A escada intraatômica é fixada da mesma maneira duro. Um elétron que absorveu um quantum de radiação eletromagnética (lembre-se de que isso é estritamente medido uma porção energia), recebe possibilidade dê um passo no próximo degrau, por seu energia aumentou. a medida isto energia vai ser distância entre degraus. Quanto mais energia um elétron adquire, mais alto ele pode subir. No entanto, o elétron sempre sonha em retornar ao primeiro andar, pois este é o mais lucrativo posição. Ele pode cair imediatamente para o nível inicial, e então a energia do eletromagnético radiação vai ser dentro precisão é igual a único que foi originalmente absorvido. MAS aqui E se ele ficar preso no meio então seu radiação vai ser dar outro energia, uma Consequentemente, e comprimento ondas. Então, energia, adquirido ou perdido elétron, determinado pela distância entre degraus.

lançado a partir de átomo energia pode ser ser registrado. MAS porque o cada elemento químico tem, por assim dizer, seu próprio conjunto único de etapas, espectros a radiação de diferentes substâncias será altamente individual. Em outras palavras, cada químico elemento Tem minha chamando cartão, o que muito no mão astrofísicos. Ao estudar os espectros de estrelas distantes, é possível identificar o químico elementos.

Então, nós veio para conclusão o que borovsky átomo de jeito nenhum não semelhante no átomo Rutherford. Por outro lado, também tem uma relação muito indireta com o átomo real, porque que o átomo de Bohr (o átomo que Bohr construiu, como a famosa canção parodia famoso poema inglês) nada mais é do que um modelo conveniente para a compreensão essência processos, em progresso dentro mundo elementar partículas. No entanto antes da Como as vai para fundamental tijolos universo (isso é, o mencionado elementar partículas), necessário Apesar gostaria curto fique no princípio incerteza que é o alfa e o ômega da teoria quântica. Se o eminente físico alemão Max Planck sugeriu em 1900 que nenhuma radiação eletromagnética (visível leve, raio X raios, uma também ondas algum comprimentos) não pode ser ser gerado Com arbitrário intensidade, mas certamente devo ser dosado em porções (Planck nomeado esses porções quanta), então outro famoso Alemão, Werner Heisenberg formulado é fundamental princípio.

De acordo com o princípio da incerteza de Heisenberg, é impossível ao mesmo tempo medir com precisão as coordenadas da partícula e sua velocidade. Entenda a essência do raciocínio de Heisenberg não é difícil. Se um vocês quer prever o que caminho vai mudar posição e Rapidez partícula, vocês devo ser capaz de produzir exato Medidas aqui e agora. Absolutamenteé óbvio que para isso você deve direcionar um feixe de luz para a partícula, e quanto mais curto for o comprimento ondas leve feixe, tópicos mais precisamente para você ter sucesso calcular coordenadas partículas. No entanto, com base na hipótese de Planck, a luz não pode ser dosada arbitrariamente em pequenas porções, por dele acessível algum indivisível fragmento - 1 quântico. Claro, o que isto quântico certamente vai contribuir perturbação dentro trajetória partículas e imprevisível vai mudar sua Rapidez. Para obter maior precisão na medição da coordenada de partículas, você se tornará encurte o comprimento de onda, e então a energia do quantum aumentará automaticamente. (Comprimento de onda amarrado Com energia quântico de volta proporcional vício: Como as mais curta comprimento ondas, maior a energia.) Portanto, a velocidade aumentará imediatamente. Stephen Hawking, 1 a partir de pilares contemporâneo física Teórica, escreve sobre isso Então:

...

Em outras palavras, quanto mais precisamente você tenta medir a posição de uma partícula, menos exato vai Medidas sua Rapidez, e vice-versa. Heisenberg mostrou o que incerteza dentro posição partícula, multiplicado no incerteza dentro sua Rapidez e à sua massa, não pode ser inferior a um certo número, que agora é chamado de constantePrancha. Este número não depende da forma como a posição ou velocidade é medida. partículas, nem sobre o tipo desta partícula, ou seja, o princípio da incerteza de Heisenberg é fundamental obrigatório propriedade nosso mundo.

Princípio incerteza Tem de longo alcance consequências, dentro volume Incluindo e filosófico personagem. Finalmente cobriu-se cobre pélvis atrevido Sonhe deterministas que, com olhos azuis, se comprometeram a prever o futuro do universo, se emeles disposição vai ser exato coordenadas tudo constituintes sua partículas. Tornou-se é claro que o sujeito e o objeto do conhecimento não podem existir um sem o outro e para sempre amarrado com uma corda.

Tocar um objeto sem perturbá-lo no mínimo seria possível apenas para o Senhor Deus, mas impiedosamente a levamos para a lata de lixo da história, pois se diz: não se deve multiplicar o número entidades em excesso de precisar (William occam, medieval Inglês filósofo). A abordagem de Occam (ou "navalha de Occam") foi adotada nos anos 20 do século passado Niels Borom, Werner Heisenberg Erwin Schrödinger e campo Dirac, dentro resultando em mecânica clássica deu lugar ao quantum teorias, na vanguarda que foi o princípio incerteza.

A mecânica quântica de uma vez por todas eliminou o determinismo sobre o qual o velho física, e contribuído dentro Ciência inevitável elemento imprevisibilidade. Sem asas e apartamento singularidade concedido lugar para probabilidade abordagem.

Conhecendo inicial opções sistemas, nós já não Posso garantia bastante certo resultado, mas estamos falando apenas do fato de que o sistema estará em um ou por outro lado capaz Com algum probabilidade. isto Era assim incomum e maravilhoso!

Até isso herege e como um revolucionário Albert Einstein, Era uma vez com isso em corações declararam que Deus não joga dados. No entanto, a maioria dos cientistas imediatamente aceitaram quântico mecânica porque o ela é deram lindo acordo Com experimentar.

A partir de princípio incerteza a maioria direto caminho segue Então chamada dualidade onda-partícula. Qualquer partícula pode facilmente virar aceno, e vice-versa: essência das coisas, Como as nenhum estranho, escapa a partir de rigoroso formulações. Digamos que a radiação eletromagnética se propaga na forma de porções fixas, ou quanta, o que sinceramente demonstrado Máx. Planck. No entanto dentro observância Com Os fótons do princípio da incerteza de Heisenberg (quanta de radiação eletromagnética) em então mesmo a maioria Tempo conduzir Eu mesmo Como as ondas, não tendo certo provisões dentro espaço, mas "manchado" sobre ele com alguma distribuição de probabilidade. luz em dado caso - de jeito nenhum não exceção; exatamente Então mesmo conduzir Eu mesmo tudo outros partícula, que são chamados de elementares.

Os físicos são um pouco astutos quando dizem que um elétron gira em torno de um núcleo atômico, porque na realidade sobre qualquer movimento no sentido usual da palavra aqui não pode ser ser e discursos: elétron não fiação Como as rotina, mas localizado dentro algum certo Estado, que descrito complexo aceno função. Em outras palavras, temos o direito de falar apenas sobre a probabilidade de um elétron permanecerdentro um ponto ou outro.

Vamos terminar no isto nosso curto excursão dentro quântico mecânica e vamos continuar para consideração elementar partículas como Essa.

Se um fóton ou elétron é indiscutivelmente elementar, então isso não pode ser dito sobre o preenchimentoatômico núcleos - prótons e nêutrons porque o elas tenho complexo interno estrutura. Ambas as partículas são trigêmeas de quarks, ou seja, são construídas a partir de mais fundamental tijolos - quarks, Essa a maioria quarks, por abertura que Murray Gell-Mann foi premiado Nobel prêmios. No entanto Ambas todos sobre ordem.

As principais propriedades de todas as partículas elementares, sem exceção, são massa, carregar e girar. A massa de uma partícula é uma fração de sua energia total, porque a massa é Total só outro sua a forma. Peso pode ser ser transformado dentro energia, e vice-versa; relação entre esses dois partidos 1 medalhas facilmente Vejo dentro famoso Fórmula de Albert Einstein $E = mc^2$, onde E – energia, m é a massa e c é a velocidade Sveta. Algumas partículas têm massa, enquanto outras não. Por exemplo, os físicos dizem que a massa de repouso fóton é igual a zero. isto muito simples significa o que em repouso fótons dentro naturezanão existe. Restos adicionar, o que distribuição partículas por massa não obedece não inteligível padrões.

Carga elétrica - também um animal familiar. Com a cobrança, a situação é exatamente a mesma o mesmo que com a massa: algumas partículas a carregam, enquanto outras não. Partículas sem carga são considerados eletricamente neutros. Ao contrário da massa Existem dois tipos de cobrança positivo e negativo; cobranças tudo elementar partículas múltiplos carregar elétron, por exceção quarks, carregar que múltiplo de 1/3 carregar elétron.

Rodar elementar partículas representa você mesma algum interior momento sua rotação e é proporcional à constante de Planck. Se a partícula não está girando, seu spin é zero. A partir de considerações visibilidade posso introduzir você mesma partículas dentro Formato pequenatops ou bolas, girando por aí seu machados, mas sempre deve lembrar, o que semelhante quadro puramente condicional e não Tem Com realidade nada em geral. NO quânticoas partículas elementares do mundo não têm um eixo de rotação estritamente definido. Rotação de partículas dá-nos uma ideia do que parece quando visto de diferentes ângulos. Stephen falcoaria conduz bom exemplo no esta conta.

...

Uma partícula com spin 0 é como um ponto: parece a mesma de todos os lados. Partícula co de volta 1 posso comparar co flecha: Com diferente partidos ela é parece diferentemente e toma a mesma forma somente após uma rotação completa de 360°. Uma partícula com spin 2 pode ser compare com uma flecha afiada em ambos os lados: qualquer uma de suas posições é repetida após meia volta (180°). Da mesma forma, uma partícula com um spin mais alto retorna a o estado inicial quando girado por uma parte ainda menor de uma volta completa. é tudo bastante óbvio, mas surpreendentemente diferente - existem partículas que, depois de completas as voltas não assumem sua forma anterior: elas precisam ser completamente giradas duas vezes! Eles disseram aquilo tal partículas ter giro 1/2.

Todas as partículas elementares conhecidas podem ser divididas em dois grupos, dependendo a magnitude da rotação que eles carregam. Se o spin for expresso como um número inteiro (0, 1, 2, etc.), então tais partículas são chamadas de bósons, e se meio inteiro (1/2, 3/2, 5/2, etc.) - férmions. Esses títulos formado a partir de sobrenomes dois famoso físicos teóricos Satyendra bose e Enrico Fermi. Toda a matéria do universo é construída a partir de férmions - partículas com meio inteiro spin, e as forças que atuam entre as partículas de matéria são criadas por bósons com inteiro rodar. Rodar elétron é 1/2, é por isso ele exitos dentro grupo férmions.

NO dependências a partir de eles relações para Forte interação (cerca de quatro tipos fundamental interações Fala no nós à frente) férmions, dentro minha virar, são divididos em duas famílias. Os férmions que participam de processos com Forte interação, chamado quarks (prótons e nêutrons consiste a partir de quarks), e todo o resto, não participando de interações fortes, são léptons. Elétron entra na família dos léptons; além dele, mais cinco partículas são colocadas lá - um neutrino do elétron, múon, neutrino de múon, neutrino de tau e lépton de tau. Há também seis quarks variedades - i-quark, d-quark, c-quark, s-quark, quark t e b quark. Então o caminho tijolos universo, construção blocos matéria, que nós em toda parte nós observamos são 12 fundamental partículas - 6 quarks e 6 léptons.

Dentre bósons, ser transportadoras fundamental interações e criando forças que atuam entre partículas de matéria, os fótons são mais conhecidos, 8 variedades glúons, 3 Gentil pesado vetor bósons (W+-bóson, W-bóson e Z0-bóson) e enquanto mais não gráviton aberto.

Restos adicionar, o que dentro contemporâneo teorias Campos partículas Aja Como as ondas de pequena escala dos campos correspondentes. Por exemplo, a radiação eletromagnética pode ser percebida tanto como uma onda (digamos, no caso de ondas de rádio) quanto como uma partícula (dura raios gama). Se um comprimento ondas eletromagnético radiação Muito de excede dimensões do dispositivo, então ele é registrado como uma onda contínua, ou seja, oscilações campos elétricos e magnéticos. Caso contrário (em um pequeno comprimento de onda) o dispositivo captura a luz na forma de quanta - fótons individuais. Então eles não estão mais falando sobre o comprimento de onda, mas cerca de energia fóton. Clássico exemplo onda corpuscular dualismo.

férmions, a partir de que construído substância Do universo - de jeito nenhum não indiferente extras no isto feriado vida. Eles são interagir entre você mesma uma dentro papéis transportadoras interações (ou força, existir entre partículas substâncias) Aja bósons. Para crio tudo múltiplo fenômenos, natureza levou redondo conta quatro modelo interações - eletromagnético, fraco Forte (ou nuclear) e gravitacional. Há fortes razões para acreditar que os três primeiros tipos interações sob certas condições podem ser combinadas em uma força, e separadamente elas existem apenas em níveis de baixa energia. Até agora, um modelo foi construído interação eletrofraca (eletromagnética + fraca), e as partículas transportadoras desta força unificada descoberta experimentalmente (três tipos de bósons vetoriais pesados). Teoria, unificador três força dentro 1 (eletrofraco interação + Forte), chamado grande teoria unificada, mas o nível de energia necessário para isso não está disponível aceleradores modernos. Em energias ainda mais altas, todos os quatroforças da natureza. Tais condições existiam em um universo muito jovem, quando o mundo era apenas voou para fora da inexistência.

Vamos analisar os quatro tipos de interações fundamentais em ordem. Elétrica e magnético fenômenos tenho em geral origem e são descritos dentro estrutura eletromagnético interações, que Então ou por outro lado relacionado Com intercâmbio ou radiação fótons (quanta eletromagnético radiação). Primeiro isto é mostrou eminente físico inglês James Maxwell em 1873. Forças eletromagnéticas operar só entre carregada partículas (de mesmo nome cobranças repelir, diferentes - atrair). Rádio, televisão, comunicação celular e muitos outros convenientese útil coisas impensável sem fenômeno eletromagnetismo, porque o esses força, Sediada no confronto dois polar começou, capaz espalhar no distâncias significativas. Além disso, os átomos e moléculas que compõem a matéria também obrigado seus existência eletromagnético interação. Forças eletromagnético atração espera um pouco elétrons lado de dentro átomos, forçando eles girar por aí atômico grãos. NO papéis operadora eletromagnético forças fala uma partícula sem massa com spin 1 é um fóton (os físicos dizem que a massa de repouso de um fóton é igual azero).

Interação entre dois carregada partículas (atraído elas ou repelir, dentro dado caso papéis não tocam) representa você mesma resultado intercâmbio um grande número dos chamados fótons virtuais. Ao contrário das partículas "reais", suas irmãs virtuais são fundamentalmente inobserváveis, elas não podem ser registradas com ajuda detector. Vamos explicar disse no exemplo. Imagine você mesma algum fechado um recipiente sem nada dentro - sem radiação, não importa. Em outras palavras, há contém apenas vácuo, vazio absoluto. Mas para garantir que o recipiente está realmente vazio, devemos iluminar seu interior - enviar um feixe de luz para lá. E desde a luz viaja a uma velocidade finita, o processo de medição levará algum tempo. Para dizer com total certeza que o recipiente está vazio, podemos apenas naquele momento, quando o feixe de luz que retorna do contêiner atinge nosso detector. Ao mesmo tempo, não temos certeza de que o contêiner permaneceu vazio *o tempo todo procedimentos Medidas*. Não descartado, o que energia vácuo poderia hesitar (flutuar) em torno de zero, dando origem a partículas fantasmas de curta duração que morrem antes que possamos identificá-los. Eles emergem do vazio e se escondem nele novamente assim rapidamente, o que nós não Posso descobrir eles dentro princípio até E se temos a maioria perfeito medindo equipamento. Tal partículas recebido ligar virtual.

É claro não tudo fótons são virtuais. Quanta Sveta, que lançado dentro como resultado da transição de um elétron de órbita para órbita, são bastante reais fótons. Da mesma forma, quando um fóton real colide com um átomo, um elétron pode pular sobre no mais controlo remoto a partir de núcleos órbita. NO isto caso energia fóton vai ser absorvido. Então, para resumir: a força eletromagnética atua entre todas as partículas, consequência elétrico carregar, uma sua transportadoras são virtual fótons. MAS porque o peso descanso fóton é igual a zero, eletromagnético interação pode ser ser transmitido no ampla distâncias.

Fraco interação respostas por algum transformação dentro mundo elementar partículas. Bom exemplo forças isto modelo - Então chamado decaimento beta instável núcleos atômicos, como resultado do qual o nêutron intranuclear se transforma em um próton, e de núcleos voar para fora elétron e antineutrino. NO fraco interação participar tudo partículascom spin 1/2 (isto é, todos os férmions), e seus portadores são vetores pesados bósons co de volta 1 (W+-bóson, W-bóson e Z0-bóson). Porque o vetor bósons - extremamente maciço partículas (elas mais pesado próton por pouco dentro 100 uma vez), fraco a interação é efetiva apenas em distâncias ultra-pequenas da ordem de 10-16-10-17 cm. Quão Já foi dito que a interação fraca foi combinada com a eletromagnética. Era feito no modelo padrão Weinberg-Salam, que é detalhado em capítulo "E a escuridão veio". A interação fraca está mais intimamente relacionada com reações termonucleares, durante as quais o hidrogênio no interior estelar se transforma em hélio, e também para algum outros processos, acompanhante evolução estrelas diferente tipos.

A força forte (ou nuclear) mantém quarks dentro de nucleons e prótons e nêutrons - dentro do núcleo atômico, superando as forças de repulsão de Coulomb (prótons tenho epônimo carregar). Quão nós lembrar existe seis variedades (ou sabores) quarks - i-quark, d-quark, c-quark, s-quark, quark t e b quark. Eles títulos educado a partir de Inglês palavras acima - "acima", baixa - "caminho", charme - "o charme", estranho - "estranho", verdade - "verdadeiro" e lindo - "lindo". Aparentemente físicos cansadolatim e Grego, e elas decidiu nome fundamental tijolos topo, mais baixo,encantado estranho verdadeiro e lindo partículas. Prótons e nêutronspresente você mesma quark trigêmeos, mas dentro eles composto estão incluídos só quarks doisfragrâncias - und. próton construído a partir de dois u-quarks e 1 d-quark, uma nêutron - a partir de doisd-quarks e 1 u-quark. MAS porque o quark d um pouco mais pesado u-quark, nêutron um poucomais pesado próton. Diferença dentro eles cobranças (próton carregada positivamente, uma nêutron carregar nãoTem) também explicou recursos interno edifícios, Então Como as quarks ursofracionário elétrico carregar (2/3 e -1/3). Então o caminho a partir de três quarks, dois a partir de quetenho carregar um mais 2/3, uma 1 - menos 1/3, acontece que próton Com carregar +1. MAS nêutronconsiste a partir de 1 quark com carga 2/3 e dois com carga menos 1/3, então como resultadosai zero. A partir de quarks outros tipos (estranhas, encantado, b e t) também posso construirpartículas, mas são instáveis e decaem rapidamente em prótons e nêutrons.Exceto Ir, cada quark pode ser ser dentro três vários estados, que recebido ligar cor (vermelho, amarelo e verde). É claro dentro realidadenão cores no quarks Não, isto é simplesmente confortável geralmente aceito designações eles propriedades.Elementar partículas consiste a partir de quarks diferente cores, mas sempre dentro tal combinações,para dentro resultado acabou incolor partícula. Por exemplo, trio "vermelho + verde + azul" será um próton ou um nêutron. Intimamente relacionado à presença de cor nos quarks o fenômeno do chamado confinamento de quarks ("não-ejeção", "retenção" na tradução de Inglês). O fato é que os quarks nunca ocorrem isoladamente, mas existem em perto cooperação amigo Com amigo, dentro Formato já conhecidos nós quark trigêmeos. Até agora, ninguém foi capaz de detectar um único quark. Se o quark quisesse se destacar e viver por conta própria, ele imediatamente Ganhou gostaria cor, o que proibido condições tarefas: confinamento obriga eles ser segurado dentro incolor combinações. No entanto, em energias muito altas, a interação forte enfraquece visivelmente, e então os quarks começam a se comportar quase como partículas livres. Tal plasma quark-gluon existia no cedo estágios nossa vida Universo.

Quarks guardado dentro trigêmeos por Verifica partículas transportadoras Forte interações - glúons (da cola inglesa - "cola", "cola"), que os unem entre eles mesmos. Glúons têm massa zero e um spin de um. Ao contrário de todos outros tipos de interações, as forças nucleares não enfraquecem à medida que os quarks se afastam uns dos outros a partir de amigo, uma contra, estão crescendo. Glúons posso comparar apertado elásticos conectando quarks entre si. Desde que estejam lado a lado, os elásticos ficam pendurados livremente, permitindo quarks se sentem relativamente à vontade. Mas eles devem tentar se afastar umas das outras, pois os elásticos imediatamente se esticam e devolvem as pessoas travessas ao seu lugar original. posição. Nuclear força eficaz só no muito pequena distâncias ordem 10-13– 10-15 centímetros.

Resta-nos considerar o quarto tipo de forças fundamentais - a gravidade, que desgasta universal personagem e faz corpo ser atraído amigo para amigo. gravitacional interação - a maioria fraco a partir de tudo: força eletromagnético repulsão excede constrição força gravidade cerca de dentro 1043 vezes. No entanto fraqueza gravitacional interações Com sobrecarregado banhar-se enorme dimensões corpos celestes, consistindo de um número astronômico de partículas, de modo que as forças da gravidade entre planetas ou estrelas poderia dar muito grande Tamanho. Exceto Ir, E se forças eletromagnéticas atuam apenas em objetos carregados, então a gravidade exerce influência no tudo sem exceções corpo e partículas nosso universo, possuindo massa.

operadora gravitacional interações é tchau mais não abrir partícula gráviton, que deve ter massa de repouso zero e spin igual a dois. Curti eletromagnetismo, a interação gravitacional é um força (fóton também sem massa partícula). Prédio quântico teorias gravidade associado Com grande dificuldades é por isso gravitacional força muitas vezes considerado como uma manifestação da métrica espaço-tempo. Digamos que dentro do geral teorias relatividade gravidade é equivalente a curvatura espaço-tempo. Mais sobre estes difícil coisas nós vamos conversar mais tarde.

NO conclusão restos contar, o que no cada elementar partículas há Está antipartícula - seu Gentil partícula gêmea, possuindo brinquedo mesmo massa, mas carregar oposto sinal (E se partícula carregar não Tem, então sua antípoda ursos rotação oposta). Quando partículas e antipartículas colidem, suas destruição (aniquilação) Com destacando enorme quantidades energia. Mais frequentemente Total final produtos aniquilação são fótons e mésons pi. O partículas e antipartículas nós também mais não uma vez que falamos mais tarde.

Eco Grande explosão

*E Tomlinson olhou para trás e viu na noite
Estrelas, torturado no inferno, carmesim
raios.
E Tomlinson olhou para frente e viu através do
delírioEstrelas, torturado dentro inferno Leite
branco leve.*

Rudyard Kipling

NO fim primeiro capítulos contou cerca de volume, o que estrelas não distribuído dentro espaçam uniformemente, mas formam estruturas mais ou menos compactas (galáxias), que, por sua vez, fazem parte de aglomerados e superaglomerados que se estendem por dezenas de milhões de anos-luz. Nossa Galáxia (a Via Láctea) é uma dessas estelar ilhas e tem cerca de 200 bilhão estrelas (a partir de 150 antes da 400 bilhão sobre diferente estimativas). Se um ver no sua Com costelas, ela é Tem forma lenticular de uma lente biconvexa, e em planta, quando vista de cima, parece Como as apartamento disco co coágulo dentro Centro e extrovertido a partir de dele espiral mangas. A galáxia tem uma estrutura bastante complexa. É costume destacar o núcleo, ou protuberância (de Inglês protuberância - "convexo, inchaço"), disco e aréola (galáctico coroa). Núcleo é um componente esférico compacto em torno do centro galáctico, onde existe um buraco negro supermassivo com uma massa de dois a três milhões de massas solares. A densidade da população estelar perto do centro da Galáxia é muito alta: se nas proximidades Sol no 16 cúbico analisar responsável por Total 1 Estrela, então dentro Centro dentro 1 Um parsec cúbico contém cerca de 10.000 estrelas. No entanto, a densidade de estrelas no bojo cai rapidamente com a distância do centro: a uma distância de vários milhares de anos-luz, é quase indistinguível. O núcleo é dominado por estrelas antigas com baixa abundância pesado elementos, uma seu peso avaliado dentro vinte bilhão solar peso

Mais da metade da massa da Galáxia (cerca de 60 bilhões de massas solares) apartamento disco, lado de dentro o qual as vezes distribuir fino e espesso papel. Diâmetro galáctico disco (e galáxias dentro No geral) é 100 mil leve anos, ou trinta kiloparsec (30 kpc), e sua espessura varia muito - de 300 a 3 mil leve anos. NO áreas Centro ele mais fino uma para periferia visivelmente se expande. Disco contém um monte de jovem estrelas e denso nuvens gás e pó - focos ativo formações estelares, que representam até 10% de sua massa. O disco galáctico está errado imagine como contínuo homogêneo estrutura como uma roda ou lentes, então como se decompõe em braços espirais, entre os quais costuma-se distinguir dois (às vezes quatro) grande e vários pequena. Sol localizado dentro 26 milhares leve anos (cerca de oito kpc) a partir de Centro galáxias e compromete por aí dele cheio volume de negócios por 220 milhões de anos, voando pelo vazio a uma velocidade de 250 quilômetros por segundo. Se você contar uma revolução em torno do centro em um ano galáctico, então a idade do sistema solar será de 20 galáctico anos - exatamente muitos voltas ela é Teve tempo acabar Com momento seu Educação.

É claro Sol não sozinho dentro seu implacável circulando - tudo estrelas discogiram em torno do centro galáctico. A órbita do Sol é quase circular e situa-se em plano do disco galáctico (apenas 20 anos-luz de distância verticalmente), então estudo do núcleo da Via Láctea associado com dificuldades significativas. Está cercado de nós por estrelas de disco que estão mais próximas do núcleo, bem como poderosas poeiras de gás nuvens, que não senhorita leve a partir de estruturas galáctico Centro. Ópticoapenas a cauda da galáxia é acessível a observações, e o mais interessante está escondido dos terráqueos denso pó de gás véu. Aqui E se gostaria nós de alguma forma milagrosamente gerenciou disparar acima de plano da Via Láctea, veríamos a misteriosa protuberância em todo o seu esplendor. Para Infelizmente, tal perspectiva não brilha nem para nossos descendentes distantes, porque o Sol está em seu movimento orbital quase não se desvia do plano do equador galáctico. NOnossa era moscas dentro intervalo entre espiral mangas Perseu e Sagitário, devagar aproximando-se da manga Perseu.

Exceto apartamento disco e central inchaço dentro áreas essencial, Galáxia tem um halo esférico que envolve a lente galáctica como uma nuvem. Astrônomos há muito que notamos que algumas estrelas não nadam de forma ponderada e vagarosa em um avião disco, uma correr sobre dentro a maioria diferente instruções, penetrante seu Através dos. Acumula impressão, o que elas encher o todo esférico volume, Onde carregado galácticodisco, formando um elipsóide gigante que se estende por centenas de milhares de anos-luz. aréola habitar velho estrelas, que aproximar 10 bilhões anos a partir de Gentil, então há elas duas vezes mais velho que o sol. Uma parte das estrelas prefere viver em esplêndido isolamento, enquanto a outra está incluída emcomposição dos chamados aglomerados globulares, dos quais existem cerca de 200. Em cada um eles contêm de 10 mil a 3 milhões de estrelas, o que não é mais do que 1% de todas as estrelas aréola. Além de bola aglomerados e solitário estrelas, dentro galáctico coroa descobriu nuvens de gás e galáxias anãs vivendo a uma distância de 150 pda da Via Láctea.

Embora a massa total das estrelas do halo não pareça exceder um bilhão de massas solares, galáctico coroa Muito de mais pesado nosso Galáxias. No isto é indicar algum características da rotação da Via Láctea e a natureza do movimento de seus satélites. Suposto, que a maior parte da massa do halo está associada à chamada matéria escura (ou peso). O problema escondido massas diz dentro capítulo "E a escuridão veio."

A nossa Galáxia é uma das galáxias espirais que, segundo a classificação o astrônomo americano Edwin Hubble, é costume designar carta S (a partir de Inglês a palavra espiral, que dificilmente precisa de tradução). Todas as galáxias espirais são formadas por esférico e apartamento componentes, então há a partir de núcleos e disco, e disco Tem expresso espiral estrutura. Quão regra formar-se espiral mangas acontecedois, mas pode ser contar e mais. NO dependências a partir de formulários espiral galhos eExistem vários subtipos de tamanhos de bojo dentro de galáxias do tipo S: Sa, Sb, Sc e Sd. NO Nesta linha, os ramos espirais tornam-se cada vez mais irregulares e o tamanho do núcleo diminui. Espiral mangas também poderia ser orientado diferente: dentro algum casos elas começar diretamente a partir de essencial, uma dentro outros agarrar-se a termina espesso estelar saltadores, cruzando central papel galáxias. Tal saltador chamado bar, e então galáxia exitos dentro categoria SB (espiral + bar). galáxias Com bar subdivididos nos mesmos quatro subtipos. Há razões sérias para acreditar que nossa Via Láctea tem uma pequena barra, cujos pontos extremos são 3-4 pda a partir de Centro, uma sobre estrutura espiral galhos e tamanhos protuberância leva intermediário posição entre subtipos b e S.

As galáxias espirais são as mais (mais de 50%), e entre todas as outras é aceita identificar galáxias elípticas, lenticulares e irregulares. galáxias elípticas por pouco não conter interestelar gás e não tenho apartamento disco. Por essência romances, elas são um núcleo contínuo, cuja forma varia amplamente - de uma esfera quase perfeita a um elipsóide de vários graus de achatamento. Hubble atribuiu-lhes a letra E (elíptica em inglês), e expressou o grau de achatamento em árabe figuras. Então o caminho nebulosa E0 vai ser globular galáxia, uma E6 adquire forma de fuso. Galáxias lenticulares são designadas pela letra latina L (do inglês as palavras lenticular - "biconvexo") e externamente muito semelhante ao elíptico, uma vez que um núcleo impressionante prevalece sobre um disco estelar fino, dentro do qual, via de regra, nenhuma formação estrutural pode ser vista. Galáxias irregulares - isto é nuvens irregulares e irregulares, visivelmente inferiores em massa a outros tipos de galáxias. Mais Total elas semelhante em sem forma borrões, lado de dentro que posso as vezes descobrir instável e braços espirais curtos. Na classificação Hubble eles são designados Como as Ir ou Irr (irregular - "errado").

Além da variedade de formas, muitas galáxias têm uma atividade muito notável. Eles explodem e colidem, puxando longos jatos de gás dos corpos de suas irmãs e substância estelar, ou, inversamente, fundir-se em um abraço apertado como células germinativas sob um microscópio. Alguns deles irradiam no alcance do rádio e são jogados fora de seu ativo núcleos poderoso jatos comprimento dentro de várias mil leve anos. Um exemplo de livro didático é a rádio galáxia Cygnus A. Em raios ópticos, ela representa você mesma um objeto 17º estelar quantidades dentro Formato dois por muito pouco notável pontos. Mas isto é impressão enganosamente, Porque o que dentro realidade eles luminosidade dentro dez uma vez mais, Como as em nossa Galáxia. Este sistema parece fraco apenas porque é removido de nós. 600 milhões de anos-luz de distância. No entanto, apesar de uma distância tão impressionante, o fluxo emissão de rádio dentro metro variar a partir de cisne MAS exclusivamente excelente e de tempos em tempos excede a emissão de rádio solar. Mas a distância da Terra ao Sol é apenas oito leve minutos...

A interação das galáxias muitas vezes muda radicalmente sua estrutura. Por exemplo, dois espiral galáxias poderia mesclar juntos, dando origem a elíptico uma ampla galáxias, sem fazer caretas, engolem facilmente pequeno, aumentando assim seu tamanho. Nossa galáxia também está longe de ser vegetariana. Os astrofísicos acreditam que formado dentro resultado fusões de várias relativamente pequena galáxias, Sim e hoje leitoso Caminho mantém orelha vostro, tentando todos em verdade e por inverdades anexar oito galáxias anãs em seu ambiente imediato. MAS Através dos 2–3 bilhão anos para ele destinado confraternizar Com galáxia Andrômeda, que está a uma distância de dois milhões e meio de anos-luz e voa em nossa direção co velocidade de 120 quilômetros dentro me dê um segundo.

Sobre o Grupo Local, que inclui nossa Via Láctea junto com a galáxia de Andrômeda, uma galáxia no Triângulo e quatro dúzias de galáxias menores, já escrevemos. este sistema gravitacionalmente ligado, com um diâmetro de aproximadamente 1 Mpc (megaparsec, milhões de parsecs) é, por sua vez, parte de um superaglomerado local na constelação Virgem, que fica a 15 Mpc de nós. Enquanto isso, apenas o núcleo está localizado em Virgem superaglomerado local, mas ele próprio, de acordo com estimativas conservadoras, se estende por 30 Mpc (sobre outros dados - no 60), uma seu espessura é não menos dez Mpc. Local superaglomerado Tem Formato elipsóide, uma número galáxias, dentro Alemão contido, aproximadamente 20 mil. Nos últimos anos, várias dezenas superaglomerados. Alguns deles são impressionantes em seu tamanho, como o gigante uma cadeia de galáxias que se estende da constelação de Perseu a Pégaso e Peixes por quase 400 Mpc (mais bilhão leve anos). isto já não habitual elipsóide, uma mais rápido miçangas, amarrado no ramificação um fio. NO hierarquia metagaláctico estruturas semelhante conglomerados ocupar um honorário primeiro Lugar, colocar.

O que foi dito não significa o que tese Friedman cerca de isotropia e homogeneidade Universo acabou sendo falido. Apesar de no cordas galáxias, ao longo e através entrecama Grande Espaço, dentro volumes comprimento dentro centenas megaparsec espaço observável Universo tudo é igual a não Tem dedicada instruções. E só no diminuir escala ter sucesso decifrar celular estruturas, Onde denso parcelas alternar Com gigantesco vazios. Vamos ouvir especialistas:

...

A estrutura geral se assemelha a um favo de mel ou espuma de sabão, só que é mais turva, sem um padrão claro definido. Os nós celulares são formados por superaglomerados galáxias, e quase não há galáxias dentro das células. Os diâmetros dessas células atingem vários dezenas megaparsec. tentando introduzir você mesma estrutura Universo dentro esses gigantesco escala, importante lembrar, o que ela é não estático: Universo expande, sua partes afastam-se uns dos outros, de modo que as células aumentam, assim como os superaglomerados individuais galáxias.

Outros palavras nosso mundo continuamente evolui. Observações definitivamente testemunhar o que celular estrutura tudo Tempo deformado: "pontes" transferido entre superaglomerados, perder peso e esticar, uma paredes células pouco a pouco derreter e espalhar lentamente. O universo é extremamente não estacionário, tudo é crescimento e formação, e sobre essa dinâmica disso, descoberta há quase 100 anos, surgiu Tempo conversa. Mas primeiro - Poucas palavras cerca de quasares.

Esta palavra é uma transliteração do termo inglês quasar, que, por sua vez, representa você mesma abreviação prazo quase estelar rádio fonte, o que traduzido Como as
"fonte de rádio em forma de estrela". O primeiro quasar foi descoberto em 1963 pelo americano rádio astrônomo Holandês origem Martinho Schmidt. Mais precisamente ditado descoberto ele foi três por anos antes da e foi listado dentro 3m Cambridge diretório debaixo número 3C 273 na forma de uma estrela fraca de magnitude 13 na constelação de Virgem, e Schmidt é a primeira chamou a atenção para as características surpreendentes de seu espectro. Linhas de emissão no espectro estrelas 3C 273 a princípio não puderam ser identificadas com as linhas de substâncias químicas conhecidas elementos. No final, Schmidt percebeu que este não era um elemento novo, desconhecido para a física moderna, mas as linhas dos elementos químicos mais comuns que assim fortemente deslocado para vermelho fim espectro, o que mudou antes da completo irreconhecibilidade. Após um bom brainstorming, Schmidt conseguiu identificar linhas de hidrogênio, ionizado magnésio e alguns outros elementos.

Mas se o redshift é tão grande, isso significa que o misterioso o objeto está se afastando de nós a uma velocidade fantástica - mais de 40 mil quilômetros por segundo. Neste caso, a distância até ele não deve ser inferior a 620 Mpc, ou seja, quase 2 bilhão leve anos. (Por vermelho deslocamento definir grau distância objetos astronômicos; isso será discutido abaixo.) Não se parece com a galáxia 3C 273 foi, mas ver uma única estrela a tal distância, não importa quão brilhante ela brilhe, em basicamente impossível! Depois que vários outros objetos semelhantes foram descobertos, brilhando intensamente na faixa visível e de rádio das ondas eletromagnéticas, eles foram chamados de quasares - como uma estrela fontes intenso emissão de rádio. NO nosso dias conhecido já sobre vinte mil quasares, muitos a partir de que brilhantemente brilhar por muito pouco se não no tudo comprimentoseletromagnético ondas - de raio-x para a banda de rádio.

Outra característica dos quasares é a variabilidade de seu brilho com um período de vários meses o que Ele fala cerca de emergência compacidade esses objetos. Se um gostaria elas eram enormes ilhas estelares como galáxias, seu brilho não é de forma alguma caso não poderia mudar periodicamente, porque para sincronizar o "trabalho" de bilhões de estrelas fundamentalmente impossível. Consequentemente, quasares - isto é sólido celestial corpo, o que, por exemplo, são as estrelas. A sincronicidade da mudança também indica que eles o diâmetro não pode ser superior a um ano-luz. Parece muito estranho imagem: o objeto é inferior em tamanho à galáxia por centenas de milhares de vezes, e ao mesmo tempo brilha como Gentil cem galáxias. E Apesar eles tamanhos, sobre tudo probabilidade, visivelmente superam em número diâmetro solar sistemas, sobre espaço padrões isto é tudo é igual a insignificante alguns. A propósito, na faixa de rádio, não mais de 1% dos quasares irradiam, e nos espectros de muitos deles, como já Foi dito que é possível detectar não apenas raios X, mas também raios gama duros. Tudo quasares - muito antigo Educação e localizado extremamente longa distância, no distâncias de centenas de milhões e até bilhões de anos-luz, e a idade dos mais dilapidados bastante comparável Com era universo e atinge 13 bilhão anos.

o que mesmo fonte assim poderoso eletromagnético radiação, e no tudo comprimentos de onda de uma só vez? A maioria dos especialistas concorda que os quasares representam são buracos negros supermassivos que absorvem vorazmente a matéria de seus arredores. meio Ambiente. Carregada partícula, capturado gravidade Preto furos, estão acelerando antes da altas velocidades, o que leva a intensa radiação eletromagnética. Substância cai na superfície do buraco negro em uma espiral estreita, formando uma acreção disco, lado de dentro o qual Rapidez partícula, overclock campo gravidade, Aproximando para a velocidade da luz e a temperatura na parte central do disco atinge 100.000 graus Celsius. Kelvin. Por direção para periferia disco temperatura cai, é por isso quasar simultaneamente irradia dentro amplo variar eletromagnético ondas - a partir de radiação infravermelha e luz visível a fótons de raios X de comprimento de onda curto e difícil quanta gama. Poderoso magnético campo captura carregada partículas e adicionalmente os torce, formando jatos - feixes estreitamente direcionados, uma espécie de fontes que saem dos pólos na velocidade da luz e se estendem por centenas mil leve anos. Interagindo Com interestelar gás partículas jatos vir a ser fonte ondas de rádio

Na era dos quasares, o processo de nascimento das galáxias estava em pleno andamento, então o material havia muito ao redor. Buracos negros supermassivos se alimentavam perfeitamente naquela época e, portanto, brilhou exclusivamente brilhante. No entanto Através dos algum Tempo eles tive puxar para cima cintas e ir em uma dieta. Assim, os quasares podem ser considerados como um certo palco dentro vida supermassivo Preto furos: não sem razão eles, Como as regra descobrir no distâncias dentro milhares megaparsec, no a maioria fronteiras observável Universo. Não deve esquecer, o que leve a partir de a maioria distante quasares voou para terreno observador muitos bilhões de anos, então nós os vemos como eles eram em sua juventude. Necessário acreditam que hoje eles há muito temperaram seus apetites e vivem pacificamente em núcleos calma galáxias. Mas semelhante consideração Tem e marcha ré força, é por isso deve Olhe mais de perto Olhe mais de perto para nosso mais próximo meio Ambiente - afinal O universo é conhecido por ser isotrópico e homogêneo. Você olha, e há nas proximidades resfriado quasares-fantasmas, sentaram-se em rações de fome. Aliás, tais objetos são de fato existir - lembrar cerca de supermassivo Preto furos dentro núcleos galáxias.

Para que você, leitor, possa Imagine estoque de vital forças jovens quasares, vamos citar professores Moscou Fisica de engenharia Instituto (MEPHI) A PARTIR DE. G.Esfregar.

...

A propósito, energia, que média quasar irradia por me dê um segundo, o suficiente gostaria por fornecendo eletricidade à Terra por bilhões de anos. E um recordista, com o número S 50014 + 81, emite luz 60 mil vezes mais intensa que toda a nossa Via Láctea com sua centenas bilhão estrelas!

Acabemos com esta nota importante e passemos à discussão de questões relacionadas com Com a evolução do universo.

Senhor Isaque newton, formulado lei mundo gravidade, acreditava universo homogêneo, sem fim dentro espaço e inalterado dentro Tempo(estacionário). Espaço deterministas representado você mesma fabuloso depurado e relógio funcionando perfeitamente, onde o círculo uniforme das luminárias obedece a leis matemáticas estritas. O modelo do universo estacionário parecia simples, lógico, internamente consistente e, portanto, sobreviveu com sucesso até o início Século XX. O espaço em que se deu o curso dos mundos foi concebido como euclidiano, ou seja, apartamento. Teremos uma discussão separada sobre nós geométricos nas seguintes capítulos, aqui vou lembrá-lo, leitor, o que é o espaço plano. No espaço Euclides, por um ponto fora de uma linha, uma e apenas uma linha pode ser desenhada, paralelo ao dado (o famoso quinto postulado), e a soma dos ângulos do triângulo é 180 graus. isto a maioria habitual espaço, Com que nós responsável por colidir diário. Quanto à idade do universo, não havia unidade entre os camaradas: alguns acreditavam mundo criada dentro incompreensível demiúrgico Aja, uma outro pensamento o que ele existe para todo sempre. Um palavra, iluminado público no virar séculos vivido dentro sem limites estacionário universo, existir ilimitado por muito tempo.

No entanto, o infinito é assustador. A razão cede a essas categorias, porque eles não são apenas desprovidos de visibilidade, mas também pecam com inúmeras inconsistências. É claro, você sempre pode moldar uma metáfora adequada, e então tudo parece se encaixar. Foi, Digamos tal lindo Oriental parábola: "Longe no borda Sveta sobe uma enorme montanha de diamantes, atingindo seu pico até o céu. Uma vez em mil anos um pequeno pássaro pousa no topo desta montanha para afiar o bico. Quando o pássaro está desmamando montanha até a base, um momento de eternidade passará. Quem discute, disse graciosamente e com gosto, mas na verdade é apenas uma ilusão de compreensão. É claro que mais cedo ou mais tarde o pássaro chegará à base da montanha, embora tenha que gastar muito tempo e esforço. Assim, a inconcebibilidade da eternidade não desapareceu, ela simplesmente se mudou para o inimaginável.distante

Parábolas são parábolas, mas o modelo do Universo estacionário, infinito no tempo e espaço, há deficiências muito mais graves. Se as coisas fossem limitadas inaceitabilidade psicológica da categoria do infinito, tal ninharia pode Seria bom fechar os olhos. O problema é que o postulado de um universo que existe ilimitado por muito tempo, se deparou no insolúvel contradição. Eternidade posso como uma linha reta geométrica que se estende em ambas as direções - tanto no passado quanto no futuro. Em outras palavras, não tem começo nem fim. Mas, neste caso, qualquer ponto no tempo arbitrariamente escolhido (por exemplo, hoje) O universo já *existe* infinitamente longo. Consequentemente, todos os processos que ocorrem nele deveriam há muito tempo completo e o universo deve permanecer em um estado de equilíbrio absoluto. No entanto, observações astronômicas atestam irrefutavelmente que o mundo está constantemente evoluindo e evoluindo rapidamente. Quando olhamos através de um telescópioolhamos para o passado distante do universo e vemos que 10 bilhões de anos atrás não era o mesmo de hoje. Por favor, diga-me, de onde vem a evolução se temos por de volta incalculável quantia anos? Nós já não falando cerca de volume, o que eternidade sobre definição não pode ser ser Exausta - no então ela é e eternidade. Então Como as mesmo ela é gerenciou engatinhar antes da nosso dias?

A situação não é melhor com o infinito no espaço. Em 1823, o alemão astrônomo Henrique Olbers Publicados trabalhar Com crítica modelos sem fim universo estacionário. Ele raciocinou da seguinte forma. Primeiro formulamos três pré-condições: 1) a extensão do Universo é infinita; 2) o número de estrelas também é infinito, e eles são distribuídos uniformemente no espaço; 3) todas as estrelas têm, em média, a mesma luminosidade. Nós iremos o que mesmo, bastante razoável fundo. MAS agora vamos ver, o que no nós ter sucesso. Mentalmente colocação solar sistema dentro Centro, Olbers dividido tudo o espaço além dele em uma série de camadas concêntricas, ou esferas. O universo tornou-se assemelha-se a uma cebola. Deixe a camada B ficar três vezes mais longe que a camada A. Então o volume da camada B será 9 vezes maior que o volume da camada A ($Z^2 = 9$), pois os volumes das camadas aumentam proporcionalmente o quadrado da distância de cada camada do centro. Se as estrelas estiverem uniformemente "manchadas" sobre todos camadas (premissa 2), então camada NO, de quem volume dentro 9 uma vez mais volume camada MAS, vai ser conter dentro nove uma vez mais estrelas. A PARTIR DE outro mão, luminosidade Individual estrelas diminuindo proporcional ao quadrado da distância, da qual se segue que o brilho de cada estrela na camada B sob a condição de sua igual luminosidade (premissa 3) será $(1/3)^2 = 1/9$ do brilho de um indivíduo estrelas da camada A. Mas há exatamente 9 vezes mais estrelas na camada B! Em outras palavras, a luminosidade das camadas A e B será completamente idêntica, e o sistema solar receberá dessas camadas igual quantidade de luz.

A mesma imagem é verdadeira para todas as outras camadas, e como seu número infinitamente (premissa 1), então o firmamento deve brilhar com um brilho insuportável mesmo à noite. Céu vai virar dentro 1 contínuo gigantesco Sol, o que dentro realidade não observado.

Olbers sugerido o que leve, indo para nós a partir de distante estrelas, enfraquece devido a absorção em nuvens de poeira localizadas em seu caminho. No entanto, este contra-argumento também é insustentável, uma vez que as nuvens devem aquecer gradualmente e, eventualmente, começar a brilham tão intensamente quanto as próprias estrelas. A única maneira de resolver o paradoxo Olbers (também chamado de paradoxo fotométrico) consiste na suposição de que o número estrelas expresso como valor final.

Outro paradoxo, recebido título gravitacional paradoxo ou paradoxo Seeliger, baseado em lei mundo gravidade de Newton.

Lembre-se, leitor, que, de acordo com essa lei, os corpos se atraem com força, diretamente proporcional trabalhar eles massas e de volta proporcional quadrado distâncias entre eles. MAS porque o estrelas não distribuído estritamente uniformemente no fixo distâncias amigo a partir de amigo, então balanços densidade dentre estelar população levará inevitavelmente ao fato de que mais cedo ou mais tarde eles se reunirão em uma pilha. Entre a propósito, isto conclusão feira e por final estacionário Universo. Verdade, Eu mesmo newton pensamento o que conceito sem fim Universo permite evitar isto paradoxo Porque o que sem fim número estrelas, distribuído mais ou menos uniformemente, Nunca não juntar dentro ponto, Então Como as dentro sem fim espaço Não dedicada Centro. Preservado até seu carta para Ricardo Bentley no isto tema.

Claro, Sir Isaac estava enganado, como seu compatriota Stephen Hawking escreveu bem em livro "Uma breve História do Tempo":

...

Esses raciocínio - exemplo Ir, Como as facilmente entrar numa bagunça, conduzindo conversas cerca de infinidade. Em um universo infinito, qualquer ponto pode ser considerado o centro, pois de acordo com Ambas lados a partir de sua número estrelas infinitamente. Apenas Muito de mais tarde Entendido o que mais a abordagem correta é tomar um sistema finito em que todas as estrelas caem umas sobre as outras, esforçando-se para o centro, e veja quais serão as mudanças se você adicionar mais e mais estrelas, distribuído aproximadamente uniformemente fora considerado áreas. Por lei

Newton, estrelas adicionais, em média, não afetarão as iniciais de forma alguma, ou seja, estrelas cairão na mesma velocidade para o centro da área selecionada. Quantas estrelas nós não importa o que aconteça, eles sempre tenderão para o centro. Hoje em dia sabe-se que a interminável estático modelo Universo impossível E se gravitacional força sempre permanecer forças atração mutua.

Então o caminho estacionário modelo sem fim Universo acabou inoperável, Porque o que não correspondia atento dados. Mas E se O universo tem dimensões finitas, surge imediatamente a questão sacramental: o que está localizado além de sua borda? O grande físico alemão Albert encontrou uma saída Einstein quando dentro 1915 ano Publicados teoria, que hoje chamado em geral teoria relatividade (OTO). Ele sugerido o que encadernador link entre gravidade e espaço-tempo é geometria. Foi uma verdadeira revolução dentro física: dentro estrutura em geral teorias relatividade espaço-tempo pensamento não plano, como era considerado desde tempos imemoriais, mas curvo sob a influência do massas e energias. Isso é fácil de entender a partir de uma simples analogia. Corpos materiais dobram espaço-tempo, Curti para isso Como as pesado bola causas deflexão esticado filmes ou borracha Folha. No tal torcido superfícies bola quarto dois uma massa menor não poderá mais se mover retilínea e uniformemente: ou rolará buraco, educado pesado bola (será atraído para dele), ou vai mudar trajetória seu movimento. Semelhante caminho este é o caso um negócio e Com celestial corpos: por exemplo, o movimento orbital da Terra não é devido à atração gravitacional do Sol, mas pelas características da métrica espaço-tempo. A menor distância entre dois pontos no espaço curvo não será uma linha reta, mas a chamada geodésica, mais Total relevante direto linhas dentro habitual apartamento espaço Euclides. Assim, a gravidade na teoria da relatividade geral é considerada como uma consequência curvatura espaço-tempo, uma matéria não aninhado dentro vazio caixa, Onde Tempo e espaço vivem independentemente, mas forma uma unidade inseparável com eles. Se de Universo tirar tudo matéria Tempo e espaço também não vai ser.

Todo mundo provavelmente já se deparou com uma linha geodésica. Quando um avião faz voo longo (por exemplo, de Moscou a Vladivostok), o despachante pergunta aos pilotos uma rota que não corre em linha reta, mas ao longo de um grande arco de círculo, que é apenas e será uma linha geodésica. Assim, foi encontrada uma saída para o impasse lógico. Embora o universo seja finito, é ao mesmo tempo infinito, assim como não tem fronteiras superfície esferas. É claro visualmente Imagine isto é difícil, mas posso recorrer para bidimensional analogias. Se um no superfícies esferas viver hipotético criaturas planas inconscientes da terceira dimensão, eles nunca descobrirão as bordas seu universo, Apesar ela é Tem bastante final tamanhos. Superfície esferas é descrito pela geometria de Bernhard Riemann, na qual as linhas paralelas se cruzam, e a soma dos ângulos de um triângulo é maior que 180 graus. A curvatura do espaço depende da média densidade da matéria no universo. Em algum valor crítico de densidade, a curvatura torna-se positivo, e o espaço do Universo fecha-se sobre si mesmo, formando hiperesfera de quatro dimensões, cujo análogo em três dimensões é a superfície da bola Ou um balão de bebê. O famoso físico inglês James Jean escreveu: cerca de isto:

...

Universo, retratado teoria relatividade Einstein semelhante inchado bolha de sabão. Ela é - não seu interior, uma filme. Superfície bolha é bidimensional, e a bolha do Universo tem quatro dimensões: três espaciais e 1 - temporário.

O geometria Paz nós nós vamos conversa mais não uma vez dentro capítulos subsequentes.

Então, fotométrico paradoxo recebido lindo permissão. Universo Einstein finito (Apesar não Tem fronteiras), é por isso paradoxo Olbers removido Eu mesmo você mesma. No entanto, apesar de no avanço verdadeiramente revolucionário personagem dentro compreensão natureza espaço e Tempo seu modelo permaneceu estacionário, é por isso o paradoxo gravitacional continuava a pairar sobre ela como uma espada de Dâmocles. O que quer que fosse gravidade em sua essência - a interação de corpos gravitacionais ou a manifestação de uma métrica espaço-tempo, matéria, o preenchimento finito volume, devo inevitavelmente puxar para um ponto. Para salvar sua teoria, Einstein foi forçado a introduzir nas equações o chamado termo lambda, a constante cosmológica, que resistiu às forças mundo gravidade, efetivamente "empurrando" matéria. este enigmático força não gerado algum fonte, mas foi construídas em congeladas dentro ela própria estrutura espaço-tempo. Por Einstein universal força repulsão dentro precisão equilibra a atração de todas as outras matérias. Precisa dizer, aquele Einstein não suportou o lambda, sabendo muito bem que não é nada além de um deus do carro, hipótese ad hoc (para este caso), e posteriormente chamada de introdução da teoria cosmológica constante maior erro da minha vida. E, de fato, muito em breve dela tive recusar. No entanto, despedida Com desagradável lambda passado bastante indolor.

O modelo estacionário de Einstein não durou muito. Matemático de Petrogrado MAS. MAS. Friedman dentro 1922-1924 anos sinceramente mostrou o que equações em geral teorias relatividade permitir sobre extremo ao menos de várias não estacionário soluções. Subseqüentemente Ele revelou, o que imóvel estático modelo Einstein inevitavelmente torna-se não estacionário, ou seja, o Universo deve expandir ou contrair. Para ser justo, deve-se notar que alguns anos antes de Friedman, em 1917, Holandês astrônomo fatura de Babá também proposto dinâmico modelo universo em expansão, mas ele trabalhou com espaço vazio ideal, enquanto Friedman espeto retorcido real modelo, preenchidas substância. Sobre Ideias Babá (muito frutífero e muito à frente seu tempo) eu eu vou contar um pouquinho mais tarde.

Friedman sugeriu que o mundo como um todo não é apenas homogêneo, mas e um meio isotrópico, ou seja, um dentro para os quais não há direções designadas. isto foi uma tese muito clarividente, porque na realidade este é o caso caminho. Grupos e aglomerados galáxias verdade crio confidencial heterogeneidades, mas apenas a distâncias relativamente próximas. Se mudarmos de uma vez escala e destaque no volume da parte observável do Universo (lembre-se: é comumente chamado Metagalaxy) um cubo com um lado da ordem de 300 - 1000 Mpc (megaparsec), então veremos que grande escala estrutura Universo é diferente Alto grau homogeneidade e isotropia. Teoria Friedman diz o que estática inevitavelmente É substituído dinâmica, além disso, a dinâmica de uma propriedade bem definida - galáxias e aglomerados de galáxias não tenho direitos ser dentro Paz, mas devo espalhar co Rapidez, diretamente proporcional distância entre eles. NO isto é significativo diferença Modelos de Friedman de script de babá: em cálculos universo astrônomo holandês expande exponencial, ou seja Com aceleração.

A decisão de Friedman foi aceita pela primeira vez com hostilidade (inclusive pelo próprio Einstein), mas ótimo físico rapidamente revisto seu ponto de vista. Isto é o que lemos no artigo Alberta Einstein, publicado em 1923 ano:

...

NO anterior Nota EU expor crítica nomeado acima de trabalhar (Trabalhar Friedman chamado "O curvatura espaços." - *EU. Sh).* No entanto minha crítica, Como as EU certificou-se a partir de cartas Fridman, relatado para mim anão Krutkov, Sediada no erro dentro cálculos. Considero os resultados do Sr. Friedman corretos e lançam uma nova luz. Acontece que as equações de campo permitem, junto com as estáticas, também as dinâmicas. (então há variáveis relativamente Tempo) centralmente simétrico soluções por estruturas espaço.

Uma carta rara da qual é notavelmente claro quem é xy. O físico número um tinha vergonha de admitir publicamente seu erro, do que se segue que ele não considerou sua equações famosas como a verdade suprema como o decálogo do Antigo Testamento (dez mandamentos, recebido Moisés no pesar Sinai a partir de mãos dentro braços a partir de O Criador Total ser).

A solução de Friedman significava que o Universo não é apenas finito no espaço, mas também teve um começo no tempo. O início do mundo deve estar em um ponto especial - uma singularidade (de latim singular - "especial, separado"), Onde curvatura espaço-tempo torna-se infinito, e os próprios conceitos de tempo e espaço perdem todo o significado. A matéria espremida em um ponto com dimensão zero deve ter uma dimensão infinitamente grande. densidade e temperatura. Para saber sobre o que era antes, o que precedeu singularidade, não Tem não senso, por não "antes da" muito simples não existia. Os acontecimentos a que assistimos hoje nada têm a ver com o facto de ocorreu antes do Big Bang, quando o Universo de repente saiu da inexistência. Quão com sucesso colocá-lo era uma vez famoso doméstico cosmólogo EU. B. Zeldovich, "Era Tempo, quando Tempo não Era". É por isso nós temos completo certo tirar proveito famoso "navalha Ockham" (não deve multiplicar número entidades em excesso de necessário) para eliminar perguntas inapropriadas. Até o momento do "zero" (ou seja, o Grande explosão) não Era nenhum Tempo nenhum espaço. Parcialmente isto é recorda pagão cosmogonia dos antigos, quando a eternidade imóvel se transforma em Tempo.

não estacionário soluções Friedman sugerir três opção desenvolvimento eventos. A primeira opção: a curvatura do espaço é zero (a densidade média da matéria no Universo em precisão é igual à densidade crítica), ou seja, espaço euclidiano tridimensional, um análogo o qual - avião, expande ilimitado. Segundo opção: espaço Tem curvatura positiva (a densidade média da matéria excede a densidade crítica), é por isso mundo representa você mesma final sobre volume, mas ilimitado hiperesfera, inflando como o balão de uma criança ou bolha de sabão. Porque o a densidade da substância é maior que a crítica, mais cedo ou mais tarde a expansão irá parar e ser substituída compressão (expansão substâncias Pare força gravidade). Terceiro opção: curvatura o espaço é negativo (a densidade média da matéria é menor que a densidade crítica), portanto, como na primeira variante, o mundo se expande indefinidamente, apenas sua forma não é apartamento, uma representa você mesma pseudoesfera ou hiperbolóide, análogo que dentro dois Medidas é superfície selas. Tal Universo descrito geometria Lobachevsky, onde a soma dos ângulos de um triângulo é menor que 180 graus, e através de um ponto situado fora direto, posso gasta Quantos qualquer reta, paralelo dado.

É muito curioso que os cálculos teóricos de Friedman e Sitter tenham a época em que a astronomia observacional gradualmente acumulou evidências de que nossa Universo, apesar de modelos Einstein de jeito nenhum não estacionário, uma continuamente evolui. Tudo começou Com Ir, o que americano astrônomo Weston Slifer no por todo dez anos (começo Com 1912 Do ano) pacientemente fotografado espectro nebulosas extragalácticas. Naquela época, ninguém sabia que na realidade eles presente você mesma gigantesco estelar ilhas Curti nosso galáxias e mentira inimaginavelmente longe da Via Láctea. Slipher começou a calcular seu raio Rapidez, então há instalar, Aproximando elas para nosso Galáxia ou, vice-versa, estão removidos a partir de sua. NO seus cálculos ele inclinado no a muito tempo atrás famoso Efeito

Doppler qual o, Eu acho para você, leitor, sinal não Então Bom, Como as americano astrônomo. Portanto vou fazer um pouco retiro.

austríaco físico cristão Doppler aberto Efeito, nomeado subseqüentemente seu nome, muito tempo atrás - em 1842. Provavelmente, poderia ser encontrado antes, mas é assim que uma pessoa é organizada - muitas vezes olhamos, mas não vemos. Os psicólogos dizem o que tudo culpa especificidades nosso percepção, que prefere Empurre a partir de coisas bem conhecidas e francamente ignora tudo o que é incomum. Por homem das árvores não vê o bosque. Quão gostaria lá nenhum Era, mas dizer, o que Claude Monet, 1 a partir de fundadores impressionismo, foi primeiro artista, quem virou Atenção nofamoso Londres névoa. Gerações Britânico até não suspeito o que dentro eles Atmosfera britânica, supersaturada com as menores partículas de carvão, nada acontece bastante especial. Mas então um estranho apareceu com um olho sem nuvens e imediatamente escreveufoto "Ponte waterloo (Efeito névoa)", que literalmente arado altivo ilhéus.

A PARTIR DE efeito Doppler um negócio este é o caso dentro precisão Então mesmo. Se um passado vocês sobre autoestrada um carro passa correndo com a sirene ligada e, ao se aproximar, o sinal sonoro soa cada vez mais alto, mas assim que ela alcança você, o som imediatamente cai uma oitava inteira e então (sobre a medida remoção) torna-se tudo mais graves. Este mesmo a maioria posso observar noplataforma da estação: o apito de um trem que se aproxima teimosamente sobe, mas quando ele voa, o tom da buzina pula de alto a baixo. A essência do efeito mentiras no superfície, por som - isto é alternância compressões e rarefação ar, uma a distância de uma região de compressão para outra nada mais é do que o comprimento de onda. Quão quanto maior o comprimento de onda, mais baixo o som, e quanto mais curta a onda, mais alto o tom do som. Se um fonte som (dentro dado caso - Comboio) em movimento sobre direção para para você, então no comprimento unitário é responsável por um maior número de ondas - a onda "paliçada" torna-se mais perto. Se a fonte for removida, a imagem será exatamente o oposto. - comprimento ondas começa crescer. Então o caminho comprimento ondas, emitido fonte, depende não só de propriedades fonte, mas também da sua velocidade.

A luz, como o som, também tem uma natureza ondulatória e é uma vibração (ou ondas) do campo eletromagnético. Intervalo de frequências percebidas pelo olho humano (visível região espectro), mentiras entre vermelho leve Com comprimento ondas 740 nm (nanômetros, ou bilionésimos de metro) e luz violeta com comprimento de onda de 400 nm. Percebemos a radiação infravermelha de onda longa como propagação de calor de corpos aquecidos e ondas de rádio situadas no extremo certo partes eletromagnético espectro. Região curto ondas apresentado radiação ultravioleta, raios X e gama (à medida que o comprimento de onda diminui). Assim, tanto os raios gama quanto a luz visível e as ondas de rádio estão em sua natureza por radiação eletromagnética e diferem apenas no comprimento ondas, ou a frequência de oscilações por segundo. Quanto maior a frequência de oscilação, menor o comprimento ondas, e vice versa.

Na faixa óptica, a luz vermelha tem o comprimento de onda mais longo, seguido por laranja, amarelo, verde, azul, índigo e violeta são os comprimentos de onda mais curtos em visível áreas espectro. Se um fonte Sveta em movimento sobre direção para nós, então distância entre cristas próximo amigo por amigo ondas diminuirá uma frequência flutuações aumentarão de acordo. Como resultado, todas as linhas se deslocarão para a extremidade roxa. espectro na mesma proporção. Podemos dizer que a luz de uma estrela se aproximando de nós um pouco ficará azul. No remoção objeto a partir de observador surge opostoimagem: o intervalo entre as cristas das ondas aumenta e a frequência das oscilações diminui. linhas são deslocados para a parte vermelha do espectro, e a luz da estrela que parte se torna avermelhada sombra. Assim, no primeiro caso, temos um deslocamento roxo, e no segundo - vermelho. O valor que tendência comparar Com posição linhas dentro espectro imóvel fonte.

Weston Slifer analisado espectro 40 galáxias e veio para conclusão o que a maioria deles está se afastando de nós, e em velocidades muito altas - da ordem de centenas e até mil quilômetros dentro me dê um segundo. este facto seu muito intrigado porque o Onde seria mais natural detectar uma propagação caótica na direção de suas velocidades. Se você Jogue uma moeda 40 vezes, é altamente improvável que ela dê cara 35 vezes seguidas. Tais truques são simplesmente proibidos pela teoria da probabilidade. E quanto mais dimensões gasto Slifer, tópicos mais estranho tomou forma quadro, por magnitude vermelho o preconceito aumentava de tempos em tempos. A situação foi agravada pelo fato de o astrônomo americano, como lembramos, não fazia ideia da natureza extragaláctica de seus objetos: ele os considerava nebulosas, localizado em nosso Galáxia.

Quando em meados dos anos 20 do século passado foi possível provar que as nebulosas Slifer dentro realidade não o que outro Como as enorme estelar ilhas, deitado longa distância por além da Via Láctea, a respiração ficou mais fácil. Assim que o objeto for encontrado imediatamente dois incomum propriedades - anormal Rapidez e atípico localização - posso contar, o que entre eles existe algum conexão. trabalhar Slifera contínuo outro astrônomos, e Através dos um curto Tempo no eles dentro mãos já foi uma lista impressionante de nebulosas extragalácticas com vários níveis de vermelho Deslocamento. Primeiro sorte sorriu dentro 1929 ano nosso velho conhecimento Edwin Hubble, que na verdade era advogado por formação, e se interessou por astronomia mais tarde. Comparando um com o outro a velocidade das galáxias descobriu um simples padrão: do que Quanto mais distante uma galáxia está localizada, mais rápido ela se afasta de nós. Outros palavras Rapidez galáxias diretamente proporcional eles distância a partir de terreno observador, que é expresso pela relação $v = Hr$ onde v é a velocidade de remoção, r é a distância da galáxia para a Terra, e H é o coeficiente de proporcionalidade, que posteriormente recebeu título constante Hubble sobre a primeira letra de seu sobrenome (Hub).

Devo dizer que o Hubble teve muita sorte. Ele derivou sua lei observando galáxias que estão a apenas 1-2 milhões de parsecs (megaparsec, ou Mpc) de nós, então como se sabe hoje que em distâncias tão comparativamente pequenas sua lei funciona, suave ditado não importa, porque o perto galáxias "amarrado" forças gravidade. Assumindo o que a maioria brilhante estrelas outros galáxias (supernovas e novo) tenho cerca de o mesmo luminosidade, ele comparado eles média absoluto estelar valor Com visível brilho e dentro resultado recebido muito grande valor coeficiente - cerca de 400-500 quilômetros por segundo por megaparsec. Além disso, naquela época distâncias antes da mais próximo galáxias nós estamos calculado muito não exatamente: quando dentro meio século passado revisou a escala de distâncias intergalácticas, as galáxias mais próximas tiveram que ser movidos duas vezes mais longe, e os mais distantes aumentaram sua "separação" em 6 a 7 vezes. É de se admirar, então, que Hubble estivesse errado em seus cálculos por quase uma ordem de magnitude? O valor atual de sua constante, calculado com base em métodos modernos e com ajuda muito confidencial equipamento Curti orbital sondar Wilkinson é 71 quilômetros dentro me dê um segundo no megaparsec.

Deve tenho dentro mente o que galáxias estão se movendo caoticamente, dentro a maioria diferente instruções, dentro volume Incluindo e através feixe visão. Claro, o que tal ter eles velocidades, chamadas peculiares, não devem ser levadas em consideração. Lei Hubble funciona só Com radial velocidades, média sobre grande número galáxias, localizado no o mesmo distância a partir de nós. Exatamente sobre isto razão ele praticamente inadequado para galáxias próximas, uma vez que suas velocidades radiais são relativamente pequena. Portanto, é necessário separar a velocidade devido ao deslocamento de Hubble, a partir de Individual (peculiar) raio Rapidez, que pode ser ser muito significativo. Por exemplo, local Grupo moscas Como as solteiro todo dentro lado aglomerados Centauri a mais de 600 quilômetros por segundo. Mas quanto mais distante ou outro galáxia, tópicos mais sua Hubble radial Rapidez e tópicos menos contribuição dentro sua valor é introduzido pela velocidade individual da galáxia. Assim, a lei mais confiável Hubble realizado no distâncias sobre 200 MPC (200 milhão parsec), uma por definições distâncias antes da galáxias próximas Melhor desfrutar Cefeida escala.

Pareceu gostaria, a maioria exato valores distâncias lei Hubble devo dar por a maioria distante galáxias, mas isto é não de forma alguma assim. Um negócio dentro volume, o que magnitude vermelho tendência no distante objetos assim significativo o que no cálculos dá Rapidez remoção mais rápida que a velocidade da luz. Portanto, ao calcular as velocidades dos mais distantes objetos (por exemplo, quasares) precisar trazer emendas previsto especial teoria relatividade, e então Fórmula adquire mais difícil Visão (nós sua dirigir não nos tornaremos). Constante Hubble - fundamental constante, e importância sua refinamento adicional é óbvio, uma vez que está intimamente relacionado à idade nosso universo. Se "rolarmos" mentalmente o movimento das galáxias para trás, chegaremos a a um momento em que a distância entre eles era insignificante. Toda a matéria vai encolher ponto, e o universo deixará de existir em sua forma atual. De fato, A pesquisa de Hubble, juntamente com o trabalho de Friedman, Sitter e outros teóricos, serviu ponto de partida para a criação do modelo do Big Bang, segundo o qual nosso mundo houve um começo no tempo. De acordo com dados modernos, a idade do universo é estimada em 13,7 bilhão anos.

Entre a propósito, a partir de Hubble lei hastes curioso consideração visão de mundo personagem. Porque o Rapidez Sveta - máximo a partir de tudo velocidades possíveis, deve haver objetos que estão tão distantes de nós quanto que a luz emitida por eles jamais chegará ao observador terrestre. Em outras palavras, ao observações astronômicas em ondas de qualquer comprimento, há um certo limite físico além que penetram dentro princípio é impossível. As leis inexoráveis da natureza esboçam a área acessível aos nossos dispositivos é um limite idealmente vazio, mas intransponível, portanto é completamente sem sentido perguntar se existem objetos ou seus lá não. Nós eles tudo é igual a Nunca não veremos por horizonte eventos - muito importante conceito dentro cosmologia - corta nativo "nosso" a partir de droga Paz puro-sangue Onde mais confiável Cortina de Ferro Soviética. "Lá, sob as nuvens - eternidade ", disse o herói Saint-Exupery, voando ao leme de um dilapidado enfeite sobre uma camada de nebulosidade contínua, debaixo que empilhado rochoso costelas ibérico montanhas

Quantidades vermelho deslocamento, medido no distante galáxias e quasares, deram velocidades tão altas que era hora de duvidar da validade da lei de Hubble. NO 1928 mediu a velocidade radial da galáxia NGC 7619 e obteve um resultado da ordem 3.800 quilômetros por segundo, e no início dos anos 60 do século passado, foram descobertos objetos que cuja velocidade atingiu 40 mil quilômetros por segundo, ou seja, mais de 1/8 da velocidade Sveta. É com essa velocidade que o quasar ZS 273, descoberto em 1960, está se afastando de nós. Mas isto é nós estamos mais flores, Porque o que já muito breve, dentro 1965 encontrado quasares Com magnitude z
= 3,5 (valor z caracteriza vermelho tendência espectral linhas). isto foi monstruoso, fantástico valor, por vermelho tendência primeiro quasares não ultrapassou 0,36 e foi sempre inferior a um. Os espectros de tais quasares mostram distante ultravioleta linha, mudou-se dentro visível papel espectro devido a enorme vermelho Deslocamento. Se um gostaria não fenômeno vermelho deslocamento, elas gostaria Nunca não foram descobertos porque o terreno atmosfera totalmente absorve ultravioleta raios. O radioastrônomo holandês Martin Schmidt, que trabalhou na Califórnia e descobriu isto único quasar, descobrir o que seu Rapidez é 81% Rapidez Sveta (aproximadamente 243 mil quilômetros por segundo). Com o tempo, o número de tais objetos foi por centenas. O quasar mais distante até hoje foi encontrado em $z = 6,43$, do qual segue-se que a velocidade de sua remoção se aproxima da velocidade da luz e é igual a 288 milhares quilômetros dentro me dê um segundo. Distância antes da isto quasar é 13 bilhão leve anos, a idade do universo no momento em que emitiu a luz era de 880 milhões anos (dentro nosso dias - aproximar quatorze bilhão anos), uma sua o tamanho dentro este Tempo não excedido 0,14 a partir de

moderno. Mas o que caminho gigantesco objetos, comparável sobre massa Com nosso Uma galáxia que pode se mover em velocidades tão fantásticas? Que força dáeles assim incrível aceleração? Para responder no esses perguntas, necessário descobrir Com fisica a natureza do redshift.

Depois Ir Como as Edwin Hubble formulado minha lei, a partir de estacionário modelos Tive que desistir de uma vez por todas. Ficou claro que o universo é um complexoestrutura dinâmica que está em constante evolução. As galáxias estão se afastando baratas quando você acende a luz da cozinha no meio da noite, e a taxa de remoção aumenta proporcional à distância a que essas galáxias estão de nós. Caso existam uma galáxia está duas vezes mais longe de nós que outra, então ela se moverá duas vezes mais rápido. A propósito, deve-se ter em mente que não são as estrelas que se espalham, e nem mesmo indivíduos galáxias, mas aglomerados de galáxias. Digamos que as galáxias que fazem parte do Grupo Local, não tem pressa de se separar um do outro. Além disso, muitos deles, ao contrário, convergem, pois, por exemplo, a galáxia de Andrômeda e nossa Via Láctea, que voam na direção oposta cursos a uma velocidade de 120 quilômetros por segundo. O fato é que a expansão do Universo como um todo não afeta (se falamos muito estritamente - praticamente não afeta) o movimento objetos conectados por forças gravitacionais em um único sistema. O grupo local é apenas tal gravitacionalmente sistema estável.

Mas se a velocidade da recessão de galáxias distantes é diretamente proporcional à distância eles, e uma imagem semelhante é deprimentemente monótona, em que direção você olha, há uma pergunta razoável: não estamos neste caso no centro do universo? Se solar sistema nesse sentido, francamente azar (como você sabe, vegeta no quintal Via Láctea), então, talvez, pelo menos nossa Galáxia seja o centro do universo? Tal conclusão certamente aqueceria a alma de muitos, porque o antropocentrismo está em nosso fígados. Infelizmente, tem que vocês, leitor, decepcionar: primeiro peculiaridade global expansão do Universo reside justamente no fato de não ter um centro dedicado. Friedman entendeu isso quando ofereceu seu modelo ao público mais respeitável. Eleprosseguiu a partir de dois óbvio parcelas: em primeiro lugar, Universo isotrópico e homogêneo no grandes distâncias e, em segundo lugar, a mesma afirmação é verdadeira para qualquer outro os pontos dela. Em outras palavras, em qualquer uma das galáxias em que o observador se encontre, ele verá em todos os lugaresimagem incrível do universo em expansão, e sua própria galáxia aparecerá para ele imóvel Centro Paz.

Isso é fácil de explicar com um exemplo. Se você pegar um cordão de borracha amarrado com nós e estique-o, suponha duas ou três vezes, então a distância entre o par os nós vizinhos aumentarão exatamente o mesmo número de vezes. Se selecionarmos um nó em qualidade pontos referência, então Rapidez remoção outros nós vai ser crescer diretamente proporcional à sua distância. Você também pode consultar o modelo bidimensional. Vamos levar um balão infantil e colocar marcas em sua superfície. Enquanto o balão infla as marcas começarão a se espalhar em direções diferentes, mas ao mesmo tempo nenhuma delas ocupará privilegiado central disposições, uma distâncias entre eles começar crescer segundo a mesma lei proporcional. Assim, o primeiro recurso da extensão reside no fato de que todos os seus assuntos (isto é, galáxias) são completamente iguais, e dedicada centro, de quem eles disperso, ausente.

O segundo recurso da extensão já nos é familiar. Não apenas as próprias galáxias (para não mencionar já cerca de Individual estrelas ou planetas), mas até eles aglomerados presente você mesma sistemas estáveis ligados por forças gravitacionais, de modo que a expansão do Universo não afeta. Ao esticar o cordão de borracha, as distâncias entre os nós aumentam, mas não porque eles deslizam ao longo do fio. É tudo sobre propriedades elásticas borracha, uma eles mesmos nós fugir lugar algum não acho.

Daqui segue e terceiro peculiaridade extensões Universo. Dele muitas vezes representam como uma recessão de galáxias no espaço, o que é completamente errado, porque em dado caso ausência de tráfego "algo dentro algo." Posso contar, o que isto é inchaço próprio espaço, embora tal afirmação seja apenas uma metáfora, porque espaço Universo não se expande dentro algum externo sobre em direção ele volume. Para usar a terminologia de Immanuel Kant, esta é uma extensão do espaço assim, então há dentro você mesma ele mesmo. Imagine visualmente semelhante impossível, por por isto tive gostaria empate fechado no Eu mesmo esfera dentro quarto espacial medição.

Então o caminho a partir de epocal descobertas Hubble e funciona físicos teóricos seguiu-se que nosso universo, com toda a probabilidade, tem um volume finito e nasceu em algum ponto zero do tempo. Ou, para colocá-lo mais estritamente, no ponto "zero" aconteceu nascimento trigêmeos, por matéria, espaço e Tempo não poderia existir separado. Resta descobrir exatamente como os eventos se desenvolveram neste ponto singular especial. Pela primeira vez, o astrônomo belga Georges Edouard Lemaitre estava seriamente preocupado com esta questão, que em 1927 sugeriu que no ponto zero no tempo a matéria e a energia futuro Universo representado você mesma algum superdenso coágulo - seu Gentil

"cósmico ovo". NO força desconhecido razões ocorrido catastrófico explosão, espalhado matéria dentro tudo mão, e fragmentos isto mundo cataclismo nós ainda são observadas na forma de uma recessão de galáxias. O modelo do universo de Lemaitre foi física analogia teórico cálculos Friedman ou Babá, mas no isto acabou por ser mais simples e mais compreensível do que as construções abstratas de matemáticos eruditos. É por isso O astrofísico inglês Arthur Stanley Eddington tornou-se seu zeloso propagandista, e depois de algum tempo, foi voluntariamente adotado e completamente desenvolvido pelos americanos cientista russo origem Jorge Antonovich Gamov. A PARTIR DE seu leve braços modelo não estacionário do universo quente foi chamado de teoria do Big Bang e após o inevitável mas necessário retoque, continua em grande uso até hoje. Gamow propôs seu roteiro em 1948 junto com os colegas Alfer e Bethe, que fala de O bom humor de Georgy Antonovich, desde os nomes Al-fer, Bethe e Gamow maravilhoso lembrar primeiro cartas grego alfabeto. As vezes teoria Gamow chamado uma, EU, teoria y no o que, aparentemente ele e contado.

Julgamento sobre cálculos Gamow, temperatura e densidade lado de dentro espaço ovos devo nós estamos superar tudo concebível limites, mas já Através dos 1 minuto depois A temperatura do Big Bang caiu para 109-1010 graus Kelvin, e prótons e nêutrons, remanescente depois aniquilação Com antiprótons e antinêutrons (cerca de isto mais será discutido abaixo), começou a se combinar em núcleos de deutério, trítio, hélio e lítio. este processo recebido título primário nucleossíntese, e Gamow gerenciou mostrar, o que a proporção de hidrogênio e hélio observada hoje (aproximadamente 75 e 25%, respectivamente) surgiu nos primeiros segundos após o Big Bang. De acordo com seus cálculos, as estrelas de todos os tempos a existência do Universo não poderia "produzir" mais de 1% de hélio, o que não é nada parecido Essa 24-25%, cerca de que inequivocamente eles dizem astronômico observações. Então Assim, a teoria do Universo quente recebeu mais um argumento adicional em sua beneficiar.

Tudo isso é muito bom e até maravilhoso, mas chegou a hora de levar os vilões a sério e difícil perguntar no espírito de Mikhail Zhvanetsky: e por que, exatamente? Por que não sabia dor e tristeza, o ovo cósmico de repente ficou instável e explodiu? É realmente uma efeméride tão sensível que se desfaz em pó ao menor toque? Se um o ovo ainda era uma estrutura estável que viveu confortavelmente por muitos bilhões de anos, então deve ser explicado claramente quais forças desconhecidas levaram o pobrezinho a fazer uma série de repentino metamorfose.

Perguntas, desnecessário dizer, são extremamente difíceis, então os físicos teóricos propuseram em seus Tempo bastante modelos, dentro que não lavando, Então patinação tentou achatar termina Com termina. Aqui, por exemplo, está o chamado cenário hiperbólico: o Universo foi originalmente representado você mesma nuvem extremamente escasso gás, que o gradualmente condensado e aquecido debaixo influência gravidade forças. Quando gás puxado junto dentro denso coágulo, centrífugo ação Alto temperatura e pressão quebrou contração gravitacional e a substância do jovem universo espirrou em todas as direções, comoComo as um jato de vapor quente sai de baixo do lambido tampas chaleira em chamas. Assim, o Universo começa sua vida no vácuo quase absoluto, e então, passando por cima Estágio máximo densidade, novamente retorna dentro doença vazio. hiperbólico Universo descrito geometria Riemann, uma sua raio curvatura flutua em uma ampla faixa - de um mínimo no período de compressão a um máximo no período extensões. Começa com o vazio e termina com o vazio, e o estágio do ovo cósmico acontece curto intermediário palco no fundo irreversível polar mudança. menos tal modelos vire para fora irreversível estados, espaçados sobre diferente termina Linha do tempo.

Hipótese pulsante Universo privado esses deficiências. Ela é praticamente fósforos co segundo decisão equações Friedman (cm. acima de) e representa você mesma eterno oscilatório processo entre Estado ultra alto densidade e Estágio expansão máxima. Quando as forças da gravitação universal (desde que a média densidade matéria acima de crítico densidade) Pare expansão galáxias, vermelho o deslocamento mudará para roxo e as galáxias voltarão a correr umas para as outras em seus braços. As reações químicas também mudarão de sinal e os elementos pesados começarão a decair em mais simples. Em outras palavras, quando o universo encolhe em um ponto novamente, ele será novamente consiste de um hidrogênio.

Baseado em idéias modernas, o Universo após seu nascimento a partir de singularidade experimentou um estágio de curto prazo de inflação ultrarrápida - o chamado período inflacionário (discutido no próximo capítulo). Após o fim da inflação ela é passado dentro modo proporcional Hubble extensões, que transição epercebido por nós como o Big Bang. Na virada desses dois épocas campo misterioso com pressão negativa, impulsionando uma inflação não menos misteriosa, ordenou uma longa para viver, e a energia liberada deu origem a um caldo fervente de partículas elementares, que aquecido recém-nascido universo antes além temperaturas.

No entanto, modelos são modelos, mas ainda assim eu gostaria de algo mais real, que pode ser sentido à mão. Redshift, sem dúvida, faz você pensar muito, mas é apenas geometria, e não é muito fácil de entender. Mas se fosse possível encontrar algum vestígio material do início quente do Universo, então seria completamente diferente conversa. GA Gamov, o autor da teoria do Big Bang, no final dos anos 40 do século passado previsto o que Universo devo ser uniformemente preenchidas emissão de rádio faixa de milímetros com uma temperatura de 25 a 5 graus Kelvin. O assunto ficou pequena - descobrir tal radiação.

NO 1964 ano americano física Arno Penzias e Roberto Wilson, funcionários laboratórios Bela, com experiência a maioria confidencial no este momento detector ondas de microondas (detector de microondas). Para ser justo, deve-se dizer que eles eles não estavam procurando por alguma emissão de rádio desconhecida, mas estavam envolvidos em depurar equipamentos para trabalho sobre programa satélite conexões. Por testando foi selecionado aceno comprimento 7,35 centímetro, que não foi emitido por nenhuma das fontes conhecidas. Antena incluída em disposição Penzias e Wilson, foi Maravilhoso e é por isso elas nós estamos extremamente surpreso quando descoberto o que ela é constantemente Conserta estranho ruído de rádio, a partir de do qual não se podia livrar. Esse ruído era monótono e uniforme e não dependia de nenhum a partir de instruções antenas, nenhum a partir de Tempo dias, Consequentemente, seu fonte devo localizado fora da atmosfera terrestre. Além disso, não mudou mesmo durante Do ano (uma afinal Terra moscas sobre órbita por aí Sol), a partir de o que deve concluir, o que fonte radiação localizado não só por fora solar sistemas, mas e por fora da Galáxia, porque à medida que a Terra se move, o detector muda de orientação em espaço. Ironicamente, dois outros americanos, Robert Dicke e Jim Peebles, preparado procurar fundo isotrópico radiação Com temperatura abaixo de dez graus

Kelvin propositalmente, mas Penzias e Wilson, percebendo rapidamente o que estava acontecendo, relatado Sobre nós resultados antes da.

Stephen falcoaria escreve sobre isto cerca de:

...

Dicke e Peebles preparado para procurar tal radiação, quando Penzias e Wilson, sabendo sobre o trabalho de Dicke e Peebles, perceberam que já o haviam encontrado. Para este experimento, Penzias e Wilson foram agraciados com o Prêmio Nobel de 1978 (que não foi inteiramente justo, E se lembre-se de pau e Peebles, não Falando já cerca de Galera!).

Subseqüentemente microondas fundo radiação gerenciou registro e no outros comprimentos ondas - a partir de 0,5 milímetro antes da de várias dezenas centímetros. Resultado observações de longo prazo foi reduzida ao fato de que tem natureza térmica e corresponde a radiação absolutamente Preto corpo no temperatura 2.7 graus Kelvin (exato contemporâneo significado - 2.725 PARA). Dele espectro não semelhante no espectro radiação estrelas, galáxias de rádio e outras fontes possíveis, e sua intensidade é quase idêntica ao observar diferentes partes da esfera celeste, ou seja, é isotrópica e homogênea, o que é requeridos provar. soviético astrofísico E. A PARTIR DE. Shklovsky proposto nome misteriosa radiação "relíquia", e desde então o termo tem sido amplamente utilizado, embora oficial o nome dele - espaço fundo de microondas.

O que é radiação relíquia e de onde ela veio? Quando cerca de 14 bilhões anos de volta dentro resultado monstruoso explosão nasceram espaço, Tempo e matéria, Universo inicialmente foi ebulição sopa a partir de prótons, elétrons, fótons (leve quantos) e neutrinos, que violentamente interagiu entre eles mesmos. Tudo espaço recém-nascido Universo Era preenchidas sólido opaco meio Ambiente dentro Formato plasma ionizado de alta temperatura. À medida que o universo se expande, a temperatura caiu, e quando caiu para 3000 graus Kelvin, a formação de átomos estáveis. Houve, como dizem os astrofísicos, a separação da radiação da matéria, porque praticamente não interage com átomos neutros. O universo tornou-se transparente à radiação, e foi capaz de se propagar livremente. As vezes este momento é chamado de época da última dispersão. A temperatura de radiação continuou descer dentro progresso mais longe extensões universo, mas seu espectro preservado sem mudanças para os dias atuais como um lembrete dos dias quentes do nosso mundo. Aqui estão os restos antigo luxo e futuro descoberto Nobel laureados.

Não vai ser exagero contar, o que abertura microondas fundo teve fundamental significado e sobre seu importância bastante comparável Com descoberta expansão do universo. O último prego foi martelado na tampa do modelo estacionário. Dentro segundo metade XX século quente modelo Grande explosão virou dentro sólido cheio teoria. Acadêmico EU. B. Zeldovich Então disse cerca de isto dentro 1984 ano:

...

Teoria Grande explosão dentro real momento não Tem algum notável deficiências. Eu diria até que é tão seguro e verdadeiro quanto é verdade que a terra gira em torno do sol. Ambas as teorias eram centrais para o quadro. seu universo Tempo e ambos tiveram um monte de oponentes quem reivindicou o que há de novo Ideias, hipotecado dentro eles, absurdo e contraditório som significado. Mas semelhante discursos não dentro capaz impedir sucesso novo teorias.

Claro, o respeitado acadêmico foi um pouco astuto, porque mesmo no Sol existem pontos, e teoria Grande explosão dentro isto senso de jeito nenhum não exceção. Altamente em breve

Ele revelou, o que, apesar de no tudo minha preditivo força, ela é também não privadodeficiências, mas sobre isso - dentro próximo capítulo.

Compreensivo inflação

Em óculos de peste em forma de agulhaBebemos a ilusão das razões Tocamos pequenos ganchos, Quão morte fácil, quantidades,
E onde os spillikins colidiram,A criança fica em silêncio - Grande Universo dentro berço
No pequena eternidade adormecido.

Osip Mandelstam

Traduzido literalmente do latim, a palavra "inflação" significa "inchaço". dificilmente necessário explique, o que superprodução papel de dinheiro ou outro Forma de pagamento fundos, permitindo a replicação sem fim por meio de uma prensa de impressão, leva diretamente a o inchaço mencionado por vazio papel, de pé centavos, imediatamente vem dentro contradição com a oferta real de bens. No entanto, os cidadãos do nosso país estão familiarizadosCom inflação não boato: Com a maioria começar década de 1990 ela é pendurado acima de cabeça todos cumpridor da lei russo Curti Dâmocles espada, uma por mês resumos alegremente relatório tão longe quanto perder peso seu carteira por comunicando período.

Astrofísicos econômico tumulto ocupar alguns, mas contemporâneo cosmologia Com disposição tomou no armamento sólido prazo, pelo caminho retornando para ele significado originário. Se em economia a inflação é apenas uma bela metáfora, então em cosmologia, é entendido como um processo físico real - uma rápida inflação ressurgiu a partir de singularidades recém-nascido espaço. isto regular e um estágio necessário na história do universo primitivo, fundamentalmente diferente de quem substituiu seu trivial extensões, cerca de que detalhe contou dentro o capítulo anterior. A questão surge imediatamente: por que os físicos precisavam introduzir adicional entidade, E se velho Gentil teoria Grande explosão, pareceu gostaria, explicou bem todos os fatos observados? Afinal, até o famoso inglês cientista Fred hoyle, herege a partir de astrofísicos e original pensador, diligentemente em desenvolvimento teoria de um universo estacionário, eventualmente desistiu e aceitou o conceito do Grande explosão.

O fato é que no quadro do modelo tradicional não foram encontradas várias soluções. muito importante cosmológico problemas. Antes da Total isto é Então chamado problema horizonte partículas e problema planicidade. Exceto Ir, padrão modelo não deramresposta no pergunta, o que Era antes da Grande explosão, e não foi capaz explique tamanhos universo observável (se a teoria do Big Bang estiver correta, então o universo deveria ser muito menor). Essas inconsistências irritantes, como lascas, saíam do corpo de um padrão teorias, e muitos cosmólogos fizeram vista grossa para elas, acreditando que com a passagem Com o tempo, eles se resolverão por conta própria. No entanto, os acontecimentos se transformaram de tal maneira que insignificante Coisas pequenas aumentou fundamentalmente diferente cenário origem nosso Paz.Algo semelhante dentro seu Tempo ocorrido Com excepcional Alemão físico Máx. Planck, que tentou ser dissuadido da física teórica porque isso a ciência está quase completa. Apenas manchas individuais escurecem seus horizontes brilhantes, o professor lhe ensinou pela vida disse a ele, por que desperdiçar seus melhores anos gloss estúpido? Planck, como você sabe, não deu ouvidos: ele logo propôs hipótese quântica e deduziu sua famosa constante, lançando assim as bases para uma nova, não clássico física.

Vamos analisar as inconsistências da teoria do Big Bang em ordem. Vamos começar com o problema do horizonte partículas. Astronômico observações mostrar o que Universo exclusivamente homogêneo dentro grande escalas. Temperatura relíquia radiação, Como as nós lembrar média de cerca de 3 graus Kelvin (2.725 K), com desvios de temperatura a partir de meio valores sobre vários instruções absolutamente insignificante - elas não ultrapassarem 1 centésimo milésimo (10-5). distâncias, acessível moderno telescópios, cabem em um valor da ordem de 10 bilhões de anos-luz, e nesses espaços observamos exatamente a mesma coisa - uma impressionante "suavidade" de contrastes de densidade. De acordo com conceitos modernos, o verdadeiro tamanho do universo é muitas vezes maior do que a parte observável, que geralmente é chamada de Metagalaxia. Desde o início do mundo aconteceu cerca de 13–14 bilhão anos para isso de volta, leve a partir de distante objetos elementar não gerenciou antes da nós chegar lá - para ele simplesmente não o suficiente Tempo. Estrelas e galáxia, localizado por horizonte eventos (E se tal lá acessível), fundamentalmente inacessível, porque a velocidade da luz é a máxima possível de todas as velocidades. Mas lado de dentro horizonte tudo partículas causalmente conectado amigo Com amigo, Então Como as elas a muito tempo atrás já gerenciou intercâmbio entre você mesma necessário em formação.

O problema é que a teoria do Big Bang falha em explicar como essa troca pode ocorrer. O horizonte cresce (e sempre cresceu) na velocidade da luz, e interação entre partículas dentro completo observância Com teoria relatividade inevitavelmente realizado a velocidades ligeiramente mais baixas. Os cosmologistas escrevem: horizonte partículas sempre vai ser expandir mais rápido mútuo distâncias entre dois tentativas partículas. Acontece que, o que térmico equilíbrio (uma seu Existência - fato indiscutível) não poderia de forma alguma ser alcançado dentro da estrutura do modelo padrão por expirado 14 bilhões anos.

Quando o universo tinha 300 mil anos, a temperatura do plasma caiu significativamente, e começou Educação neutro hidrogênio. Radiação separado a partir de substâncias e fótons foram capazes de se propagar livremente em todas as direções. este o momento do tempo é geralmente chamado de época da recombinação, ou época da última dispersão. É claro que o tamanho do horizonte naquele tempo distante era muito menor do que os atuais 10 bilhão leve anos e foi aproximadamente 1 megaparsec (1 Mpc). Então Assim, no momento da recombinação, o equilíbrio térmico poderia colocado em uma escala não excedendo 1 Mpc. Hoje enredo tem esse tamanho no firmamento angular o tamanho aproximar 2 graus, Consequentemente, nós intitulado Espero notável hesitação temperatura da radiação relíquia que enche o Universo. No entanto, astronômico observações mostrar Alto grau isotropia no tudo canto escalas: temperatura diferencial, Como as nós lembrar não excede três centésimos de milésimo (3 X 10-5).

Além de Total outras coisas dentro estrutura padrão cosmológico modelos restos o mecanismo do impulso inicial é incompreensível. Que força colocou os mundos em movimento? Talvez o universo tenha surgido como resultado do poder monstruoso das energias termonucleares explosão de natureza desconhecida? Afinal, o modelo cosmológico padrão que foi criado pelos trabalhos de GA Gamow e outros cientistas, e é chamado de teoria da Grande explosão. Mas em exame mais próximo imediatamente claro: mecanismos explosivos não dá praticamente nada. Em uma explosão (química ou termonuclear - sem valor) Tem) surgir diferença pressão e heterogêneo distribuição substâncias: dentro 1 mais voa para o seu lado, menos para o outro. Além disso, deve haver um especial ponto - centro de explosão.

NO real mesmo Universo nada semelhante não observado: ela é no raridade é homogênea, e algum ponto distinto, que poderia ser identificado com o centro, não é seja encontrado. Já mencionado A PARTIR DE. G. Rubi, Professor MEPHI, escreve sobre isto cerca de:

...

É o mesmo que se a nossa Terra tivesse uma forma ideal de uma bola com "montanhas" não mais de 40 metros de altura. Para comparação: o diâmetro da Terra é de aproximadamente $1,2 \times 10^7$ metros. Difícil Era gostaria então acredite seu acidente origem.

Não menos problema no padrão cosmológico modelos surge e Com Então chamado de problema de planicidade. Essa virada um tanto desajeitada significa que nós vivemos em um mundo quase plano, descrito pela geometria de Euclides, que todos estudaram dentro escola. Quão conhecido fisica espaço pode ser ser torcido debaixo influência gravidade. Estritamente falando, a teoria geral da relatividade de Einstein considera gravidade como uma espécie de reflexo da métrica espaço-tempo. Imagine visualmente torcido tridimensional espaço díficil, mas isto é posso sem trabalho Faz, referindo-se aos análogos bidimensionais correspondentes. A superfície de uma esfera representa você mesma fechado bidimensional espaço final área, que, tópicos não menos, não Tem fronteiras. Hipotético habitantes tal Paz (isto é apartamento criaturas, terceiro dimensão desconhecida para eles) pode se mover em qualquer direção escolhida, vez após vez cruzando sozinho e Essa mesmo pontos, mas lugar algum não descobrir as bordas seu Universo. Esfera Com crescendo raio vai ser nada mal análogo Expandindo fechado tridimensional espaço. Tal superfície não-euclidiana é descrita pela geometria de Riemann, e a soma cantos triângulo no sua mais 180 graus. não-euclidiano geometria Lobachevsky é realizado na superfície de um hiperbolóide ou pseudoesfera - uma estrutura curva complexa, reminiscente superfície selas. Tal universos vai abrir, uma soma cantos triângulo dentro eles vai ser menos de 180 graus. Finalmente, acessível intermediário opção
– plano não curvo descrito pela geometria de Euclides. Como no caso do complexo superfície de Lobachevsky, este mundo plano será aberto e infinito em área. Da mesma forma, o nosso tridimensional espaço, dentro que nós vivemos.

O espaço do Universo real a grandes distâncias comparáveis ao horizonte partículas, como já mencionado, é quase plana. Claro, isso não exclui áreas curvatura local, especialmente perto de grandes massas gravitacionais, mas em Em uma escala, o desvio da geometria do nosso mundo da geometria de Euclides é absolutamente insignificante. Geometria espaço a maioria direto caminho amarrado Com Tamanho, denotado grego carta ?, que é atitude meio densidade matéria do nosso mundo a uma densidade crítica. Se um ? é igual a um, então nosso Universo é perfeito apartamento estrutura. Se um S mais unidades (densidade nosso Paz acima de crítico), então Universo sobre alcançando algum máximo raio vai começar Psiquiatra debaixo ação gravidade. NO isto caso cedo ou tarde Grande explosão será substituído pelo Big Crash (ou Big Crunch), e o Universo voltará a se transformar em um ponto e vai desaparecer dentro singularidades. Se um ? menos unidades (densidade Universo abaixo de crítico), o mundo se expandirá indefinidamente e a densidade da matéria se tornará gradualmente cair.

Medições realizadas nos últimos anos mostraram que este valor está muito próximo de unidade, embora, muito provavelmente, não seja exatamente igual a ela (as medições ainda não estão completamente confiável). É aqui que entra em jogo o notório problema da planicidade. Conhecendo aproximado valor do parâmetro ?, posso sem grande trabalho calcular, o que devem ser as condições iniciais do universo primitivo para levar aos dias de hoje. valores observados. E milagres imediatamente moldados são revelados. Vamos citar M. NO. Sazina, autor fascinante livros "Moderno cosmologia dentro popular apresentação":

...

Vamos pegar o parâmetro aproximadamente igual a um, digamos 0,5 ou 1,5. Vamos ver agora como deveria ser em diferentes épocas da evolução do Universo que foram antes do nosso era. NO era da recombinação diferença Q a partir de unidades já não devo ultrapassarem 0,001. Uma diferença maior levaria ao que é hoje? seria igual a 10 ou, digamos, 0,1, o que facilmente mensurável. NO era nucleossíntese diferença S a partir de unidades não devo ultrapassarem 0,00000000000000001. NO mais era adiantada quark-gluon plasma diferença Q da unidade "escondido" em 21 casas decimais. No momento Planck (este é o começo do nosso mundo, sobre o qual falaremos mais tarde. – L.Sh.) esta diferença foi expressa como um valor de 10^{-60}. Onde poderia tome tal inicial termos?

Outros palavras desenvolve impressão, o que inicial opções nós estamos equipado com precisão sem precedentes: caso contrário, não poderíamos ter conseguido por qualquer preço gostaria pegue de hoje quantidades indicador ?. Não por acaso algum astrofísicos eles dizem cerca de fino no canteiro de obras parâmetro densidade. o que e conversa, quadro desagradável, fazendo você pensar seriamente sobre o criador de todas as coisas. Enquanto isso, a ciência rigorosa de alguma forma não é apropriado envolver-se em argumentos vazios sobre uma mente superior. Este é o destino dos filósofos eteólogos. Mas se existe um possibilidade não doar cosmologia em resgate teólogos?

estou com pressa vocês, leitor, acalmar - tal possibilidade nós dentro completo a medida dá inflacionário cenário nascimento universo, cerca de que já por muito tempo está na hora conversa mais. Ele facilmente e à vontade remove e problema horizonte, e problema planicidade e um monte de outros problemas, sob o peso dos quais o modelo clássico se esgotouGrande explosão.

Então, o que é inflação cosmológica e como ela difere da inflação padrão? extensões, que nós Prosseguir observar hoje dentro Formato vermelho tendência dentro espectros de galáxias distantes? A inflação é um período de inflação catastroficamente rápida espaço na fase inicial da vida do nosso Universo. Diga que foi um inchaço rápido e fugaz - para não dizer nada. Sua duração está dentro desaparecendo pequena termos: inflação iniciado quando era Universo foi 10^{-43} segundos, e terminou quando atingiu 10^{-37} segundos. No início da inflação O universo tinha pouco mais de 10^{-33} cm, o que é comparável ao comprimento de Planck, e na época de sua graduação era igual a cerca de 0,1 cm (dentro outros inflacionário cenários isto magnitude varia de um a trinta centímetros), ou seja, seu diâmetro cresceu pelo menos 10^{27} vezes.

Facilmente Vejo, o que inicial extensão jovem Universo ocorrido co Rapidez, repetidamente excedendo Rapidez Sveta, porque o planckiano comprimento e tempo estão interconectados: em 10^{-43} segundos, a luz tem tempo para percorrer uma distância não mais, Como as 10^{-33} cm. Sério nós finalmente refutado a maioria Einstein? Não nós vamos pressa, leitor. Na realidade, não contradições aqui não e em lembrar, para a teoria a relatividade limita a velocidade da luz apenas o movimento dos corpos materiais, mas não diz absolutamente nada sobre a taxa de expansão do próprio espaço como tal. Tchau partículas substâncias Prosseguir jogada co velocidades menor Como as Rapidez luz, o espaço ao seu redor pode inchar arbitrariamente rápido: a velocidade sua inflação é limitada apenas pela quantidade de energia disponível, proporcionando mencionado inflação.

Entre a propósito, introdução o primeiro e único adicional parâmetro - expansão inflacionária exponencial - resolve automaticamente o maldito problema horizonte. NO seu Tempo nós postulado o que horizonte sempre crescendo mais rápido, Como as aumenta distância Entre dois pontos (ou dois partículas) dentro espaço. No entanto em breve depois nascimento Universo isto é doença, obviamente, não foi realizada. Imagine um pequeno jovem Universo da ordem do comprimento de Planck - um pouquinho mais 10^{-33} cm. Lado de dentro isto domínio mais *antes da começar* inflação gerenciou estabeleça-se termodinâmico equilíbrio e causal conexão. Quando vem Estágio inflação, espaço está acelerando rapidamente, literalmente inchando aos trancos e barrancos, como resultado do qual uma área microscópica homogênea quase instantaneamente cresce monstruosamente em tamanho. O volume do domínio cresce muito mais rápido do que a distância do horizonte. No fim inflação ele é cerca de 1 cm3, e lado de dentro isto áreas Universo é "suave" sem notável contrastes de densidade, temperatura e pressão. Mais longe a inflação dá lugar à expansão padrão, e o horizonte de partículas continua sua vagarosa crescer, chegando para nosso Tempo quantidades ordem 1028 cm. No isto tudo partícula, preenchendo a parte observável do Universo, mesmo antes do início da inflação, eles conseguiram estabelecer entre você mesma causal conexão. domínio, crescido dentro progresso padrão extensões, economizar então doença, que formado dentro Tempo inflação. Cosmólogos eles dizem, o que tudo contemporâneo Universo localizado lado de dentro 1 causal áreas.

De forma similar resolvido e problema planicidade. Hoje espaço nosso O universo é praticamente plano, mas antes da época da inflação, o parâmetro ? poderia ser significativamente diferente da unidade em qualquer direção. Qualquer que seja a curvatura do mundo perto do ponto "zero" em no final, ainda temos um modelo quase plano, porque o inchaço inflacionário suaviza contrastes de densidade. Isso é fácil de ver com um exemplo simples. Suponha que o parâmetro de densidade antes do início da inflação era visivelmente maior que a unidade (? › 1). Então nós obtemos a topologia de um espaço fechado, ou seja, o Universo é equivalente a uma superfície esferas. No inflação bola seu raio crescendo, e E se escolher no seu superfícies área suficientemente pequena, sua curvatura será praticamente indistinguível de zero. No fim termina superfície Terra parece nós absolutamente apartamento. Se um mesmo lembrar, que em alguns modelos de inflação (falaremos de vários cenários inflacionários um pouco abaixo de) inicial minúsculo domínio, comparável Com planckiano comprimento, inchado antes da astronômico quantidades 101000cm, então observável Universo (ou Metagaláxia), diâmetro que cerca de é igual a 1028 cm, vai ser Maquiagem insignificante parte do gigante Megaverso. É claro que neste caso a área microscópica, não excedendo Yu-1000 peças gigantesco bola, vai ser percebido Como as perfeito apartamento. Então o caminho Não não precisar postulado especial inicial condições que posteriormente garantiram uma curvatura quase zero do universo. Parâmetro densidade Poderia levar quaisquer valores em torno do ponto "zero", Então Como as compreensivo inflação inevitavelmente suaviza tudo solavancos e vai fazer espaço praticamenteapartamento.

Vamos voltar para começo inflação, dentro era muito cedo universo, quando sua era foi de 10-43 segundos. O que força o espaço disperso a velocidades inimagináveis e aumentou seu volume no ordens ordens? Para responder no isto complicado pergunta, cientistas tiveram que introduzir um conceito adicional do campo inflaton, que muitas vezes é também chamado de campo de Higgs escalar e estado de vácuo falso ou falso. Você não deve ter medo disso, porque para explicar o mistério da massa oculta e da energia escura (falando sobre esses fenômenos à nossa frente) de qualquer forma, de uma forma ou de outra, você terá que recorrer a novo campos desconhecidos Ciência moderna. Na natureza Alto física nós não escalar, porque o adequadamente descobrir dentro esses coisas sem muito complexo matemático aparelho não parece possível. Observação só, o que o campo de inflaton hipotético tem muito estranho e até um pouco assustador características.

Vamos virar para visual exemplo, de modo a dentro vivo imagens ilustrar status. Imagine uma montanha coberta de neve cheia de solavancos e mudanças de altitude locais. Você enrola a bola de neve e a manda ladeira abaixo. Se um neve o suficiente molhado, bola de neve vai começar velozes aumentar dentro tamanhos, tchau não transforma-se em uma enorme massa. O processo se desenvolve exponencialmente - quanto maior o diâmetro bola de neve, mais rápido ela cresce. Nossa inclinação hipotética termina em um abismo, e quando a bola de neve atinge a borda do penhasco e, em total conformidade com as leis da física, ela voará verticalmente caminho Com crescendo Rapidez. Apanhado no dia, ele em pedacinhos quebrará e papel cinético energia Nevado coma vai deixar no aquecer de Meio Ambiente meio Ambiente.

Agora nós voltaremos para inflaton campo Com seu misterioso características. Em primeiro lugar, este é um campo escalar, ou seja, um campo que não está orientado no espaço de forma alguma, em diferença, Digamos a partir de eletromagnético. NO Alemão ausência de potência linha, uma seu tensão em toda parte é o mesmo. A PARTIR DE algum reservas seu posso comparar substância homogênea como o mel espalhando viscoso. Em segundo lugar, o campo inflaton caracterizado extremamente Forte negativo pressão, que literalmente
"empurrando" substância, superação força gravidade. NO padrão quente modelos No Big Bang, a densidade da matéria cai à medida que o tamanho do universo aumenta, o que bastante naturalmente, Então Como as energia densidade determinado dinheiro energia, dividido por volume. Mas o campo inflaton (ou seja, um falso vácuo) se comporta paradoxalmente: seu energia densidade sobre a medida inflação restos permanente, então a energia Gerente inchaço espaço, não só não diminui uma pelo contrário, cresce exponencialmente. No entanto, nada dura para sempre sob a lua - um estado da matéria com pressão negativa crescente é extremamente instável e, portanto, deve inevitavelmente mudança modo extensões. Estágio inflação rapidamente saindo no Não, e tudo energia potencial de um falso vácuo se transforma em uma sopa fervente de recém-nascidos elementar partícula, aquecido antes da Altíssima temperaturas. Outros palavras Com final era inflação nasce comum matéria dentro Formato quente plasma.

Vamos dar outra caminhada na encosta da montanha coberta de neve e jogar o jogo novamente. bolas de neve. NO isto confortável modelos análogo inflaton Campos, o preenchimento tudo espaço, haverá neve na encosta. Graças a flutuações quânticas aleatórias, nosso o campo pode assumir uma variedade de valores em diferentes áreas. Formação de bola de neve é exatamente tal quântico flutuação. Tchau bola de neve descansa, nada nada notável acontece, mas assim que ele desce a encosta, ele imediatamente começa rapidamente crescer. Inflável campo, inflar recém-nascido flutuação, tende a assumir uma posição em que sua energia é mínima. Exatamente isso mesmo a maioria indo e co Nevado grumoso: perdendo energia e monstruosamente inchado ele atinge finalmente as bordas penhasco e cai dentro abismo, uma tudo acumulado eles energia está sendo transformado dentro cinético energia espalhado partículas. Tchau neve com sobe a encosta da montanha, a inflação continua aumentando o tempo todo, mas custos para ele toque fundo desfiladeiros, Como as energia inflaton Campos encolhe antes da mínimo por cair mais lugar algum. indo aquecendo universo, e Como as uma vez isto momento percebido por nós como Big Bang.

O platô sobre o qual nossa bola de neve rola não é de forma alguma uma mesa polida e lisa sem cadela e pegar, uma superfície, tendo Onde mais difícil alívio. Local mudanças de elevação na forma de vários tipos de solavancos e obstáculos inesperados inevitavelmente perturbações perceptíveis na trajetória da bola de neve. Além disso, esses caroços (leia - flutuações quânticas) há muitas na encosta: algumas ficam mais perto do penhasco, outros estão mais longe dele. E se bolas de neve individuais tiverem sucesso relativamente livremente Deslize para baixo direto em frente caminho, então outro condenado desviar e pular "sobre vales e colinas", ficando por muito tempo presas em buracos e buracos profundos. Eles levam exatamente o mesmo Eu mesmo e real quântico flutuações - embriões futuro universos: sozinho a partir de eles experimentar inflação de curto prazo (a inflação, como lembramos, continua até desde, tchau neve com em movimento sobre platô), outro inchado antes da agora desde, uma terceiro imediatamente colapso, não tendo tempo Como as deve deixe de ser criança. Então o caminho dentro nosso todo um conjunto de universos está à sua disposição em vez de um único, cada co seus definir único propriedades.

este cenário, recebido título eterno, ou caótico, inflação, foi proposto em meados dos anos 80 do século passado por um destacado astrofísico americano Andrei Linde, nosso ex-compatriota. Entre outras coisas, o modelo de eterna inflação Maravilhoso tópicos o que permite livrar-se de a partir de maldições contemporâneo cosmologia - o princípio antrópico. No entanto, falaremos sobre o princípio antrópico em próximo capítulos, aqui mesmo Nota só, o que fundamental constantes (constante gravitacional, massa do elétron, etc.) e as próprias leis da natureza que governam comportamento nosso Paz, incrível caminho permitir ocorrência complexo estruturas geralmente e razoável vida dentro especial. Se um eles valor um pouco puxão (de forma alguma um pouco, no insignificante compartilhar por cento), Universo será transformado radicalmente. Digamos no por outro lado Razão massas próton e elétron Educação algum complexo estruturas se tornará fundamentalmente impossível. Entre tópicos observável Razão - nu empírico facto, não derivável a partir de teórico construções.Como se alguém sábio, clarividente e prudente, tendo pesado cuidadosamente todos os contra, selecionou especialmente os valores das constantes fundamentais de tal forma que hostil espaço passou a ser "hospitaleiro" por pessoa. MAS aqui idéia cerca de incontáveis multidão universos, divergente sobre seus parâmetros, automaticamente remove isto problema.

Para ser justo, notamos que a hipótese de um estágio inflacionário na história dos primeiros Universo foi primeiro expresso doméstico cientistas E. B. Gleaner e MAS. MAS. Starobinsky mais dentro 60 - anos 70 anos do passado século, mas fiquei para infelizmente não reclamado pela comunidade científica. O termo "inflação" foi cunhado pelo americanofísico Alan Guth em 1981, e também construiu o primeiro modelo inflacionário baseado em uma espécie de transição de fase que causou o super-resfriamento do jovem Universo. Aqui não lugar para analisar detalhadamente o cenário Gutian, uma vez que rapidamente ficou claro que ele não funciona, pois dá um Universo muito heterogêneo na final, que na realidadenão visível. Mas o modelo da AD Linde era desprovido dessas deficiências, do que imediatamente ganhou popularidade sem precedentes: se antes o cenário inflacionário é muitas vezes aceito com hostilidade, hoje a maioria dos físicos e astrônomos se juntou às fileiras de seus apoiadores. A partir de lindo, mas instável hipóteses inflacionário Começar Universo virou dentro puro-sangue científico teoria, permitindo com experiência Verifica. Cosmologia, antigo antes da recente Tempo disciplina dentro significativo grau especulativo pouco a pouco torna-se rigoroso experimental Ciência.

Quão nós lembrar teoria inflação postulados Disponibilidade insignificante mudanças dentro densidade da matéria no início do universo. Uma vez que o volume do mundo recém-nascido é comparável ao dimensões elementar partícula, razoável suponha o que quântico flutuações estavam jogandonaquela época um papel muito significativo. Princípio da incerteza de Werner Heisenberg diz que não podemos calcular simultaneamente a posição exata de uma partícula e seu momento (produto da velocidade pela massa). Em outras palavras, a energia e a posição da partícula nunca não poderia ser medido exatamente e isto princípio dentro completo a medida Aplique para primeiro momentos vida Universo (bola enrolamento sobre declive, uma não rolando direto em frente caminho). Total Efeito quântico flutuações gera minúsculo balanços densidade, que crescem no processo de inflação e se tornam os embriões de futuras galáxias e estrelas. Mas segue-se inevitavelmente disso que a radiação cósmica de fundo em micro-ondas deve preservar a memória de desses eventos, uma espécie de "impressão" na forma de flutuações de temperatura entre diferentes pontos do espaço. Por muito tempo, não foi possível medir essa propagação de temperatura - não sensibilidade suficiente do equipamento. O avanço veio em 1992, quando o americano satélite SOVE (Cósmico fundo explorador) e russo "Relíquia-1" descoberto temperatura flutuações fundo radiação. Eles magnitude acabou extremamente insignificante (temperatura relíquia radiação é cerca de 2.7 graus Kelvin uma desvios a partir de meio não excedido 0,00003 graus Kelvin), é por isso de forma alguma não maravilhoso, o que antes da semelhante Medidas nós estamos conjugado Com considerável complexidades. Então ou por outro lado, mas inflacionário teoria recebido confiávelexperimental A confirmação.

Começar terceiro milênio marcado novo conquistas. Depois ano e meio observações e análise dados recebidos Com ajuda espaço observatórios wmap, foi apresentado Muito de mais detalhado mapa distribuição temperatura da radiação cósmica de fundo em micro-ondas em todo o céu. Abreviatura em inglês MAP significa Microondas Anisotropia sonda, o que posso traduzir Como as "microondas anisotrópico sonda" (ou sonda), uma carta C adicionado dentro honra astrofísica Wilkinson que o foi iniciador projeto, mas não sobreviveu antes da seu terminações. Exceto Ir, alcatrão - em inglês "mapa". O valor do mapa de Wilkinson é difícil de superestimar. Análise de recebimento dados e subseqüente computador modelagem permitido recriar foto nascimento e desenvolvimento do Universo, para esclarecer sua idade e composição. Este é um evento marcante ocorrido 13,7 bilhão anos de volta (mais ou menos 200 milhão anos), o que permitido pôr fim ao interminável debate sobre quando exatamente o universo surgiu. Gerenciou finalmente descobrir, o que espaço Universo geometricamente apartamento, e exatamente calcular uma das constantes fundamentais - a constante de Hubble, que reflete a velocidade expansão do universo. Julgamento de acordo com a sonda Wilkinson, esse valor é 71 quilômetro dentro me dê um segundo no 1 megaparsec distâncias (lembrar o que 1 analisar - 3,26 ano luz). Em outras palavras, uma área de um megaparsec (1 milhão de parsec) todo me dê um segundo cresce em 71 quilômetros.

Foi estabelecido que o Universo, tendo esfriado após o Big Bang, permaneceu por muito tempo Sombrio e resfriado. Primeiro estrelas, sobre esclarecido dados, iniciado ganhar corpo Através dos
400 milhão anos depois Grande explosão, e assim cedo eles aparência extra uma vez testemunha dentro benefício da existência escondido massas (ou Sombrio matéria), que seus gravitacional campo coletado manchado matéria dentro pedaços. Resumidamente falando ditado inflacionário modelo mostrou Eu mesmo confiável praticável teoria excelente consistente Com com experiência dados. MAS Portanto Tem significado Olhe mais de perto para sua Olhe mais de perto seguindo a fase palco história do nosso Universo.

Por moderno Ideias, Universo nasce dentro resultado aleatória quântico flutuações voando para fora a partir de singularidades - sem dimensão pontos, dentro que curvatura espaço-tempo sem fim. Densidade substâncias dentro isto ponto também atinge infinitamente grande quantidades, uma espaço e Tempo Aplique dentro zero. Em outras palavras, nem espaço, nem tempo, nem matéria no sentido usual em singularidades não existe, uma tudo famoso leis Pare trabalhar. Não Tem não adianta perguntar o que era antes, porque antes não existia nada: a singularidade - isto é final a fronteira, Rubicão, que o é proibido vai. desejado gostaria especialmente enfatizar que o cenário descrito do nascimento do Universo praticamente "do nada" não é fantasias vazias de físicos teóricos do nada; é baseado em rigorosos estudos científicos cálculos.

O leitor já se deparou com a expressão "flutuações quânticas" tantas vezes que ele deve estar girando na língua há muito tempo: que tipo de animal é esse e com que estão comendo? Como, a partir dessa pequenez acidental, de fato, a partir do vazio, pode-se enorme paz com planetas, estrelas e galáxias?

As pessoas que estão longe da física tendem a acreditar que o vácuo é a completa ausência de algo. qualquer que seja. Entretanto, segue necessariamente da teoria das partículas elementares que o vácuo físico não é de forma alguma vazio, mas a energia mínima de campos e partículas, não igual a zero. Está literalmente recheado com as chamadas partículas virtuais, que nascem em pares como se do nada (por exemplo, um elétron e seu pósitron antípoda), do coração brincam como efemérides e em um momento perecem em um ato de aniquilação, deixando memória de si mesmo na forma de um quantum de luz - um fóton. Sua vida é tão curta que não pode ser medido dentro princípio. Algum medindo processo limitado natural limite físico - a velocidade da luz, e partículas virtuais, emergindo do vazio, são destruídos Então velozes, o que Nunca não poderia ser observado diretamente.

Aliás, o fato de que o espaço "vazio" não pode ser completamente vazio Com evidência segue a partir de leis quântico mecânica. Se um gostaria vácuo foi absolutamente vazio, isso significaria que todos os campos (eletromagnéticos, gravitacionais, etc.) precisão igual zero. No entanto magnitude Campos e Rapidez seu mudanças co Tempo são análogos à posição e velocidade da partícula, e o princípio da incerteza de Heisenberg, como conhecido proíbe o conhecimento simultâneo de ambos os parâmetros: o mais precisamente um dos essas quantidades, menos exatamente a segunda é conhecida. Não duas ervilhas por colher - você tem que escolher algo 1. Vamos ouvir Stephen Hawking, famoso Inglêsfísica Teórica:

...

Consequentemente, dentro vazio espaço campo não pode ser tenho permanente zero valores, Então Como as então isto teve gostaria e exato significado (zero), e exato Rapidez mudanças (também zero). Deve haver alguma incerteza mínima em intensidade de campo – flutuações quânticas. Essas flutuações podem ser pensadas como pares partículas Sveta ou gravidade, que dentro algum momento Tempo juntos surgir, divergir, uma depois se aproximando novamente e aniquilar amigo Com amigo.

...

Tal partículas são virtual ‹...›, dentro diferença a partir de real virtual partículas não podem ser observadas com um detector de partículas real. Mas efeitos indiretos produzido virtual partículas, por exemplo pequena mudanças energia órbitas de elétrons em átomos podem ser medidas, e os resultados concordam notavelmente bem Com teórico previsões. Princípio incerteza prevê também Existência semelhante virtual vapor partículas assunto, tal Como as elétrons ou quarks. Mas dentro isto caso 1 membro casais vai ser partícula, uma segundo - antipartícula (antipartículas Sveta e gravidade - isso é o que mesmo a mesma coisa e partículas).

No entanto imediatamente surge pergunta. Lei conservação energia proíbe sua obtendo do nada, e nós, supondo o nascimento de partículas do vazio, esta lei parece violado. caixão abre simplesmente. Por começar considerar, Como as conduz Eu mesmo elétrico carregar no nascimento casais elétron - pósitron. Cheio carregar restos igual a zero, pois menos (carga do elétron) por mais (carga do pósitron) no final dá zero. Apenas por um tempo muito curto, a carga zero total é dividida em dois igual metades - positivo e negativo. Algo semelhante indo e Com energia da partícula: o elétron tem energia positiva, e sua antipartícula (pósitron) tem, dentro algum senso, igual quantidade negativo energia. Então Assim, a energia total ainda permanece zero no momento do nascimento e destruição mútua virtual partículas.

Considerações semelhantes se aplicam ao universo nascido do nada. Pela primeira vez vista, estamos diante de um paradoxo insolúvel, porque a parte acessível às observações O universo contém um número astronômico de partículas a partir das quais a matéria é construída. De onde todos eles vieram? A resposta é simples: de acordo com a teoria quântica, as partículas podem nascer a partir de energia dentro Formato vapor partícula - antipartícula. Bom, mas Onde é levado tirar o fôlego quantia energia? Matéria, o preenchimento universo (planetas, estrelas e galáxias montadas a partir de partículas) tem energia positiva, mas o mundo tem também a gravidade, cuja energia é negativa, então a energia total do Universo é zero, assim como sua carga elétrica (o número de prótons e elétrons é o mesmo). Mas o que acessível dentro mente quando eles dizem cerca de negativo energia gravidade?

Mais uma vez vamos citar Falcão.

...

A matéria no universo é formada a partir de energia positiva. Mas tudo importa em si atrai-se sob a influência da gravidade. Dois pedaços de matéria próximos têm menos energia do que as mesmas duas peças que estão distantes, porque que para separá-los, você precisa gastar energia para superar a gravidade poder de uni-los. Consequentemente, a energia do campo gravitacional em alguns sentido é negativo. Pode-se mostrar que no caso de um Universo aproximadamente homogêneo em espaço, isto negativo gravitacional energia dentro precisão compensa energia positiva associada à matéria. Portanto, a energia total do universo é zero.

Muito curioso, o que quantia positivo energia pode ser em dobro paralelo duplicação negativo porque o duas vezes zero - tudo é igual a zero. No padrão expansão isto impossível, porque o sobre a medida aumentar Universo a densidade de energia diminui. Mas na era da inflação, como lembramos, a densidade energética falso vácuo permanece constante apesar aumento de tamanho Universo. Portanto, quando duplicação diâmetro nosso Paz duas vezes deixe de ser criança e positivo energia substâncias e negativo energia gravidade, uma total energia Universo vai ser ainda vestir zero. MAS porque o dentro Estágio inflação dimensões Universo aumentar exponencialmente, no ordens ordens então e em geral quantia energia, requeridos por Educação partícula, também monstruosamente aumenta. Aqui para você, leitor, e responda à questão de como, de forma tão milagrosa, toda a matéria que hoje preenche o Universo, poderia caber em um pequeno volume comparável ao comprimento de Planck. Ela não está lá pensei em colocar: quando o campo inflaton caiu ao mínimo tudo armazenado nele potencial energia se foi no nascimento elementar partículas.

Vamos voltar para começo começou, para primeiro momentos vida nosso Paz, quando ele estava apenas se preparando para voar para fora da singularidade cosmológica. Deve-se dizer que singularidade - muito desconfortável conceito, Porque Como as abunda paliçada muito desagradável infinidade: infinitamente pequena volume, infinitamente ampla densidade, massa e temperatura, a curvatura infinita do espaço-tempo, e assim por diante na mesma linha. Físicos não por acaso não amor infinidade, Porque o que em toda parte, Onde elas aparecer, começa pandemônio: leis recusar trabalhar, fórmulas perder significado, uma descrições consistentes estão se desfazendo nas costuras. Nesse caso, você pode tentar se virar de forma alguma sem singularidades, jogar fora eles, Então contar, no lixeira da história? Afinal conversa vai cerca de desaparecendo pequena espaço-temporal escala, Onde clássico física Newton - Einstein já não funciona e Onde indivisível reinado leis da mecânica quântica. Talvez espaço e tempo, como carga, rotação ou magnético o momento também tenho algum limite divisibilidade, então há, outros palavras quantificado? certo se nós fazem isto suposição?

E por que não, afinal? É provável que na natureza haja algum indivisível célula espaço, seu Gentil mínimo distância, que não passível de esmagamento adicional. Se este for o caso, então nenhum corpo podecolapso em um ponto adimensional. Tanto a estrela quanto o universo como um todo, neste caso, colapso até um certo limite, até atingir um limite intransponível, e então dentro de um buraco negro não haverá uma singularidade com seus tediosos infinitos, mas peculiar quântico espaço, elementar volume diâmetro 10^{-33} centímetros. Porque o superar isto é distância deve 1 derrame (dentro por outro lado caso nós acabou sendo gostaria dentro algum momento no meio indivisível segmento, o que impossível sobre definição), então também deve haver um quantum de tempo - a duração mínima de qualquer processos. Um cálculo simples mostra que são cerca de 10^{-43} segundos, e ambos quantidades, recebido títulos planckiano comprimento e de Planck Tempo nós já

Bom conhecido.

Quantidades de Planck baseadas em constantes fundamentais - a constante prancha, Rapidez Sveta e gravidade permanente, - inevitavelmente conduzir nós para mais sozinho importante indicador - máximo possível densidade matéria dentro nulo momento. Agora ela é já não sem fim Apesar e inimaginavelmente excelente - 1093g/cm3. este magnitude supera algum imaginação, por densidade atômico núcleos no fundo esses figuras astronômicas parecem quase um vácuo absoluto. Basta dizer que dez massas solares (e o Sol é uma estrela de tamanho médio com um diâmetro de cerca de 1,4 milhões de quilômetros) pode caber facilmente em um volume bastante comparável ao núcleo de um átomo hidrogênio. A temperatura de um grupo tão superdenso também sai da escala além de qualquer limites e é aproximadamente 1032 graus Kelvin.

O significado dos valores máximos de Planck possíveis é que nenhum outros parâmetros (menores, quando se trata de comprimento e intervalos de tempo, e maiores, se a conversa se voltar para indicadores de densidade e temperatura) não pode existir em princípio. Por exemplo, ridículo perguntar, o que ocorrido Através dos 10-45 segundos depois Grande explosão, porque o tal momentos Tempo simplesmente não Era. Nós alcançado começou e se deparou com uma divisória impenetrável: não há mais caminho, pois o habitual conceitos de espaço e tempo perdem todo o significado. Na área de Planck quantidades ausência de subsequência eventos, lá nada não indo e Porque Tempo lugar algum fluxo. Espaço também perde conectividade, endereçamento dentro ebulição caos bolhas piscando e desaparecendo. Não podemos ver esta poção lamacenta, porque as escalas disponíveis para os aceleradores modernos estão na faixa de 10 a 16 centímetros, e em tal distâncias espaço-tempo continuou fique suave. Para pessoalmente ver planckiano escala, nós tive gostaria aumentar sensibilidade equipamento dentro 1017 vezes. E aqui então nós viu gostaria quântico oceano, permanência dentro capaz permanente caótico fervendo, algo Curti preocupado náutico um elemento que impulsiona constantemente onda após onda. No entanto, de uma grande altura, indivíduos você não pode ver as ondas - o oceano parece ser uma superfície de água calma. E apenas descendo mais baixo nós podemos Vejo sucessão corrida rápida espumoso Borrego.

No microcosmo, ao nível dos valores de Planck, o contínuo espaço-tempo desmorona irrevogavelmente, e o espaço e o tempo começam a espumar. Neste inusitado mundo não há certeza, não há direções ou sequências selecionadas eventos e, portanto, o físico americano JA Wheeler muito apropriadamente o chamou de quântico, ou espaço-tempo, espuma. Espaço e tempo tornam-se discretos, e conceitos "antes da" ou "mais tarde" perder algum significado. Derzhavinskaya rio vezes quebrou em gotas separadas. E somente quando algo emerge de repente do nada (aleatório flutuação quântica está experimentando uma rápida inflação), o familiar para nós nasce espaço e tempo, e com eles um novo universo. O caos deu origem ao Cosmos. Então o caminho nascimento Universo identicamente nascimento espaço-tempo.

Justiça por causa de necessário Marca, o que quântico personagem espaço-tempo não é a verdade última, mas apenas uma hipótese, mesmo que mais ou menos convincente. Entre tópicos longa distância não tudo cientistas aceita Com tal fazendo uma pergunta. Muitos físicos duvidam seriamente que o espaço-tempo e gravidade é geralmente passível de quantização: é provável que estes sejam puramente clássicos objetos. Um negócio dentro volume, o que nascimento Universo a partir de quântico flutuações (ou espaço-tempo espuma) devo ser descrito leis não existir no de hoje dia Ciência - quântico teorias gravidade. No entanto formular esses leis astutas, pelo menos mesmo em nível teórico, até agora ninguém conseguiu. isto uma tarefa grandioso dificuldades, e de forma alguma não por acaso conduzindo cientistas colocar sua noprimeiro Lugar, colocar dentre dez mais difícil problemas contemporâneo física. M. NO. Sazhin escreve:

...

Em geral teoria relatividade (OTO) - relativista teoria gravidade - fundamentalmente diferente da teoria do campo eletromagnético e dos campos conhecidos de outros tipos. GR conecta a geometria do espaço-tempo com as propriedades da matéria. É por isso construção quântico gravidade equivalente a construção quântico geometria espaço-tempo. No isto surge um monte de puramente teórico (mais rápido até matemática formal) dificuldades.

Em outras palavras, é necessário vincular de alguma forma a abordagem quântica com a abordagem geral. teoria relatividade no Descrição fenômenos micromundo. E para não confundir vocês, leitor, finalmente, tentar curto estabelecer essência Problemas, não indo à dentro matemático sutilezas.

Quântico e clássico abordagens diferente fundamentalmente. No Descrição movimentos partículas clássico física opera noção sua trajetórias, então Como as quântico uma abordagem insiste Total só no probabilidades detecção partículas (dentro de acordo com o princípio da incerteza - quanto mais precisamente a velocidade da partícula for calculada, mais sua localização é conhecida com menos precisão). Em linguagem clássica, dizemos que um elétron se move, mas em linguagem quântica você não pode dizer isso. É mais correto dizer que o elétron está em um certo estado, descrito por uma certa função de onda, dando probabilidade fique elétron dentro volume ou por outro lado Lugar, colocar. NO primeiro caso a equação movimentos é diferencial equação e facilmente está decidido uma dentro segundo requerimento diferenciabilidade não realizado. Matemático dirá o que tal probabilístico a trajetória é não diferenciável.

Permito-me mais uma citação do livro de MV Sazhin (se você, leitor, não estiver preocupado formal cálculos, você pode fácil de perder este parágrafo):

...

Então, dentro quântico mecânica trajetória É substituído noção probabilidades achar partícula. NO teorias Campos conceito partículas É substituído noção quantidades Campos. Isto caracterizada por amplitude, fase e frequência. Na teoria quântica de campos, a amplitude, fase e a frequência de qualquer campo são substituídas pelo conceito de probabilidade das mesmas quantidades. Na teoria geral relatividade Função Campos tocam geometria espaço-tempo. NO sua necessário trabalhar com a probabilidade de ter qualquer geometria. Mas na relatividade geral a geometria deve ser diferenciável, uma dentro quântico gravidade, Como as nós visto no exemplo trajetórias partícula, isso, em geral dizendo não Então!

Acontece que, encontrado trança no pedra. Teoria relatividade e quântico Mecânica teimosamente relutantes em aderir ao nível dos valores do Planck. E se alguma vez eles ter sucesso consistente gravata, então fluxo Tempo dentro micromundo vai ser ser descrito peculiar aceno função, denotando probabilidade vazamentos algum intervalo Tempo Apesar isto é sons, suave ditado de várias incomum. No entanto, a resolução dos paradoxos da gravidade quântica pode não estar longe. Um dos mais novos física teorias - Então chamado teoria supercordas - parece, promessas decolar contradições irremovíveis entre a mecânica quântica e a relatividade geral. Sobre isso muito teoria curiosa nós vamos conversar dentro Próximo Capítulo.

Enquanto isso, para descrever o nascimento de nosso mundo do nada, é preciso envolver os mais idéias gerais sobre a evolução quântica do Universo como um todo. Ao mesmo tempo, deve haver de várias condições. Primeiramente, para jovem novato Universo flutuou para fora a partir de vazio sem gasto de energia, sua massa deve ser igual a zero. Um pouco mais alto, eu já escrevi isso positivo energia matéria compensado negativo energia gravidade, uma Porque completo energia Universo (uma significa, e sua peso) acontece igual zero. Leis salva neste caso não são violados. O mesmo vale para a eletricidade carregar. Finalmente, probabilidade nascimento Universo a partir de nada calculado Curti sob a passagem da barreira partículas alfa dentro resultado processo tunelamento. o que aqui disponível em mente?

Quando potencial energia barreira um monte de acima de energia partícula, ela é, Parece que em nenhum caso ele será capaz de superá-lo. No entanto, flutuações quânticas vácuo faço rever isto conclusão. Porque o dentro observância Com princípio incerteza, a posição e a energia de uma partícula não podem ser estabelecidas com a mesma precisão, nós obrigado aceitar dentro Atenção quântico efeitos, inevitavelmente influenciando no sua comportamento. Mais cedo ou mais tarde, a energia da partícula aumentará aleatoriamente e tornar-se-á relativamente grande, pelo que a barreira potencial será ultrapassada. Curti fenômeno movimentos sobre barreiras conhecido dentro física Como as processo tunelamento. Algo na mesma linha aconteceu uma vez com o nosso universo: embora sua completo energia era igual a zero, aleatória quântico flutuações permitido sua túnel dentro Existência do nada.

Então, emergente a partir de espaço-tempo espuma, recém-nascido Universo por algum tempo ele cresceu em velocidade superluminal (a teoria da relatividade, como lembre-se, não proíbe isso, porque limita a velocidade de movimento dos corpos materiais), mas quando a energia do campo do inflaton caiu ao mínimo, houve o nascimento da matéria na forma plasma quente. A inflação acabou, substituída pela expansão usual, que observar até hoje.

O nascimento do universo da espuma quântica através de uma transição de túnel defende teoria eterno (ou caótico) inflação André Linda. É claro prazo "eterno inflação" não pode ser interpretada literalmente. O estágio inflacionário é eterno exatamente na medida em que, digamos, as partículas elementares são eternas, embora cada uma delas nasça seu mandato está perdido. Nosso Universo estava em uma fase inflacionária de caráter bastante finito (e muito curto) Tempo, mas universo 1 só nosso Universo não Exausta. Existem muitos universos, eles emergem constantemente de espaço-tempo espuma por Verifica quântico flutuações. este processo aleatória caótico e não Tem nenhum o fim nenhum começar. Sozinho universos colapso, por muito pouco tendo tempo nascem, outros crescem, permanecendo vazios e mortos, porque as leis neles são tais que proíbem o surgimento de estruturas complexas, outras se transformam em uma espécie de fantasmas, por privado Tempo e desenvolvimento, uma quarto estão preenchidos estrelas, galáxias e planetas. Por uma feliz coincidência, vivemos em um universo assim. Vamos tentar explique mecanismo eterno inflação em específico exemplo.

No tempo de Planck (10^{-43} segundos), mesmo antes do início da inflação, processos gerenciou espalhar máximo no distância planckiano comprimento (10^{-33} centímetros). Somente em um volume tão elementar no início da inflação poderia haver atingiu o equilíbrio termodinâmico. No entanto, a escala real do universo não é deve necessariamente ser limitado pelo comprimento de Planck; é provável que fossem muito maiores e eram uma coleção de pequenas áreas, cada uma das quais tamanho aproximadamente igual a 10^{-33} centímetros. Todas essas áreas foram isoladas umas das outras. de um amigo, porque o sinal de luz simplesmente não teve tempo suficiente para penetrar de um áreas dentro outro. Consequentemente, física termos dentro diferente áreas visivelmente diferiam, mudando de região para região caoticamente. Densidade de energia no interior elementar células também significativamente variado.

Lembremos mais uma vez as bolas de neve espalhadas aleatoriamente na encosta da montanha: algumas mentem por pouco ao mesmo tempo as bordas abismo, uma outro removido a partir de sua no significativo distância. NO Na grande maioria dos casos, a bola de neve rola sem obstáculos e facilmente atinge pontos mínimo. NO tal "próspero" áreas inflação termina relativamente rápido (como lembramos, continua enquanto a bola de neve é no platô) e É substituído banal extensão sobre lei Friedman - Hubble. Mas quadro complicado pelo fato de que pedaços individuais sob a influência de quântico flutuações poderia jogada e dentro diretamente oposto lado, chegando inimaginável velocidades, porque o processo inflação desenvolve sobre expoente. NO tal áreas inflação não Nunca irá acabar.

Para visualizar isso de alguma forma, imagine uma folha de borracha ou filme plástico, alinhado em células como um tabuleiro de xadrez. Cada um de Campos, relevante dentro dado caso elementar planckiano volume, posso esticar Como as qualquer que seja fortemente ou, vice-versa, sair dentro imunidade. NO resultadonós Nós temos confuso conglomerado, consistindo a partir de fragmentos unificado o todo deformado puramente individualmente. "Calma" enredo, Onde inflação a muito tempo atrás ordenado por muito tempo viver, pode ser ser cercado por incontáveis quantidade regiões, localizado dentro absolutamente diferente modos: dentro algum inflação imediatamente mesmo sufocado uma dentro outros continua até agora desde.

É por isso o tamanho observável agora Universo (Metagaláctica), componente 1028 centímetros, que corresponde aproximadamente a 10 bilhões de anos-luz, podem ser uma parte insignificante do universo como um todo. Lá, além do horizonte de eventos, outros vivem e vivem mundos que não têm nada a ver com o nosso universo. E embora estejam formalmente associados a ela indiscutível facto semelhança origem, Com fisica pontos visão elas são
"coisas em si", porque não têm nada a ver com o nosso Universo. Cenário do eterno inflação estocástica (probabilística) descreve todos os universos possíveis, que em famoso senso existir "em algum lugar" no espaço.

MAS. MAS. Starobinsky, membro correspondente RAS e a Principal científico empregado Instituto teórico física eles. EU. D. Landau, dado questão simples:

...

Qual é o significado prático de tudo isso? Não podemos ver esses outros universosportanto, isso não leva a novos efeitos observacionais (ou ainda não aprendemos como encontrar - deve-se reconhecer que todo o quadro teórico do Metaverso ainda não está desenvolvido). No entanto, do ponto de vista ideológico, é claro que todos os quentes anteriores as discussões sobre o "nascimento único do universo" eram ingênuas. Ficou claro que nossa o universo visível é apenas uma das possíveis realizações de universos que são constantemente ocorrem no Metaverso em diferentes lugares no espaço (e até mesmo em algum sentido em tempos diferentes - o tempo em outros universos, em geral, não tem que se correlacionar com em vez nosso universo).

Curto resumir disse. Nascimento clássico espaço-tempo a partir de espuma quântica foi o resultado de uma flutuação quântica aleatória, e a idade do universo foi então cerca de 10^{-43} segundos. Diâmetro Universo dentro aquele tempo foi um pouco mais 10^{-33} cm, uma densidade isto microscópico coágulo alcançado monstruoso valores - 10^{93} g / cm2 (a chamada densidade de Planck, o máximo possível em natureza). Temperatura também foi debaixo vir a ser - aproximar 10^{32} graus Kelvin. NO progresso inflação, duração que foi de várias Planck vezes (10^{-43}-10^{-37} segundos), a temperatura variou em uma faixa muito ampla, caindo rapidamente para zero. Rápido inflação suavizadas espaço e fez seu praticamente homogênea em todas as direções. A era da inflação é basicamente uma fase fria; partículas elementares mais Não, uma matéria apresentado escalar inflatônico campo.

Quando inflatônico campo alcançado mínimo potencial energia, ocorrido o nascimento da matéria na forma de plasma quente de quarks, glúons, elétrons e suas antipartículas. O Universo aqueceu novamente a temperaturas muito altas da ordem de 10^{26}-10^{29} graus Kelvin. A inflação exponencial foi substituída pela habitual expansão vagarosa sobre lei Hubble, o que percebido nós Como as Grande explosão. Cedo Universo representado você mesma seu Gentil quente quark sopa: Alto temperatura impediu sua unificação e, portanto, cada quark viveu uma vida independente. Por a medida cair temperatura elas iniciado unir dentro núcleons, Então Como as Existência quarks na forma de partículas livres em temperaturas relativamente baixas é impossível. QuandoO universo esfriou para cerca de 10^{11}-10^{12} graus Kelvin (sua idade naquela época era 10^{-4} segundos), não há quarks livres na natureza - todos eles se uniram em prótons e nêutrons. este processo recebido ligar bariossíntese, ou quarkadron Estágio transição. A essa altura, o espaço do jovem Universo havia se transformado em uma espessa confusão de prótons, nêutrons, elétrons, neutrinos e fótons, bem como suas antipartículas. No entanto, aqui o que é curioso: se partículas e antipartículas fossem iguais no final da inflação, então elas inevitavelmente devo nós estamos gostaria mutuamente seja destruido dentro processo aniquilação, e então material de construção necessário para a formação de estrelas, galáxias e nós, simplesmente não seria suficiente. Em outras palavras, por que a quebra de simetria aconteceu? entre partículas e antipartículas?

Então, leis natureza são os mesmos por partículas e antipartículas, uma Porque nada mal gostaria descobrir, Como as surgiu bariônico excesso. No algum acontecendo Nota o que final resposta no isto pergunta Não, acessível de várias versões mais ou menos convincente, e cada um deles requer o envolvimento de um complexo aparato matemático. É por isso limitarmo-nos a um simplificado modelo, que, mas, ajuda Compreendo essência romances.

Vamos introduzir um campo hipotético que interage igualmente com ambas as partículas e antipartículas, e denotamos pela letra grega 0. Nós a representamos graficamente, na forma parábolas. A energia de campo será máxima em seus ramos e mínima na área inferior, em ponto, deitado no machados abscissa. Por visibilidade posso introduzir você mesma opor ou algum tipo de recipiente, digamos, uma tigela ou um copo de vinho que se alarga para cima com um fundo arredondado. Colocamos uma bola na parede interna da tigela e assumimos que sua energia é a maior, a acima de está localizado. Rolando para baixo tigelas, a bola perde energia.

Agora lembre-se que no momento do nascimento do nosso Universo, a densidade de energia era muito excelente. NO mais longe ela é tudo Tempo caiu esforçando-se para zero, uma energia Campos passado dentro energia nascido partículas. NO nosso modelos antipartículas devo ser um pouco menos. Mas Como as isto alcançar? Suponha o que partículas nascido no o campo se move ao longo do lado esquerdo da parábola e as antipartículas - ao longo do lado direito. A pintura continua permanecem completamente simétricos: nem as partículas nem seus gêmeos antípodas têm sequer conta sem benefícios, porque o flutuação quântica - embrião nosso Universo
– com igual probabilidade pode ocorrer tanto no ramo esquerdo quanto no ramo direito. E agora vamos ver, o que acontece depois.

Sobre isto Bom e simplesmente diz A PARTIR DE. G. Rubi:

...

O momento da verdade chega precisamente no nascimento do nosso universo. Se vivermos em Universo, nascido acidentalmente no ramo esquerdo, então aconteceu o seguinte. O campo começa mover para baixo e gerar partículas. Então isso "pula" a posição do mínimo e sobe para o ramo direito da parábola, mas parte de sua energia já foi dada às partículas, e irá crescer abaixo de elementar valores. É por isso, quando começa tráfego de volta para energia potencial mínima, o campo gera antipartículas em quantidades menores. Esses desbotando flutuações Prosseguir o suficiente por muito tempo, e total quantia partícula, certamente, não vai ser coincidir Com quantidade antipartículas - simplesmente Porque, o que seus Ao nascer no ramo esquerdo do potencial, o Universo quebrou a simetria da teoria. Isto é exatamente o que estávamos procurando! A propósito, se o Universo nasceu acidentalmente no ramo direito, então seríamos dominados por antipartículas. Seríamos compostos de antipartículas, mas é claro que chamaríamos gostaria eles "partículas".

E Sombrio veio

*O vento nos trouxe confortoE
no azul sentimos asas de
libélula assíria,Bustos dobrado
Trevas.*

Osip Mandelstam

Anterior capítulo por pouco inteiramente foi é devoto distante passado nosso Universo. A imagem que surge é estranha, absurda e um pouco assustadora: um mundo enorme, habitado incontáveis muitos estrelas e galáxias, surgiu literalmente a partir de nada, praticamente a partir de vazio, a partir de algum insignificante quântico flutuações. No entanto e dentro o estado moderno do Universo também está cheio de esquisitices, e o primeiro lugar entre eles direito pertence ao mistério da massa oculta, que também é chamada de matéria escura, e Sombrio energia (não confuso com massa oculta).

Observações das últimas duas décadas mostraram que a fração do visível comum substâncias - prótons, nêutrons elétrons e fótons - responsável por não mais quatro% gravidade massa-energia Universo (então há massa-energia, criando gravitacional campo). Descanso 96% - isto é algum enigmático substância, que não irradia e não absorve Sveta, uma sua presença posso descobrir só só sobre criada sua gravitacional campo. Ela é de jeito nenhum não interage Com comum matéria, então o epíteto "dark" deve ser reconhecido como não totalmente bem sucedido: com o mesmo sucesso poderia ser chamado de "transparente" ou "invisível". Em outras palavras, majestoso uma dança redonda de corpos celestes, que os astrônomos meticulosos estudaram por séculos, na verdade acabou por ser uma parte insignificante da superfície de um iceberg descansando em um bloco escuro invisível desconhecido o quê. Sobre a natureza física deste fantasma incorpóreo, mas muito pesado contemporâneo a ciência não pode ser contar nada certo. Mais Ir, de forma alguma recentementedescobriu-se que o lado escuro do nosso mundo é heterogêneo e se divide, por sua vez, em dois componentes que são muito diferentes em suas propriedades: a matéria escura (também está escondida massa), que é aproximadamente 25% da massa-energia total, e energia escura (71%). No entanto sobre tudo em ordem.

O primeiro sino, indicando que nem tudo está bem no reino dinamarquês, ligou 1933 ano, quando astrônomo americano de origem suíça Fritz Zwicky concebida a medida completo massa grupos galáxias sobre eles luminosidade. Ele Fiz de forma simples: contei o número de estrelas em cada galáxia e multipliquei esse número por meio massa estrelas. Pareceu gostaria, confiável e verificado método. No entanto outro uma abordagem, fundado no lei mundo gravidade e avaliação velocidades estrelas, deram massa incomparavelmente grande. Zwicky notou anomalias extremamente curiosas emmovimento Individual galáxias lado de dentro aglomerados. Algum por acaso ocupado galáxia movido de tal forma como se a massa total do aglomerado excedesse em muito a soma massas de suas galáxias constituintes. Uma vez que este "apêndice" robusto é invisível e pode ser descoberto só pela natureza da gravidade indignação, Zwicky propôs nomear seu matéria escura.

Naquela época, a comunidade científica reagiu à proposta de Zwicky de forma bastante lentamente, e apenas 40 anos depois eles começaram a falar sobre a massa oculta novamente. Nos anos 70 do século passado anomalias, semelhante tópicos que tipo descoberto americano astrônomo, nós estamos revelado dentro galáxias espirais. Como você sabe, as galáxias espirais, ao contrário das galáxias de outro tipos (elípticos e irregulares) giram, porém essa rotação não tem nada em comum com a rotação de um pião ou pião infantil. A galáxia não é sólida corpo, uma consiste a partir de dezenas bilhão estrelas, cada a partir de que em movimento ela própria sobre você mesma descrevendo fechado curva por aí galáctico Centro. Daqui segue, o que dentroDe acordo com as leis da mecânica celeste, a velocidade de uma estrela à medida que se afasta do centro deve cair. De qualquer forma, os planetas do sistema solar se comportam exatamente assim: mais planeta fica para trás do sol, tópicos abaixo de sua velocidade orbital.

MAS aqui tráfego estrelas dentro espiral galáxias sobre incompreensível razão isto imutável lei não obedece. Astronômico observações testemunhar cerca de volume, o que Rapidez tudo estrelas, começo Com algum distâncias a partir de Centro, torna-se um valor constante. Como resolver esta situação desagradável? Coloque minha mão no meu coraçãotemos pouca escolha. Uma de duas coisas: ou as massas das galáxias são estimadas incorretamente, ou as leis Os princípios de Newton não são universais e podem ser violados sob certas condições. Segunda opçao parece muito extravagante e não é seriamente considerado pela maioria dos cientistas, emboraseparado hereges a partir de física permitir tal possibilidade. Digamos israelense M. Milgrom relativamente recentemente proposto hipótese recebido título modificado newtoniano caixas de som (MOND). De acordo com isto hipótese tráfego estrelas, nuvens de gás interestelar e outros objetos nas camadas externas de galáxias espirais obedece não à lei de Newton, mas a uma lei mais geral, que inclui a mecânica newtoniana Como as privado acontecendo. Acelerado tráfego estrelas explicou tópicos o que no grande distâncias do centro galáctico, a lei usual de Newton não se sustenta, porque força gravidade adquire um diferente Tamanho.

Tempo não menos maioria especialistas ponto visão Milgrom não compartilhar. A dinâmica modificada não só peca com muitos exageros francos, mas também não concorda bem com os dados da astronomia observacional (por exemplo, é incapaz de explicar personagem movimentos substâncias dentro aglomerados galáxias). É por isso por pouco tudo astrofísicos tendem a explicar anomalias no movimento das estrelas pela presença de matéria invisível (escura), que, como uma enorme nuvem esférica, envolve todas as galáxias. Cálculos mostram que, no caso de nossa galáxia, o diâmetro de tal halo deve ser de pelo menos 300 mil leve anos, então há dentro três vezes supera diâmetro do leitoso Caminhos.

Mas qual é a natureza física dessa substância incomum, que, como lembramos, é responsável por 25% - mais de seis vezes mais do que a matéria comum, emitindo luz? Primeiro, os candidatos ao papel de portadores de massa escura podem ser corpos compactos, os chamados objetos compactos astrofísicos massivos no halo Galáxias - Massive Astrophysical Compact Halo Objects (MACHO). Entre esses escuros formações relacionar Preto furos, Castanho anões, velho nêutron estrelas, nuvens de partículas de interação fraca e possivelmente anãs brancas. Todos eles não devembrilhar, caso contrário já teriam sido descobertos há muito tempo. As anãs marrons são algo média entre gás planetas gigantes e pequena leve estrelas. Peso tal objeto não devo ultrapassarem dez % massas Sol, por outro lado lado de dentro dele inflamar-se reações termonucleares que levarão para emissão de luz. buracos negros e nêutron estrelas, reivindicando no Função compactar objetos, também devo satisfazer certas condições. Os primeiros não têm o direito de serem muito massivos,uma vez que a radiação da matéria que cai sobre eles os entregará imediatamente, e este último deve ter uma idade muito respeitável, já que apenas velhas estrelas de nêutrons praticamente não irradiar e Porque invisível.

Sob a influência das forças gravitacionais, a matéria escura é distribuída de forma desigual, simplesmente ditado superlotado, Curti comum matéria, e astrônomos estudar personagem isto distribuição vários métodos - sobre torto rotação galáxias, eles estrutura em grande escala, lentes gravitacionais e assim por diante. Sob o último entende-se a ocorrência de imagens falsas, uma vez que os campos gravitacionais da massa oculta distorcer trajetória movimentos Sveta a partir de distante fontes. No entanto observações mostrar o que algum só compactar objetos claramente insuficiente por bem sucedido permissões Problemas Sombrio matéria. É por isso física, envolvido em estudar elementar partícula, acreditam o que fenômeno escondido massas amarrado dentro primeiro virar Com Então chamado WIMP - Fracamente Interagindo maciço Partículas (fracamente interagindo maciço partículas). Esses hipotético partículas tchau não descoberto, e então circunstância, o que elas extremamente fracamente interagir Com substância cria ampla dificuldades em provar sua existência. Tais partículas são às vezes chamadas de frias, ou não relativista Sombrio matéria, porque eles estão se movendo co velocidades, um monte de menor Como as Rapidez Sveta. No entanto eles lentidão Com sobrecarregado banhar-se muito peso decente, porque a massa de partículas de interação fraca é 1000 ou mais vezes supera massa átomo hidrogênio.

A propósito, além do frio no Universo, também existe matéria escura quente na forma neutrinos relíquias com massa de repouso diferente de zero, mas sua contribuição para a força gravitacional total massa-energia não excede um e meio por cento. Quão nós Nós vemos trabalhar no astrofísicosainda não tem fim, mas duvidar da real existência da matéria escura hoje já énão tem que porque o exatamente ela é contribui principal contribuição dentro massa galáxias.

Mas mais mais misterioso propriedades tem Sombrio energia, no compartilhar que é responsável por 71% da massa-energia total do universo. Ao contrário da massa oculta, não é multidões sob a influência da gravidade, mas estritamente uniforme e uniformemente preenche tudo espaço universo, Curti ideal sólido meio Ambiente, e em toda parte e sempre Tem densidade constante. A hipótese da energia escura (que, estritamente falando, agora se tornou teoria completa) surgiu em 1998, quando duas equipes internacionais de astrônomos anunciou a descoberta da expansão acelerada do universo. Este fato fundamental significado o qual difícil superestimar, foi instalado no observações por distante supernovas estrelas certo modelo (modelo 1a). Tal supernovas tenho exclusivamente Alto luminosidade, comparável co luminosidade todo galáxias, dentro que eles brilham e, portanto, são claramente visíveis a distâncias intergalácticas. Exceto Além disso, uma característica única das supernovas do tipo 1a é o fato de que suas próprias a luminosidade no brilho máximo encontra-se dentro de limites muito estreitos. Em outras palavras, o poder radiação estrelas isto modelo praticamente idêntico, e Porque eles recebido ligar
"padrão velas." A partir de escola curso física conhecido o que fluxo leve radiação diminui de volta proporcionalmente quadrado distâncias a partir de fonte. Então maneira, medindo o brilho de uma supernova na Terra que entrou em erupção em uma galáxia distante, e comparando com a luminosidade intrínseca real da fonte (que é conhecida), pode-se calcular distância antes da objeto. Especialmente importante surtos supernovas modelo 1a dentro muito distantegaláxias, uma vez que os efeitos cosmológicos tornam-se significativos e não se pode apenas definir permanente Hubble, mas e a medida parâmetro densidade universo, então há instalar sua geometria.

Dados observacionais sobre supernovas do tipo 1a, acumulados até o momento, nos permitem afirmar com uma probabilidade de 99% que o Universo está se expandindo a uma taxa acelerada. E é muito curioso que o modo de expansão padrão do Hubble não mudou ontem e não hoje, mas há pelo menos vários bilhões de anos. É difícil nomear a data exata mas E se acreditam arquivo fotografias estelar céu, a maioria controlo remoto a partir de nós
"padrão vela" aceso no distância dentro dez bilhão leve anos a partir de planetas Terra. Sua luminosidade se encaixa perfeitamente nos parâmetros do modelo Friedmann, o que implica concluir, o que mais dez bilhão anos para isso de volta Universo contínuo expandir classicamente - dentro completo observância Com lei Hubble. No entanto personagem brilhar mais jovens supernovas não permite duvidar que 7-8 bilhões de anos atrás o escuro energia prevaleceu acima de forças gravidade e Universo passou a ser expandir mais rápido.

Acumula impressão, o que dinâmica universo governa algum
campo "expansão". Enquanto o volume do universo for relativamente pequeno, a gravidade é efetivamente contrariar a expansão do espaço, mas mais cedo ou mais tarde chega um momento em que quando a densidade da matéria cai abaixo de um certo valor crítico e o campo, densidade que não muda com o tempo, começa a inflar o espaço cada vez mais energeticamente. Mais Ir, ritmo extensões acontece dentro precisão tal o que faz lembrar

a notória "lambda", a constante cosmológica que Einstein introduziu nas equações teoria geral da relatividade em 1917. O universo de Einstein era estático, e ele precisava do membro lambda para equilibrar a força constritiva da gravidade repulsão cosmológica universal: caso contrário, toda a matéria deve inevitavelmente se reúnem. O próprio Einstein não suportou seu "lambda" e, posteriormente, chamou a introdução do membro lambda "o maior erro da vida". No entanto, após em 1922-1924 O matemático de Leningrado AA Fridman encontrou uma solução não estacionária As equações de Einstein, e o astrônomo americano Edwin Hubble em 1929 descobriu o vermelho tendência dentro espectro distante galáxias, passou a ser Claro, o que Universo Com momento seu o nascimento está em constante evolução, e o inconveniente "lambda" foi esquecido com segurança. O esquecimento se estendeu por mais de 40 anos, e apenas na virada dos anos 60 - 70 do passado século cerca de cosmológico constante começou a falar novamente. A partir de funciona doméstico físicos teóricos E. B. Gleaner, MAS. MAS. Starobinsky, EU. B. Zeldovich e algumoutros seguiram que o vácuo pode ter energia diferente de zero. Neste caso, a hipótese constante cosmológica é equivalente à ideia de um meio perfeitamente homogêneo, uniformemente o preenchimento tudo o universo. Propriedades tal ambientes muito incomum: sua pressão expresso negativo Tamanho, uma densidade inalterado dentro Tempo e espaço. E assim que a pressão for negativa, então a uma densidade constante será crio anti-gravidade Efeito, acelerando extensão Universo. Portanto, bastante provavelmente, o que Sombrio energia há não o que outro Como as manifestação vácuo Campos Com negativo pressão.

Isso te lembra alguma coisa, leitor? Então volte para o início do último capítulo, em que Fala caminhou cerca de cosmológico inflação - período ultra rápido extensões recém-nascido Universo. Hipotético inflatônico campo, efetivamente inflado espaço aproximar pontos "zero", teve exatamente tal mesmo características - extremamente forte pressão negativa e uma densidade constante que não muda com o tempo. Portanto, temos o direito de supor que o campo inflaton não desapareceu, mas continua a estar presente em nosso universo. Então a energia escura será apenas um campo assim, localizado dentro mínimo seu potencial. Entre a propósito, daqui segue importante consequência: era inflação qualitativamente absolutamente semelhante único para que nosso O universo está se aproximando hoje. Sem dúvida, há uma diferença entre eles, mas é puramente caráter quantitativo. É claro que no alvorecer da história, na fase de inflar todos os significados curvatura do espaço-tempo e a densidade de energia efetiva estavam em um colossal vezes mais do que agora, mas não há diferenças fundamentais entre essas duas eras visto.

Assim, até 1998, era possível falar com confiança sobre os três componentes da matéria, uniformemente o preenchimento espaço Universo. Primeiramente, isto é habitual substância - prótons, nêutrons e elétrons que compõem estrelas, planetas e tão pouco quantonós Com vocês. Em segundo lugar, isto é misterioso Sombrio matéria (escondido peso), consistindo a partir de não relativista partícula, não irradiando Sveta e praticamente não interagindo Com substância ordinária. Finalmente, em terceiro lugar, esta é a radiação "residual" - fótons relíquia e neutrinos, preservados como um eco do início quente do nosso mundo. Não descoberto até agora, grávitons e algumas outras partículas ultrarelativistas também caem em isto categoria. Esses três encarnações universo providenciar no mundo todo gravidade, uma aqui quarto componente, no compartilhar que responsável por dois terços completo densidade contemporâneo universo, identificado de forma alguma recentemente e cria fenômeno universal repulsão cosmológica. Assim, o destino do mundo é controlado por um certo continuum com densidade constante positiva e pressão negativa, e em absoluta expressão Estes dois quantidades igual entre você mesma.

Em relação à natureza física desta substância misteriosa, estamos atualmente dia não podemos dizer quase nada. Se interpretada como uma espécie de cosmologia permanente, nós inevitavelmente nós recusamos dentro joia precisão inicial parâmetros, este a maioria fino contexto, que por muito tempo imposto dentro dentes. Acontece que, o que inicial a energia potencial do universo foi calculada tão perfeitamente que, como expansão "calma" subsequente conseguiu fornecer uma densidade tão crítica nosso Paz, que fez espaço por pouco perfeito apartamento. "Por que anti-gravidade ação Sombrio energia apareceu só em que Tempo, quando vir a ser surgir galáxias? - perguntar algum astrofísica. Verdade, esses discrepâncias removido no cenário de inflação caótica AD Linde: constante cosmológica pode ser aceitar vários valores, e só lá, Onde existir estrelas, galáxias e em geral, estruturas complexas, adquire tal valor que permite a aparência assunto questionador. Em outras palavras, a energia escura é distribuída de forma desigual em espaço, uma Porque versão divino pescaria posso co calma alma perto. NO Essa cantos universo, Onde significado cosmológico constante sobre vai a chance cega acabou sendo diferente, perguntar sobre os parâmetros de ajuste de joias é simplesmente ninguém.

Enquanto isso, nem todos os físicos estão dispostos a concordar com tal formulação da questão e Acredita-se que a densidade da energia escura não é de natureza de vácuo e pode eventualmente mudança. Digamos que os americanos Paul Steinhardt e Richard Caldwell pensem que sob a máscara Sombrio energia se escondendo especial quântico campo, que pode ser aceitar variáveisvalores. Em memória dos pensadores antigos, eles a chamavam de quintessência. Como se sabe, os antigos acreditavam que os componentes do universo são quatro elementos - terra, água, fogo e ar, mas sem descanso Aristóteles adicionado isto nomenclatura quinto essência - a quintessência da qual os corpos etéricos supostamente consistem. Nas disputas de teóricos intelectuais não interferiremos, mas apenas observaremos que a questão da natureza física da energia escura ainda muito longe desde a aprovação final. Então ou caso contrário, mas o papel principal energia escura na evolução do universo em nossos dias de dúvida não liga mais. O que ela iria nem estava no nível microscópico - uma energia especial de vácuo ou geometria radical investido no universo - mas o fato permanece: por vários Por bilhões de anos, nosso Universo vem se expandindo a um ritmo acelerado, e o tom para essa expansão é dado por exatamente Sombrio energia - algum substância Com negativo pressão e constante densidade.

Com base no exposto, toda a história do universo pode ser dividida em quatro épocas e descreva com uma fórmula de quatro termos da seguinte forma: ... DS (I) - FI - FM - DS ... Primeiro o link desta fórmula denota a fase de inflação (a letra "I" entre parênteses), e a combinação "DS" indica o caráter de Sitter da expansão. Embora sobre o astrônomo holandês Willem Sitter que já mencionamos, é necessário fazer uma pequena explicação. Ele era um dos os primeiros cientistas a reconhecer a teoria geral da relatividade, mas o modelo estacionário Einstein não combinava com ele. O universo de Einstein foi descrito pela geometria riemanniana e era uma hiperesfera de quatro dimensões, um análogo do qual em três dimensões pode ser ser a superfície de uma bexiga de borracha ou um balão. Este universo está fechado mesmo e não tem limites, embora seu escopo seja finito. Um feixe de luz, se não encontrar obstáculos, se propagaria em tal modelo ao longo de um círculo (mais precisamente, ao longo de uma linha geodésica, porque o mais curto Através dos entre dois pontos no superfícies esferas é exatamente tal curva).

Babá proposto dinâmico modelo vazio e continuamente Expandindo universo, semelhante no ar bola, que o tudo Tempo inflar. Por a medida inflação diâmetro bola constantemente crescendo, uma seu geometria, continuando fique Riemanniano tudo mais e mais Aproximando para geometria Euclides. Outros palavras espaço em tal universo torna-se cada vez mais plano, e o feixe de luz não se move círculos, mas em uma espiral em contínua expansão. No entanto, Sitter teve muito azar. Ele estava muito à frente de seu tempo, e sua hipótese permaneceu na memória de seus contemporâneos. gracioso e inteligente matemático incidente. Universo Babá expandido sobre expositor (então comer em geométrico progressões dentro dependências a partir de Tempo), o que dentro este Tempo (dentro

1917) contradisse as observações. Mas propôs alguns anos depois modelo MAS. MAS. Friedman insistiu no volume, o que objetos estão removidos amigo a partir de amigo co Rapidez diretamente proporcional à distância até eles.

Hoje entendemos que essa contradição é imaginária. E Friedman não era tolo, e Babá também não sapatos de fibra sopa de repolho sorveu: cada foi à minha maneira direitos. NO era inflação o espaço cresceu exponencialmente - de acordo com os cálculos de Sitter. MAS quando a energia do campo explodindo o Universo caiu ao mínimo, o modo de expansão imediatamentemesmo mudado. E no estágios radiação (fase FI), quando Universo foi vermelho quente coágulo quente plasma, e no estágios recombinação (fase FM), quando radiação separado da matéria, nosso mundo se expandiu proporcionalmente - de acordo com a lei de Friedman - Hubble. Mas quando o Universo cresceu consideravelmente e esfriou, a energia escura entrou novamente em seus direitos. Vários bilhões de anos atrás, a era do domínio da escuridão energia, que continuou antes da agora desde, e Universo novamente começar expandir acelerado. MAS porque o sobre seus dinâmico parâmetros contemporâneo era por pouco nada não é diferente a partir de estágios inflação, MAS. MAS. Starobinsky proposto nome sua de babá (abreviação DS em do lado direito da fórmula).

Aliás, o problema do escuro energia tem muito curioso filosófico aspecto. Até o momento em que a força da repulsão cosmológica universal se tornou dominante uma Universo começar expandir acelerado gerenciou acontecer um monte de eventos diferentes. Antes de entrar no modo de expansão acelerada, o mundo passou por uma era inflação (DS(I) - palco), fase de radiação (estágio FI) e Estágio domínio Sombrio matéria (estágio FM), quando a radiação é separada da matéria. Daí temos todo o direito de assumir que a fase de inflação no lado esquerdo da fórmula foi precedida por algum desenvolvimentos.

MAS. MAS. Starobinsky escreve:

...

Tudo quatro estágios e transições entre eles, incluído dentro isto Fórmula, poderia ser calculado em teoria e explorado sobre existir atento dados. No entanto, é possível pensar que esta cadeia contém toda a evolução do nosso Universo em passado e futuro? Eu acho o que não. Quão uma vez vice-versa, Maravilhoso qualidade analogia entre DS(I) - e estágios DS, explicou acima de, sugere nós, o que isto corrente
– apenas um pequeno pedaço de algo muito maior, talvez até infinito. Vamos olhar ao longo da fórmula da direita para a esquerda. Vemos que antes do estágio DS houve um longo e história de fundo variada. Então é natural esperar que o estágio DS(I) também tenha seu próprio plano de fundo (reticências à esquerda da fórmula). Agora vamos olhar da esquerda para a direita. É óbvio que DS(I) - o palco era instável, a energia escura primária decaiu em outras (incluindo incluindo comuns) tipos de matéria. Por que então a energia escura moderna tem que ser estável e não pode se transformar em outros tipos de matéria no futuro (reticências à direita a partir de fórmulas)?

Claro que a duração Estágios do DS muitas vezes maior do que fase de inflação porque os sistemas quânticos com energia total mais baixa são muito mais estáveis. o que preocupações pré-inflacionário histórias nosso Paz, então maioria contemporâneo cosmológico modelos proibir elipse deixei a partir de fórmulas e insistir no ocorrência Universo a partir de nada (a partir de nada). No entanto, sobre opinião MAS. MAS. Starobinsky, existem inúmeros outros cenários em que DS(I) - o palco é precedido por alguma coisa. Ele escreve isso junto com Ya. B. Zeldovich eles formularam o conceito oposto do nascimento do Universo "de qualquer coisa" (de qualquer coisa), mas, devido a extremo sua extremismo não considera sua em detalhe. Um palavra, tentativas saber, o que precedido Estágio inflação, não Pare, e ser pode ser, nós espera no isto caminho mais um monte de interessante descobertas. Então ou por outro lado, mas mundo acabou sendo imensamente mais difícil Como as pareceu cientistas mais algum trinta anos de volta.

E o futuro distante do nosso universo? Qual é a idade vindoura para nóstrens? Existem várias respostas para esta pergunta, porque a natureza física da escuridão a energia ainda é um mistério com sete selos. No caso mais simples, se a energia do vácuo é positivo e não muda com o tempo, o universo se expandirá indefinidamente. O céu noturno começará a esvaziar-se pouco a pouco à medida que mais e mais objetos se movem além horizonte de eventos, e em 10-20 bilhões de anos à disposição da humanidade permanecerá nosso Galáxia (Leitoso Caminho), vizinho nebulosa Andrômedas Sim mais de várias galáxias do chamado Grupo Local. Após 1014 anos, novos deixarão de nascer estrelas e no universo haverá apenas corpos que quase não dão luz - branco e marrom anãs, estrelas de nêutrons e buracos negros. Mas no final todas as estrelas vão se apagar e morrer,e em 1037 anos em um espaço exorbitantemente inchado será impossível encontrar qualquer coisa além de preto buracos e partículas elementares. Mas nada é para sempre. Devido a processos quânticos, o preto furos afinal irradiar, Apesar e muito devagar, uma Porque cedo ou tarde elas também evaporar. isto evento acontecerá quando era Universo vai ser 10100 anos e tudo universo vai ser preenchidas extremamente escasso gás a partir de estábulo partículas elementares - elétrons, três tipos de neutrinos e, possivelmente, prótons. Paz novamente se tornará vazio, Como as bíblico Terra dentro cedo começou, porque o distância entre dois partículas vai ser supera em muito dimensões contemporâneo Universo.

O quê e digamos, uma visão de partir o coração. No entanto, estas ainda são flores, porque há cenários muito mais catastróficos para o nosso futuro distante. Um deles mostra o que dentro mundo geralmente nada não permanecerá. Um negócio dentro volume, o que E se habitual extensão Universo dentro Formato contínuo crescimento sua espaço não gera nenhuma força atuando em corpos físicos, então a energia escura se comporta completamente por outro lado. Acelerado inflação Da mesma forma aparência algum força, alongamento tudo objetos. Hoje, sua magnitude é muito pequena - 1030 vezes mais fraca que a gravidade na superfície Terra. Se a aceleração cresce exponencialmente de forma constante, então, no final, a matéria terminará não apenas com a destruição de todos os corpos físicos, mas também das partículas elementares, que toda a matéria é construída. O universo se transformará em um nada inchado, vazio em no sentido mais literal da palavra. Esse padrão, chamado de Big Gap rasgar em inglês), foi sugerido dentro 2003 ano dentro artigo R. R. Caldwell, M. Kamionkovsky e H. H. Weinberg "Fantasma energia e espaço o fim Sveta". No entanto, nem tudo é tão desesperador: outros astrofísicos, por exemplo, Stephen Hawking acredita que a expansão mais cedo ou mais tarde será substituída pela contração. Francamente falando, tal perspectiva também não augura nada de bom para a humanidade, mas isso já é um música.

No entanto, os próximos anos espreitam na bruma, como o clássico escreveu uma vez e, portanto, não vamos adivinhar sobre a borra de café, mas vamos voltar nossos rostos para o passado. No capítulo anterior a teoria das supercordas foi mencionada, o que parece ser consistente mecânica quântica e relatividade geral. É hora de falar sobre ela com mais detalhes, especialmente porque as teorias de cordas em várias versões são muito populares hoje e muito animadamente discutido.

Por começar lembrar cerca de quatro tipos fundamental interações - eletromagnética, forte, fraca e gravitacional, sob o signo do qual esta imperfeita mundo. Brevemente Deixe-me lembrá-lo para você, leitor, o que eletromagnetismo foi exaustivamente descrito pelo físico inglês James Maxwell em 1873. isto força, construído no confronto dois polar começou (cobranças 1 sinal se repelem e os opostos se atraem), nem átomos nem moléculas poderiam existir. Química e biologia Então ou por outro lado desça para eletromagnético interação. televisão e rádio, graças a que nós aprender cerca de tsunami dentro Indonésia, escapadas inacabado Talibã dentro contrafortes Hindu Kush ou próximo decolar preços no óleo no mundo mercados, também obrigado seus existência fenômeno eletromagnetismo.

Forte interação detém prótons e nêutrons lado de dentro atômico essencial, contrariando as forças de repulsão de Coulomb, e também cola juntas subnucleares partículas são quarks, a partir dos quais toda a matéria é construída. Interação fraca (mais fraca do que só gravitacional) respostas por transformação elementar partículas dentro micromundo e algum tipos decaimento radioativo.

Finalmente, gravitacional interação (isto a maioria fraco a partir de tudo - a repulsão eletromagnética de cargas opostas excede a força de contração gravidade dentro 1043 vezes) compele corpo ser atraído amigo para amigo e Tem só 1 sinal
– massa (o que é "massa" e de onde vem, ninguém sabe). Mas as forças eletromagnéticas operar só no carregada objetos, uma gravidade - no tudo corpo sem exceções, tendo massa. E como as estruturas macroscópicas são quase sempre eletricamente neutro força mundo gravidade adquire definindo Função dentro cosmológico escalas.

transportadoras eletromagnético interações são fótons (E se mais precisamente, virtual fótons), Forte - glúons (a partir de Inglês adesivo - "cola", "cola") fraco
– Então chamado pesado vetor bósons (W+-bóson, W-bóson e Z0-bóson). UMA aqui gravidade custos dentro isto fileira separado, Porque o que operadora gravitacional interações - hipotético gráviton - antes da agora desde não descoberto. É por isso gravitacional campo descrito dentro estrutura em geral teorias relatividade Como as curvado quadridimensional espaço-tempo contínuo. Curvatura o espaço é determinado pela presença de massas, e essas próprias massas, como já mencionado antes, eles não se movem em linha reta, mas ao longo de trajetórias de menor comprimento - linhas geodésicas. Vamos lembrar simples exemplo. Se um colocar no elástico borracha Folha pesado metal bola, borracha cede, formando buraco. Se um agora leva bola um pouco menos e tentar passar por uma bola pesada, ela irá rolar para dentro de um recesso (será atraída para pesado bola), ou descrever aproximar dele algum curva o que vai ser depender a partir de Rapidez pulmão bola e distâncias entre eles. Quão mais peso, tópicos mais forte urdidura espaço. Outros palavras força gravidade é equivalente a dobrar espaço-tempo.

Resta acrescentar que o eletromagnetismo e a gravidade são de longo alcance forças, enquanto as interações fortes e fracas são efetivas apenas em pequenas e ultrapequenas distâncias (10-13- 10-15cm e 10-16– 10-17cm respectivamente).

NO 1967 ano dentro física elementar partículas ocorrido significativo evento. americano Stephen Weinberg e inglês Abdus salame sem considerar amigo a partir de amigo mostrou que as interações eletromagnética e fraca são da mesma natureza e têm um origem. Separadamente, eles agem apenas em temperaturas relativamente baixas, e no temperatura ordem 1015 graus vir a ser indistinguível unindo dentro força eletrofraca. Do modelo Weinberg-Salam seguiu-se que, além do fóton, existem mais três partículas que são portadoras da interação fraca, - bósons vetoriais já familiares para nós ("double-ve plus", "double-ve minus" e "z zero"). No Alto níveis energia, relevante temperatura 1015 graus Kelvin (uma temperatura, como se sabe, é apenas uma medida da quantidade de energia), as partículas W-- e Z- começam a se comportam exatamente como um fóton sem massa. Isso é semelhante ao comportamento da bola ao jogar. dentro roleta. Stephen Hawking escreve:

...

No Alto energias (então há no rápido rotação rodas) bola conduz Eu mesmo por pouco igualmente - sem parar gira. Mas quando roda desacelerar energia bola diminui e dentro fim termina ele falha dentro 1 a partir de trinta Sete sulcos, disponível na roda. Em outras palavras, em baixas energias a bola pode existir em trinta e sete estados. Se por algum motivo pudéssemos observar a bola apenas quando baixas energias então considerado gostaria, o que existe trinta Sete diferente tipos bolas!

dez anos mais tarde teórico modelo Weinberg - Salama brilhantemente confirmado experimentalmente: foram encontrados três tipos de bósons vetoriais pesados, e é com os parâmetros previstos. O sucesso superou todas as expectativas, e hoje lei conta, o que significado modelos Weinberg - Salama, recebido título modelo padrão, é bastante comparável com as realizações do grande Maxwell, que combinou dentro seu tempo eletricidade e magnetismo.

Mas se eletromagnetismo e forças fracas são dois lados da mesma moeda, então talvez a interação forte não seja nada além de uma espécie de força comum? E de fato, o modelo padrão prevê que em temperaturas ainda mais altas (aproximar 1028 graus) devo acontecer uma associação Forte e eletrofraco interações. Fótons, glúons e bósons vetoriais começam a se comportar de forma idêntica e todos eles se tornam "em um só rosto", como as três hipóstases do Criador - Deus o pai, Deus o filho e Deus o espírito St. operadora isto universal interações devo ser misterioso Partícula de Higgs (ou X-boson), que ainda não foi detectada experimentalmente. No entanto física não perder ter esperança, o que Grande hadrônico colisor - maior dentro mundo acelerador de partículas elementares construído nas margens do Lago Genebra e lançado no outono de 2007, ajudará a pontilhar os i's. Aliás, o bóson de Higgs notável mais e o que dá pesando tudo descanso partículas.

Então, três interações de quatro - eletromagnético, forte e fraco - no certo condições mesclar juntos antes da completo indistinguibilidade. Tal termos existiu no universo muito primitivo, quando sua idade foi estimada como sendo microscópica frações de segundo. Primeiro, a forte interação separada do tronco comum, e então eletrofraco, que, por sua vez, à medida que a temperatura caiu, decaiu em fraco e eletromagnético. Uma teoria que afirma unir todas as três forças (ela, infelizmente, ainda não foi construído), chamado teoria do grande associações.

MAS Como as ser Com gravidade? Lógicas sugere o que no temperaturas ordem 1032 graus, ele deve inevitavelmente se fundir em uma união tripla, transformando um truncado trio em um quarteto completo. O problema, no entanto, é que se três forças dentro de um quantum mecânica sem especial trabalho unir dentro solteiro força (sobre extremo ao menos puramente em teoria), então gravidade dentro isto Fórmula não subidas, Teimosamente não querendo sucumbir quantização. Ela continua sendo a quinta roda do carrinho, e ao tentar combinarabordagem quântica com a teoria geral da relatividade de todas as rachaduras começam imediatamente rastejar para fora ridículo infinidade. Então o que epíteto "excelente" no que diz respeito aos para teorias a unificação de três forças peca com certa extensão: espremer a gravidade no leito de Procusto hipotético unificado superpotências de jeito nenhum não tem sucesso.

Entre tópicos caminho, permitindo consistente gravata gravidade Com eletromagnetismo, foi proposto mais dentro cedo do passado século (cerca de dois outros interações - fortes e fracas - naquela época eles não sabiam de nada). Em 1919, o matemático Teodoro Kaluza escreveu Einstein carta, dentro que detalhe delineado minha idéia unificação das forças eletromagnéticas e gravitacionais. Como você sabe, a teoria de Einstein formulado dentro estrutura representação cerca de quadridimensional espaço-tempo (três espacial Medidas um mais 1 temporário). Kaluza proposto digitar adicional espacial medição e construído modelo cinco dimensões espaço-tempo (quatro dimensões espaciais mais um tempo), e foi capaz de mostrar que seu modelo de cinco dimensões é idêntico ao modelo de quatro dimensões de Einstein um mais eletromagnetismo. Outros palavras dentro teorias Kalutsy quinto medição espaço
"respondidas" por eletromagnetismo: ele provado o que introdução adicional

espacial Medidas equivalente a introdução eletromagnetismo.

De acordo com Einstein, a gravidade, como lembramos, é uma manifestação da métrica quadridimensional espaço-tempo, uma Kaluza encontrado não quântico, geométrico solução por eletromagnetismo. Decorreu de sua teoria que a gravidade no mundo de cinco dimensões é uma, e dentro quadridimensional espaço-tempo Einstein ela é fala dentro Formato dois forças - gravidade e eletromagnética.

O modelo de Kaluza era impecável do ponto de vista matemático, mas continha incoerência significativa. Ele falhou em explicar por que a quinta dimensão do espaço não se manifesta de forma alguma em nosso mundo real de quatro dimensões. Vamos tentar eliminar isto espaço, usando a uma simples analogia.

Qualquer cordão, corda ou mangueira é, sem dúvida, um corpo tridimensional - cilindro. Se um nós nós vamos considerar tal cilindro Com o suficiente grande distância, então seu comprimento virá à tona em primeiro lugar, já que os outros dois as medidas (altura e largura) são muito inferiores em tamanho. Olhe para o humano fio de cabelo ou teia: são exatamente os mesmos cilindros de uma corda grossa, mas dois medidas devido à sua pequenez praticamente não são percebidas por nós. Teia de aranha ou cabelo parece uma linha unidimensional.

É bem possível que o espaço do nosso Universo esteja organizado de forma semelhante: três espacial Medidas esticado antes da cosmológico escala, uma quarto tão pouco que "pego" mesmo com a ajuda do laboratório mais sensível técnica, para não falar de vê-la a olho nu. Nós não podemos ver a quarta dimensão do espaço do nosso Universo exatamente pela mesma razão que não capaz Vejo adicional Medidas o mais fino tópicos. Mas ficando fundamentalmente inobservável, ela se manifesta, no entanto, em larga escala como uma força eletromagnetismo.

Ideias Kalutsy nós estamos desenvolvido dentro anos 20 anos do passado século sueco matemático Óscar Klein e pegou título teorias Kalutsy - Klein. Grandes Tempo elas apresentaram-se especulativo especulação não tendo relações para real mundo físico, mas estes dias tornaram-se bastante populares. O ponto é que se eletromagnetismo pode ser ser explicou envolvendo adicional Medidas espaço, então é possível fazer o mesmo com outros tipos de universal interações - fortes e fracas? Talvez eles também estejam conectados com alguns dimensões além da nossa percepção. Então a imagem do universo imediatamente simplifica, adquirindo uma aparência esbelta e acabada. Vamos chamar esses compactos de ocultos medidas por *interno* espaço, e as três grandes dimensões - *o espaço sideral*. Se um estrutura externo espaço determinado forças gravidade, então a forma interno espaço vai ser amarrado Com três outros interações - fraco, forte e eletromagnético. É claro que uma descrição tão única de todas as forças da natureza sobre Língua geometria aparece muito atraente.

No entanto, duas questões muito sérias devem primeiro ser respondidas. Pergunta um: como o espaço interior é organizado, como ele se parece após uma inspeção mais próxima? Pergunta segundo: se o Universo é multidimensional, então por que existem apenas três dimensões espaciais? inchado para cosmológico escala?

Vamos descobrir sobre ordem. Primeiramente, interno espaço devo ser muito pequena. Por tudo probabilidade, seu o tamanho mentiras dentro áreas Planck comprimentos (aproximar 10-33cm). Em segundo lugar, apesar de sua pequenez, não deve ter limites. Por outro lado Nesse caso, as partículas elementares, tendo atingido a borda, se comportariam exatamente da mesma maneira que as bolas tampo da mesa: eles rolariam para baixo. Assim, o espaço interno ser simultaneamente e compactar, e enrolado, então há fechado auto no Eu mesmo. Finalmente, lembrar cerca de volume, o que curvatura espaço (dentro dado caso Fala vai cerca de externo espaço) está intimamente relacionado com a gravidade. Se o espaço interno Era também torcido, isto é causado gostaria adicional gravitacional efeitos. MAS porque o nós eles não nós observamos restos suponha o que interno espaço além disso, deve ser plano. Mas é possível imaginar uma figura que dentro mesmo sendo enrolado e plano?

Para entender este chacha, vamos recorrer a uma analogia bidimensional. Deixe um exemplo apartamento espaço vai ser comum papel Folha. Para infelizmente dele há quatro as bordas, uma nosso uma tarefa dentro volume e consiste, para a partir de esses arestas livrar-se de. caixão abre simplesmente. Se você enrolar a folha em um tubo, restam apenas duas faces abertas. no oposto termina formado cilindro. Ao conectar eles articulação dentro articulação, nós temos uma figura semelhante a um bagel ou donut. Em geometria, tal figura é chamada de toro. Topologia - capítulo matemática, estudo a maioria em geral propriedades geométrico figuras - reivindicações o que no semelhante Gentil contínuo transformações que nós acabado de fazer, a superfície da folha de papel permanece apartamento. E embora em o primeiro visão no toro Com papel Folha em geral de forma alguma um pouco, superfície bagel - Boa exemplo apartamento final espaço.

Entre outras coisas, o modelo donut dá uma boa ideia do porquê dimensões adicionais do espaço estão escondidas de nós, não observáveis em princípio. No O toro tem dois diâmetros. O primeiro diâmetro é "grande", este é o diâmetro do círculo, que foi formado quando transformamos um tubo de papel reto em um anel fechado. Diâmetro quarto dois um monte de menos - isto é, simplesmente ditado espessura tubos. Suponha o que grande diâmetro Tem astronômico dimensões e é 1030 cm, dentro então Tempo Como as pequeno diâmetro não excede 10-30 cm. Então uma criatura hipotética de estatura média, habitação no superfícies toro, vontade parecer seu o mundo é unidimensional.

Assim, respondemos à questão de como o espaço interior pode ser simultaneamente apartamento e guardada. Restos descobrir Com privilegiado a posição de três grandes dimensões. Por que apenas três coordenadas espaciais nosso Paz inchado Como as no fermento, uma tudo outros fiquei enrugado os pequenos? Em outras palavras, por que o Grande Universo é tridimensional e não bidimensional? ou, digamos quadridimensional?

Vamos lembrar cenário caótico inflação André Linda, cerca de que caminhou Fala dentro anterior capítulo. Para visualmente demonstrar desigual personagem inflação dentro diferente domínios (ou áreas) universo, nós então aproveitou-se analogia com um filme plástico, quebrado em uma espécie de tabuleiro de xadrez, cada que tem o tamanho de Planck. Esses campos se comportam de forma puramente individual. Em alguns inflação termina relativamente rápido, em outros continua indefinidamente, e outros ainda caem instantaneamente, mal tendo tempo de nascer. filme plástico pode ser esticado como você quiser e em qualquer direção, então, como resultado, obtemos kit elementar células tamanho diferente e formulários.

O mesmo acontece com a predominância de três dimensões. Um tabuleiro de damas em nosso modelo pode ser esticado uniformemente e, após o fim da inflação, ainda será permanece um avião, só que maior. E o outro pode ser transformado no mais fino um fio cujo comprimento excederá sua largura por um número astronômico de vezes. Formiga, rastejando ao longo de tal fio, considerará com razão que seu mundo tem apenas um espacial medição - comprimento, porque o largura aplicado praticamente dentro zero.

NO cenários caótico inflação nosso real fisica Universo é uma pequena parte de um todo enorme - o Mega- ou Metaverso (na literatura inglesa o termo multiverso é usado por analogia com universo - "universo"). "Lá, além do rio", muito além do horizonte de eventos, existem outros mundos com um número diferente de medições desdobradas em escalas cosmológicas. Eles não têm nada a ver com nosso universo, e mesmo o tempo nesses outros universos não precisa se correlacionar com o nosso. Falando pano Língua rigoroso Ciência, nós Com vocês vivemos lado de dentro 1 área causalmente conectada, de uma vez por todas cercada de outros domínios governados por bola de forma alguma outro fisica leis. Nós simplesmente afortunado: E se gostaria número "grande" medições foi duas ou quatro, para se interessar pela estrutura do universo, mais provavelmente Total, passou a ser gostaria simplesmente ninguém. Por feliz chance nós nasceram dentro mundo, permitindo a formação de estruturas complexas; mais precisamente, é somente em tal mundo que nós poderia nascer, porque universos com outros valores de constantes fundamentais são trabalhados não sobre nós - lembrar cerca de joia no canteiro de obras inicial parâmetros.

Então perto interesse para teorias Kalutsy - Klein e problema enrolado (compactado, como dizem os físicos) as medições não são de forma alguma um capricho e não um jogo de contas, uma vez que estão mais diretamente relacionadas aos modelos de cordas. No temperatura de cerca de 1032 graus, todas as quatro interações - eletromagnética, fraca, forte e gravitacional - deve se fundir em uma única superpotência universal. No entanto tradicional atuação cerca de elementar partículas Como as cerca de ponto objetos não permite consistente gravata em geral teoria relatividade Com quântico mecânica. Em 1984, os físicos Michael Green do Queen Mary College London e John Schwartz a partir de californiano tecnológica Instituto mostrou o que problema facilmente é resolvido se o mundo das partículas elementares é representado não na forma de pequenas esferas, mas na forma objetos estendidos, uma espécie de fios, ou cordas (strings), com propriedades elásticas. É verdade que pela primeira vez eles começaram a falar sobre cordas no final dos anos 60 do século passado, mas até 1984 cordas modelos permaneceu sincero exótico, não mais Como as brilhante jogos mente.

Se um esticar elástico borracha fita, tensão lado de dentro sua afiado vai aumentar. Mas basta deixá-lo ir, pois as forças elásticas retornarão instantaneamente à fita forma original. Algo semelhante acontece com a string. À medida que a temperatura cai a tensão da corda aumenta, e quando a temperatura cai visivelmente abaixo de 1032 graus, ele imediatamente encolhe em um ponto. É por isso que as partículas elementares que observados hoje se comportam como objetos pontuais. No entanto, na realidade, os fundamentos universo mentira invisível cordas, elástico personagem que implica o que elas pode vibrar como uma corda de violão. Assim, todas as partículas elementares são quarks, elétrons, prótons - essência não o que outro Como as vibração esses minúsculo cordas, cujo tamanho longitudinal é comparável ao comprimento de Planck (10-33cm). Quanto menor o comprimento ondas, tópicos acima de sua energia. MAS porque o energia é equivalente a massa (lembrar famosa fórmula de Einstein $E = mc^2$), então podemos comparar facilmente o comprimento ondas e sua energia Com massa. É por isso flutuações cordas Com vários frequência poderia interpretados como partículas diferentes. Essa abordagem pouco ortodoxa é incrível. que permite considerar todas as partículas elementares na forma de uma e a mesma objeto fundamental - strings. Outra característica atraente das teorias das cordas é que a interação entre as partículas é explicada de forma elegante e natural caindo aos pedaços cordas em partes ou conexão Individual sua fragmentos.

Então, tudo famoso nós tijolos universo posso comparar sons surgindo das vibrações de uma corda de violão, e então o universo se transformará em um grandioso uma sinfonia emergindo majestosamente do Nada invisível. Escusado será dizer que impressionante e excitante espírito quadro, conduzindo no memória o primeiro obra Frederico Nietzsche - "Nascimento tragédia a partir de espírito música." NO colchetes Nota o que cordas teorias mais frequentemente chamado de teoria das supercordas porque eles têm a chamada supersimetria, unificador partículas Com todo de volta (por exemplo, fótons) e meio inteiro de volta(por exemplo, elétrons) dentro solteiro diagrama, mas nós estamos em esses fisica selva não escalar.

O problema é que as cordas mencionadas teimosamente se recusam a soar no espaço de três dimensões e, portanto, a teoria das supercordas é válida pelo menos no mundo de dez dimensões (um tempo e nove dimensões espaciais, com seis deles enrolados e escondido do observador devido ao seu tamanho microscópico). Como você sabe, a guitarra corda em forma flutuações só Com algum bastante certo comprimento ondas, Porque o que sua termina duro fixo. Supercordas também hesitar não de qualquer maneira Como as, porque o limitado interno espaço - seis escondido Medidas fechado no Eu mesmo. É por isso comprimento ondas, permitido no corda, determinado estrutura e dimensões do espaço interior. Assim, a estrutura interna espaço tocam conduzindo Função dentro recursos Essa força, que nós nós observamos.

circunstancial análise cordas teorias (uma eles no de hoje dia proposto bastante) não está incluído em nossas tarefas. Observamos apenas que, digamos, os chamados A teoria M, que é a sucessora direta de várias teorias das supercordas e é muito popular, impõe adicional restrições no número espacial Medidas. Este modelo, construído em 1995 por um professor da Universidade de Princeton Edward Whitten, desprovido de contradições óbvias, aparentemente apenas no espaço 11 ou 26 medições. No entanto, a teoria das supercordas não tem apenas admiradores fervorosos, mas também adversários não menos ferozes, que acreditam, com razão, que a ideia da nossa multidimensionalidade O universo deve ser explicado pelas sérias dificuldades desse modelo. Outro sua uma desvantagem significativa (apesar da massa de vantagens que eles nunca se cansam de lembrarapologistas cordas) é impossibilidade experimental Verificações (sobre extremo ao menos num futuro previsível). E em geral, falando francamente, a teoria das supercordas ainda é muito e está longe de ser completo. É verdade que muitos físicos não perdem a esperança de que a corda uma abordagem cedo ou tarde permitirá construir universal teoria, que recebido ligar teoria Total (em inglês - teoria do tudo, abreviado DEDO DO PÉ).

imaginário Tempo Stephen Falcão

Não, não a lua, mas um mostrador de luzbrilha eu e Como as é minha culpa, Que estrelas fracas eu sinto leitosas? E a arrogância de Batyushkov é repugnante para mim; Qual o hora? seu perguntou aqui MAS ele respondidas curioso: eternidade.

Osip Caule de amêndoa

Assim, teorias de cordas de vários tipos afirmam ser uma unificação consistente quântico mecânica Com em geral teoria relatividade e Curti gostaria permitir para sempre e sempre livrar-se de singularidades irritantes com seus infinitos desconfortáveis. No entanto, nós já teve a chance de garantir que, apesar das vantagens indiscutíveis, a teoria das supercordas francamente deslizes, quando tentando muito achatar tudo multicolorido Paz para primeira e única fundamental entidades - elástico unidimensional corda, perdido no espaço multidimensional. Portanto, muitos especialistas estão tentando encontraroutras opções para contornar a singularidade, oferecendo seus próprios cenários de evolução universo, não relacionado Com intrigante geometria. Gol no ficção ardiloso, e alternativo estruturas proposto excelente vários, mas modelo excepcional O físico teórico britânico Stephen Hawking, que prioriza o conceito de imaginário tempo, merece, na minha opinião, uma discussão à parte. No entanto, antes de falar sobre imaginário Tempo necessário devidamente descobrir com tempo comum.

O tempo é geralmente uma categoria misteriosa. Desde tempos imemoriais, as pessoas têm se interessado pela questão do que é. representa próximo - uma lei imutável que governa o movimento dos mundos, ou algum psicológico kunstuk, Através dos o qual nosso consciência arranja fluxo entrada de fora sensações?

Mais recentemente, há pouco mais de 100 anos, até grandes cientistas não tiveram dúvidas dentro absoluto Tempo. mostradores, espalhado sobre sem limites universo, em toda partemostrou a mesma hora. O universo foi desenhado na forma de uma caixa vazia adimensional, Onde majestosamente circulando planetas e estrelas, obedecendo implacável leis celestial mecânica. Sincronize relógios espalhados aleatoriamente pelas ruas secundárias deste gigante bolha, foi mais fácil cozido no vapor nabos - cuspir e moer.

Teoria relatividade não deixei a partir de esses ingênuo representações de pedra na pedra e hoje nós nós sabemos o que mundo arranjado um monte de mais difícil. Idéia absoluto Tempo (Como as, Contudo, e absoluto espaço) ordenado por muito tempo viver. Ver dois observadores, localizados em diferentes sistemas de referência não precisam corresponder. Hoje o espaço e Tempo não considerar isolado, uma unir dentro universal quadridimensional o contínuo "espaço-tempo", que, por sua vez, é inseparável dos corpos materiais, o preenchimento o universo. Se um algum milagroso caminho extrair a partir de universo tudo o preenchimento seu coisas, tudo matéria antes da Mais recentes partícula, então espaço e Tempo automaticamente deixará de existir. No entanto, pessoas inteligentes entenderam isso. e antes da. para mim já tive citar cristão filósofo Abençoado Agostinho, que dizia que o mundo não foi criado no tempo, mas junto com o tempo. NO seu "Confissões" ele escreveu:

...

Se um mesmo antes da céu e terra não Era Tempo então Por quê perguntar, o que Você fezentão. Quando não não houve tempo foi e então.

australiano Físico teórico Piso Davis dentro livro "O Tempo" coletado rico uma coleção de aforismos sobre a natureza dessa substância misteriosa - às vezes ernicheskie, às vezes francamente ridículo, e às vezes excepcionalmente profundo. Vamos citar alguns a partir de eles.

...

Místico XVI século Anjo Silésio: "Tempo criada vocês por nós mesmos, isto é ver dentro suacabeça. NO aquele momento quando vocês Pare pense no tempo também colapso morto."

...

O antigo poeta romano Titus Lucrécio Kar: "E da mesma forma, o tempo não pode existir auto sobre você mesma mas só a partir de movimentos das coisas Nós temos nós sensação Tempo. Ninguém, admitimos, não sente o tempo em si, mas só conhece o tempo pelo movimento de tudo outras coisas."

...

Bispo James porteiro (1611 ano): "Começar Tempo caiu dentro noite o dia anterior 23 Outubro 4004 antes da nova era.

...

Inscrição no muro banheiro: "Tempo - isto é simplesmente 1 problema por outro".

...

cristão autor Agathon: "Até Deus não pode ser mudança passado".

...

Jorge veículo com rodas, físico: "Tempo - isto é caminho, que natureza não dá tudotomar lugar imediatamente".

...

retirar, também físico: "Tempo - isto é intermediário entre possível e percebi."

Davis também se lembrava do insuperável Lewis Carroll. Quando Alice tem um copo chá disse, o que O amor é nada mal gasta Tempo, insano Chapéu indignado gritou:
"Olha o que você quer! Se você conhecesse o velho Time como eu o conheço, você nem saberia disso. gaguejou. Não é gasta! Não no atacado assim!"

Finalmente, Ostap Bender, que Davis provavelmente não conhece: "O tempo que temosisto é dinheiro, que no nós Não".

No entanto, brincadeiras à parte. O tempo, se você olhar de perto, acaba por estar em conceito eminentemente ininteligível. Por que nos lembramos do passado, mas não nos lembramos futuro? Por que, alguém se pergunta, no espaço você pode se mover em qualquer direção, junto todos três seu machados ou coordenadas então como está o tempo fundamentalmente unidimensionalmente e sempre fluindo a partir de do passado dentro futuro? Existe até conceito "Setas; flechas Tempo", e recebido distribuir três sua constituintes - termodinâmico, flecha cosmológica e psicológica. Surpreendentemente, todos eles visam um lado. Para o homem comum, essas perguntas podem parecer ociosas e sem sentido, porque nosso envolvimento incondicional no fluxo de eventos lhe parece algo tomado como certo. Enquanto isso, o mistério da "flecha do tempo" é um dos mais difíceis, e final resposta no pergunta, Por quê Tempo fluindo dentro 1 bastante certo direção, não gerenciou achar tchau mais ninguém.

A questão é agravada pelo fato de que as leis da ciência não distinguem o passado do futuro. Se um conversa mais estritamente, elas não estão mudando dentro resultado violações Então chamado Simetrias CPT. A letra C denota a substituição de uma partícula por uma antipartícula, a letra P denota um espelho reflexão, quando esquerda e direita são invertidas, e a letra T - uma mudança de direção movimentos tudo partículas no marcha ré, então há virar Tempo de volta. Outro palavras os processos físicos que ocorrem em nossa Universo, não mudará nem um pingo se parâmetros inversos C, P e T. Por outro lado, se as leis da ciência são tão são indiferentes mesmo à combinação tripla das operações C, P e T, justifica-se supor que da mesma forma, eles não devem mudar ao realizar uma única operação T. No entanto absolutamente obviamente, o que entre movimento frente e de volta dentro Tempo mentirasdistância enorme Tamanho. porcelana um copo, tendo caído co tabela no pedra piso, está fadado a quebrar, e ninguém ainda viu o inverso seqüência de eventos quando os fragmentos são reunidos, e o copo inteiro novamentesalta para cima no tabela. Semelhante comportamento ditado segundo começar termodinâmica, que diz que em qualquer sistema fechado, desordem (ou entropia, que é o mesmo) sempre aumenta com o tempo. Em certo sentido, este melhor de todos os mundos está sujeito a famoso lei Murphy, de acordo com a quem sanduíche sempre cai pintura a óleo caminho. Leitor gravitando para científico gravidade, posso sugerir de várias outro formulação desta lei cômica: de dois eventos igualmente prováveis sempre ocorre a maioria desagradável.

Então, a lei da entropia não decrescente, ou o aumento da desordem ao longo do tempo, está subjacente à seta termodinâmica. A seta cosmológica reflete a expansão universo, uma psicológico define nosso subjetivo sensação Tempo. MAS porque o ela é dado termodinâmico flecha e subordinar sua, nós lembrar eventos na mesma ordem em que a entropia cresce. É por isso que nos lembramos do passado, e não futuro.

Inicialmente, para momento Grande explosão, Universo fiquei dentro altamente ordenado Estado, mas sobre a medida Ir Como as era mudado era, uma mundo estrutura gerada após estrutura na forma de estrelas, planetas e galáxias, entropia de forma constante cresceu. À primeira vista, deparamo-nos com alguma contradição, uma vez que a evolução Universo geralmente e evolução orgânico Paz dentro especial (não Falando já cerca detornando-se razão no planeta Terra), pareceu gostaria, não aceita Com aumentar bagunça. Afinal, a vida evoluiu do simples para o complexo e acabou produzindo leve incrível e perfeito mecanismo - homeostato segundo Gentil, o que écérebro humano. Dificilmente alguém argumentaria que uma pessoa é muito mais complicada bactérias. Tempo não menos isto é contradição imaginário, por local ordem certamente acompanhado crescimento entropia. Stephen falcoaria ilustrado isto é circunstância muito claro. Ele escreve para "Apresentação histórias Tempo":

...

Se você memorizar cada palavra deste livro, sua memória receberá cerca de duas milhão unidades em formação e ordem dentro sua cabeça subir cerca de no dois milhão unidades. Mas tchau vocês ler isto livro, sobre extremo a medida mil calorias ordenadamente energia, que vocês pegou dentro Formato Comida, virou dentro energia desordenada que você transferiu para o ar ao seu redor na forma de calor para convecção e transpiração. A desordem no universo aumentará em cerca de vinte milhão milhão milhão milhão unidades, o que dentro dez milhão milhões de milhões de vezes o aumento indicado em ordem em seu cérebro - e isso acontecer só dentro volume caso, E se vocês lembrar tudo a partir de meu livro.

Então o caminho nosso subjetivo sensação Tempo - seu implacável psicológico flecha - dado flecha termodinâmico, e segundo Começar termodinâmica em tal formulação da questão torna-se quase trivial. Bagunça cresce com o tempo porque medimos o tempo na direção em que ele cresce bagunça. Lógicas bastante impecável. Restos só descobrir, Por quê e as setas cosmológicas e termodinâmicas também apontam na mesma direção. caixão abre simplesmente. Se um Universo vai ser expandir o suficiente por muito tempo, então para para isso Quando a expansão for substituída pela contração, todas as estrelas queimarão com segurança e as partículas desmoronar no elementar tijolos. Outros palavras Universo vai ser dentro extremamente desordenado doença. Mas por evolução orgânico Paz e existência razoável vida necessário Como as nós lembrar Forte termodinâmico flecha, Porque que todos os seres vivos consomem alimentos, que atuam como portadores de uma forma ordenada energia. A vida a traduz em uma forma desordenada, transformando a energia dos alimentos em calor. Assim, na fase de compressão, a existência de estruturas complexas é impossível, porque o mundo é diferente desordem extrema e não contém necessário construção material. Além disso, durante a fase de compressão, a temperatura e a pressão aumentarão de forma constante, de modo que algum orgânico inevitavelmente vai morrer em chamas do fogo mundial.

Justiça por causa de deve Marca, o que algum cientistas considerar recém-nascido universo Como as extremamente desordenado estrutura. Digamos famoso Belga físico russo origem Ilya Atraente acredita o que história Universo Com momento Grande explosão há não o que outro Como as processo complicação evolutiva de alguns "átomo primário", que era seu estado caoticamente homogêneo. E observável e absolutamente indiscutível os processos de degradação termodinâmica do nosso mundo são de natureza puramente local e nenhum dentro mínimo grau não afetar no destino Universo. Por Prigogine processos

auto-organização vai Prosseguir ilimitado por muito tempo, tchau dentro fim termina não vai triunfar acima de forças universal decair. No entanto maioria físicos Com Prigogine discorda fortemente e considera o estado inicial do Universo como um exemplo de uma estrutura altamente ordenada. De um jeito ou de outro, mas a questão da flecha do tempo é ainda muito longe da resolução final. E você, leitor, se quiser entender problema mais completamente, Eu recomendo fascinante livro Stephen Falcão
"Apresentação história Tempo."

Vamos voltar para opção desviar singularidade, proposto Falcão. corrida um pouco à frente, noto que seu roteiro está repleto de matemática enigmática e, portanto, muito difícil por popular apresentação. Até no especialistas, cão comido no vários modelos do universo, às vezes desistem quando tentam entender construções Britânico teórico. Por exemplo, famoso doméstico físico EU. MAS. Smorodinsky francamente escreve, o que vai passar mais bastante Tempo tchau sedutor e promissor ideia de Hawking vai se tornar qualquer compreensível.

O modelo padrão do universo, carregado de uma singularidade, pode ser graficamente retratar dentro Formato invertido cone, entregue no ponto. vertical eixo notal diagrama denotará o tempo e duas horizontais mutuamente perpendiculares - o espaço do nosso mundo. O topo do cone corresponde ao ponto "zero", o momento do nascimento universo "do nada". É fácil ver que o fator de escala, ou seja, o tamanho do universo, também era igual a dentro então Tempo zero. A PARTIR DE fluxo Tempo diâmetro círculos continuamente cresce à medida que o universo se expande. Assim, nosso cone invertido pode ser introduzir Como as kit fatias vários diâmetro, cada a partir de que corresponde algum momento muito específico no tempo. Quanto mais para trás no tempo (de cima para baixo vertical machados), tópicos menos o tamanho universo, tchau dentro topo cones (então há dentro singularidades) ele finalmente não vai virar dentro zero. Então, antes da nós seu Gentil afunilar pão pão, composto a partir de Individual fatias de pão.

No entanto, a singularidade, como lembramos, não é apenas um ponto adimensional, mas pequena volume, deitado dentro áreas Planck comprimentos (10-33 centímetros). Deixe-me lembrá-lo o que flutuações quânticas, que facilmente negligenciamos em mundo "grande", tornar-se muito significativo em escalas da ordem de 10-33 centímetros. Comprimento de Planck de um feixe de luz cruzes por 10-43 segundos, Consequentemente, nós Posso considerar isto valor Como as uma espécie de "quantum de tempo". Assim, a própria mãe natureza colocou em nosso caminhos de estilingue que proíbem medições precisas. A ordem das coisas estabelecida a estrutura original do mundo, acaba por ser mais forte do que os nossos desejos. Mas assim que o espaço e o tempo não pode ser medido fisicamente abaixo do limite de Planck, não está claro se semelhante quantidades no entanto algum fisica significado. Se um no topo cones não tem sentido falar sobre espaço, então exatamente o mesmo é verdadeiro para Tempo no começar começou.

Vamos voltar para nosso gráfico de cone, Onde Tempo em movimento verticalmente acima, uma espaço se desdobra horizontalmente e descrito círculo Com Móvel diâmetro. No de Planck limite, lá, Onde enlouquecer quântico flutuações espaço e tempo finalmente perdem todo o significado físico, e não temos mais certo dizer que o tempo se arrasta e o espaço se estende horizontalmente. Em veztal modelo perde completamente sua especificidade inerente, e não é mais possível distingui-lo de outras dimensões espaciais. Em outras palavras, quando o tamanho do universo foi menos de Planck limite, Tempo dentro nosso habitual submissão não existia. NO Sombrio, Como as conhecido tudo gatos enxofre, é por isso Tempo dentro áreas Planck comprimentos torna-se totalmente equivalente espacial Medidas, formando juntos Com eles quadridimensional esfera. E só quando Universo pisou planckiano limite e passou a ser Irresistível crescer, quântico flutuações perdido seu fundamental significado, uma espaço e Tempo encontrado vários propriedades.

Hawking sugeriu que o universo no início do começo era tão simples quanto é possível. Mas o que poderia ser mais simples do que uma esfera? Por isso, decididamente e irrevogavelmente descarte o vértice em nosso modelo de cone invertido e substitua-o pela borda inferior tigela redonda ou esfera. Do ponto de vista do teórico britânico, o espaço-tempo é menor planckiano comprimento recorda esfera, e Universo, assim o caminho não Tem não começar, dentro volume senso, Que ela não Tem bordas ou bordas.

Por visibilidade vamos virar para bidimensional analogias. olhar no comum escola o Globo, isto imperfeita modelo terreno bola, e Imagine você mesma no momento em que seu Pólo Sul será o ponto de nascimento do Universo. Assim como de de uma pedra lançada na água, os círculos divergem no espelho da lagoa, então e do ponto condicional, cronometrado neste caso para o Pólo Sul de nossa pequena bola, o Universo começa com confiança expandir. No isto distância a partir de círculos para círculos, desenhado ao longo do meridiano refletirá o crescimento do universo ao longo do tempo. Claro, o que cada subseqüente um círculo vai ser mais anterior, tchau inchaço Paz não atingirá equador. A PARTIR DE isto momento círculos começar uma vez por de uma vez só diminuir dentro diâmetro e, finalmente, dar em nada na ponta do Pólo Norte. E embora em tal modelo, o Universo adquire automaticamente dimensões zero em ambos os pólos, cerca de desajeitado singularidades posso com segurança esquecer. Porque o tudo pontos no superfícies esferas absolutamente igual e nada não diferente amigo a partir de amigo, no universo crescente no cenário de Stephen Hawking está faltando um certo ponto especial (ou seja, singularidade) em que todas as leis físicas padrão seriam violadas. Chegando máximo no equador, latitudinal círculos começar imediatamente mesmo diminuir tchau não convergem para um ponto no Pólo Norte. E embora o tamanho do universo seja zero nos pólos, esses pontos (bastante, Contudo, condicional) vai singular só sobre definição, Como as Sulista e Norte postes no superfícies terreno bola. Leis física vai ser realizado dentro eles Com tal mesmo descontraído facilidade, Como as elas realizado no Sulistae Norte postes planetas Terra.

Para infelizmente assim gracioso e suave Descrição histórias nosso Paz requer apresentações imaginário Tempo. E Apesar expressão "imaginário Tempo" sons, ser pode ser, um tanto selvagem, não deixa de ser um conceito científico rigoroso. Se multiplicar qualquer número comum (ou real) em si mesmo, obteremos um resultado inteligível número positivo. (Digamos que duas vezes dois é igual a quatro, e exatamente o mesmo o mesmo é obtido multiplicando -2 por -2.) No entanto, existe uma classe especial de números (suas recebido ligar imaginário), que no multiplicação no Eu mesmo dar negativo Tamanho. Por exemplo, a unidade imaginária (geralmente denotada pela letra "i") quando multiplicada por menos 1 se dá. Às vezes é descrito como a raiz quadrada de menos um. Em tal limitando o mundo condicional com a categoria de tempo na área de comprimentos de Planck ocorrem incríveis metamorfoses: perde para sempre suas propriedades originais duração e começa lembrar estendido espacial Medidas. NO ao anoitecer, os objetos perdem a face, tornando-se semelhantes entre si até completo indistinguibilidade.

E somente à medida que o fator de escala cresce, o tempo imaginário de Stephen Hawking adquire minha originalidade. Isto Como as gostaria nasce no suave Lugar, colocar, imperceptivelmente navegando a partir deespaço e sacudindo você mesmo um enfeite desnecessário seu comprimento.

À primeira vista, o cenário de Hawking pode parecer uma frívola matemática Diversão. Seus cálculos intrigantes lembram a famosa parábola do alfaiate louco, que costura todos os tipos de roupas, sem se importar com quem elas podem servir em forma. O armazém de produtos acabados há muito está repleto de uma variedade de trapos que pode ser suba a quem qualquer que seja - polvo, centauro, unicórnio ou choco. Ele professa uma abordagem completamente funcional: cada uma das roupas é perfeita por ele mesmo, mas um sujeito real que poderia puxar um ou diferente estranho equipamento, no horizonte não visto. insano alfaiate relacionado Com instalação do matemático na consistência interna: o naipe pode ser qualquer coisa ridículo, mas se for adaptado em total conformidade com as regras de corte e costura, já a maioria tem o direito de existir. Quem pode realmente se beneficiar disso torto capuz, sem papel tocam.

Eles dizem o que uma vez excepcional russo matemático P. EU. Chebyshev partiu para ler aos parisienses palestra cerca de matemático teorias construção roupas. O quórum foi ótimo. Os melhores cortadores vieram ouvir a celebridade mundial, designers de moda e legisladores Maud. segurando respiração e empinado penas, trabalhadores agulhas descoberto seus cadernos e notas livros. Chebyshev começou de longe.

– Senhores, disse ele, suponhamos, por simplicidade, que o corpo humano tem a forma bola.

Descanso as palavras ele concordou dentro vazio Salão.

piadas piadas, mas matemática também não bastardo costurado. Para a teoria Stephen Hawking especialistas relacionar bastante Seriamente, Apesar e Compreendo sua Com quinto no décimo. engenhoso o britânico acredita que na realidade o mundo vive de acordo com as leis do imaginário Tempo uma Então chamado real Tempo - Total só ficção, aparência, uma borboleta de um dia esvoaçando sobre a superfície de pesados e imperturbáveis imóveis agua. Segundo sua profunda convicção, o tempo real contado por nossos cronômetros, em arredores Planck quantidades está sendo transformado dentro Tempo imaginário, e então desconfortável singularidades poderia ser facilmente riscado a partir de histórias nosso Universo. Real Tempo, com o qual estamos acostumados a lidar, acaba por ser uma reviravolta psicológica, confortável noção, fantasma invenção nosso psique, uma no fundo universo a coisa-em-si, o tempo imaginário, repousa indiferentemente. No entanto, vamos dar a palavra a nós mesmos. Falcão.

...

Talvez se deva concluir que o chamado tempo imaginário - está ligado de fato, o tempo é real, e o que chamamos de tempo real é simplesmente fruto de nossa imaginação. Em tempo real, o Universo tem um começo e um fim correspondentes a singularidades que formam a fronteira do espaço-tempo e nas quais as leis da ciência. NO imaginário mesmo Tempo não não singularidades, nenhum fronteiras. Então o que ser pode ser, exatamente então, o que nós ligar imaginário Tempo, no ele mesmo ato mais fundamentalmente, uma então, o que nós ligar Tempo real - isto é algum subjetivo atuação, surgindo no nós no tentativas descrever, que nós Vejo o universo. Afinal ‹…› uma teoria científica é simplesmente um modelo matemático que construímos para descrever observações: existe apenas em nossas cabeças. Então não faz sentido perguntar o que é real - tempo "real" ou tempo "imaginário"? É importante apenas que a partir de eles mais adequado para descrições.

Resumindo inferno debaixo raciocínio audaz britânico, restos Marca, o que não o universo Hawking sem fronteiras e suave, por todo o seu charme, Tem sobre extremo a medida 1 significativo falha: praticamente completo ausência base experimental baseada em evidências. No entanto, não há razão para acreditar que o no futuro próximo, tais evidências aparecerão. No entanto, este não é o pior pecado, porque o leão compartilhar outro cosmológico modelos também não presta-se experimental verificação. Teoria caótico inflação André Linde é, talvez uma feliz exceção nesta série, pois concorda notavelmente com a última conquistas astronomia observacional.

Por outro lado, a noção de que espaço e tempo formam um superfície fechada fornece uma riqueza de alimento para o pensamento sobre o papel de Deus na vida Universo. Filosófico potencial isto modelos difícil superestimar. Por muito pouco se não tudo cosmológico roteiros, postular nascimento Paz "a partir de nada", deixar implicitamente e Com grande ranger, mas ainda permitido Existência O Criador.

Stephen falcoaria escreve:

...

Se o universo é realmente completamente fechado e não tem limites nem arestas, então não deve ter começo nem fim: simplesmente é, e pronto! Fica então Lugar, colocar para o Criador?

Outro cenário para a origem do nosso universo foi proposto por um físico americano Lee Smolin. Na sua opinião, novos mundos podem nascer dentro de buracos negros. Sobre o preto furos, esses carvão bolsas universo, Onde matéria falha sem Retorna, detalhado no capítulo Star Panopticon, então não vou me repetir. Deixe-me apenas lembrá-lo que o estágio do buraco negro é um estágio natural na evolução de estrelas. Quando Estrela queimaduras seu nuclear combustível, interno pressão já não pode ser neutralizar as forças da gravidade, e o corpo celeste colapsa para dentro. Tal contração catastrófica é chamada de colapso gravitacional. No entanto, não só estrelas ou outros objetos massivos podem ser a fonte de buracos negros; teoria da inflação prevê, o que no cedo estágios evolução universo, dentro Estágio inflação, devonós estamos em multidão forma primária Preto furos.

As forças gravitacionais dentro do horizonte de eventos de um buraco negro são tão fortes que o colapsocontinua até que a densidade da matéria se torne infinitamente grande. Samo escusado será dizer que o volume ocupado pela matéria compressível desaparecerá então. Lado de dentro Preto furos senta já conhecimento nós singularidade - sem dimensão ponto Com densidade e curvatura infinitamente grandes do espaço-tempo. espaço preto buracos são uma estrada para lugar nenhum, uma falha sem fundo e negra como cera, da qual você não pode saia nenhum 1 partícula. Até leve torna-se eterno sua um prisioneiro por potência gravidade por horizonte eventos transcende tudo concebível limites.

No entanto, a teoria da relatividade, como se sabe, não é leva em conta efeitos quânticos e portanto, funciona muito mal em escalas menores que o comprimento de Planck. Enquanto isso Função quântico flutuações abaixo do limite de Planck, quando eles mesmos conceitos de tempo e espaços finalmente perdem seu significado físico, torna-se decisivo. Mesmo a maioria feira e por curvatura espaço-tempo. Outro palavras nós intitulado assumir que não há singularidade com sua infinitos cansativos dentro Preto furos Não, uma tal opções, Como as densidade substâncias e curvatura espaço-tempo, devo ser limitado algum crítico valor. Mas E se gravitacional colapso dentro áreas Planck comprimentos saindo no Não, então bastante provavelmente, o que espaço lado de dentro Preto furos pode ser submeter-se a impetuoso inchar. Lembre-se da inflação, que aumentou o volume de um recém-nascido em ordens de grandeza Universo? A teoria afirma que algo semelhante poderia acontecer com um buraco negro, quando colapso natural caminho derreter.

No entanto, somos imediatamente confrontados com um paradoxo insolúvel. Se espaço dentro do buraco negro começa a inchar aos trancos e barrancos, então seu volume deve se multiplicar crescer em muito pouco tempo. Com o fim da inflação, é fácil exceder o tamanho do observável parte do universo, se a inflação continuasse o suficiente por muito tempo.

Mas, por outro lado, um buraco negro é uma coisa verdadeira em si mesma, da qual nada, mesmo leve, não posso sair Fora. Algum extensão, Como as gostaria excelente isto nenhum Era, deve necessariamente ser limitado pelo volume interno do buraco negro, sua força gravitacionalraio. E como o horizonte de eventos de um buraco negro não é páreo para dimensões completo universo, então absolutamente claro, o que caminho assim grandioso volume pode ser caber lado de dentro minúsculo mechas.

Para lidar com esse paradoxo, novamente temos que recorrer ao conceito bidimensional analogias. Imagine você mesma infantil ar bola, sobre superfícies o qual rastejando um flathead é um pequeno ser inteligente que não está familiarizado com a terceira dimensão. Na nossa modelo, a superfície do balão corresponde ao espaço tridimensional do universo. Do ponto de vista de uma pessoa plana, um buraco negro em seu mundo é apenas uma pequena área superfície, um ponto escuro como breu onde ele não pode acessar. Tendo viajado por aí pontos, peixe chato sem trabalho descobrir o que Preto buraco Tem bastante final tamanhos. Agora Imagine o que gravitacional colapso lado de dentro apartamento Preto furos terminou há muito tempo, e está passando por uma fase de inflação acelerada. Em que a borracha de um balão dentro do horizonte de eventos não é esticada em um mundo bidimensional apartamento, uma incha dentro direção, diretamente perpendicular superfícies bola. Lugares por tal inflação mais Como as o suficiente, é por isso subsidiária Universo, nascido diante de nossos olhos, pode facilmente ultrapassar a mãe em volume. No entanto, para peixe chato isto processo permanecerá segredo por família selos, por seu imperfeita apenas duas dimensões de seu mundo chato estão disponíveis para a visão. Ele não vai ver nada na de novo: o mesmo ponto inexpressivo surgirá intrusivamente diante dele, embora em realidade isto já por muito tempo desdobrado dentro enorme universo.

Algo semelhante pode acontecer em nosso universo tridimensional real. Por graduação colapso espaço lado de dentro Preto furos começa Irresistível expandir, e alguns momentos depois, de acordo com o relógio galáctico, o mundo recém-criado solenemente surge a partir de não existencia, dar à luz pelo caminho seus ter espaço e Tempo. Para infelizmente nós não destinado ser testemunhas isto excitante espetáculo, Curti assim como um homem plano, com todo o seu desejo, não pode penetrar na terceira dimensão. o universo lado de dentro que Preto buraco passado dentro inflacionário modo, nós intitulado nome materna (ou parental), e a "jovem mulher" que brotou dela - a filha, ou infantil. Ambos esses universos vai conectado peculiar cordão umbilical tubo espaço-tempo, diâmetro que comparável, sobre tudo visibilidade, Com planckiano comprimento.

No entanto, o cordão umbilical também pode se romper, pois os buracos negros, ainda que lentamente, mas evaporar perdendo massa por Verifica quântico flutuações aproximar seus fronteiras. Horizonte eventos firmemente se encolhe Como as shagreen couro, e Como as só ele se tornará menos Limite de Planck, o buraco negro efetivamente encolherá para zero, e qualquer comunicação entre relacionado universos Pare. Mãe e bebê curar independente vida. Verdade, algum física alegar o que quântico efeitos suspender evaporação Preto furos aproximar de Planck limite, mas fundamental valores isto é circunstância não Tem. explodido conectando eles cordão umbilical ou permaneceu dentro intacto e segurança não desempenha nenhum papel: ambos os Universos ainda estão isolados um do outro e conduzir você mesmo tão independente criaturas.

NO mais longe subsidiária Universo pode ser vai sobre passos seu mães. Quando a inflação irá parar, e a energia do campo inflaton cairá para os valores mínimos, acontecer Grande explosão, e filha vai passar dentro modo padrão Hubble extensões. Depois graduação inflação flutuações densidade dentro recém-nascido Universo se tornará cosmologicamente significativo, o que levará à formação de buracos negros. Alguns deles também começarão a inchar, de modo que a luz vai aparecer já a terceira geração de mundos. De certa forma, esses novos mundos já netos do universo parental original, que, com o passar do tempo, também por pouco com certeza darei filhos.

Assim, chegamos a uma imagem fundamentalmente diferente do universo, que poderia ser chamado de universo global. O universo global é difícil conjunto os mundos e recorda uva monte. Algum uva-universos amarrado entre você mesma cordão umbilical Através dos Preto furos, que não gerenciou tchau evaporar, uma outro a muito tempo atrás viver isolado, mas lado de dentro a maioria dos descendentes continua a nascer buracos negros primordiais, que tempo depois ao mesmo tempo eles dão um início de vida a mais e mais novas gerações de universos. Em outras palavras, global Universo capaz continuamente se auto-reproduz. Tal incansável brotando pode ser Prosseguir ilimitado por muito tempo, é por isso posso contar, o que o universo global não tem início no tempo. Se o ciclo vegetativo não pararnenhum no instante e funciona Como as ver, então global Universo vai ser viver para sempre.

Claro, cada uva individual (ou domínio, que é local o universo de forma confiável isolado a partir de seus irmãos) pode ser tenho ter único definir fisica parâmetros. Eles relacionado só semelhançaorigem, por assim dizer, a voz do sangue. Alguns mundos, não tendo tempo para inchar adequadamente, imediatamente mesmo começar colapso, colapso dentro ponto, uma outro vai, vice-versa, desenfreado inflar porque a inflação está crescendo exponencialmente. Entre todos os universos concebíveis deve haver pelo menos um onde a expansão inflacionária irá parar no tempo, dando origem a flutuações de densidade, que posteriormente darão origem a estruturas complexas - galáxias e estrelas. Por feliz chance, nós vivemos Como as uma vez exatamente dentro tal universo. Se um gostaria fundamental constantes tive outro valores, isto livro Nunca não foi gostaria escrito.

Reprodução brotando universos de jeito nenhum não são gêmeos. Genealógico parentesco não Tem para eles fino estrutura suave conta não relações. As constantes mundiais não são mandamentos mosaicos escritos em tábuas. Deus não é falou da sarça ardente com os plenipotenciários do povo eleito e, portanto, fundamental constantes poderia aceitar arbitrário valores. Número espacial Medidas, implantado antes da cosmológico escala, também não deve ser limitado ao número "três" e pode variar significativamente em local bolhas. Até Tempo lado de dentro brotando uvas pode ser jogar fora incrível joelhos e fluir como um deus no alma positivo

Não podemos olhar lado de dentro Preto buracos, porque tudo o que é feito para horizonte eventos, debaixo impenetrável tampa esferas Schwarzschild, representa uma terra incógnita absoluta. Mas se Lee Smolin estiver certo, e nossa Metagalaxy, em outras palavras universo observável, chocado ao mesmo tempo de um buraco negro primordial, não temos nemComo as não comparável possibilidade estudar sua miudezas de dentro, muito simples explorando estrutura em volta de nós Paz.

Nós restos responder no o único sacramental pergunta. Por a maioria De acordo com estimativas modestas, a massa do nosso Universo é de aproximadamente 1022 massas solares. Mas se O universo é tão robusto, como essa abundância de matéria pode se encaixar pequeno volume de um buraco negro primordial? Na verdade, nenhum paradoxo aqui mesmo não cheiros. Vamos lembrar o que criação Paz "a partir de nada" sugere equilíbrio entre negativo energia gravidade e positivo energia substâncias. MAS porque o a energia gravitacional negativa compensa exatamente a energia positiva, relacionado Com massa, dando como resultado, zero, a massa da criança o universo pode ser muito grande. Recém-nascido bebê pode ser sem especial trabalho superar seu pai.

Poderíamos acabar com isso, mas, mais recentemente, o físico inglês Barbour introduzido no quadra mais venerável público sensacional livro debaixo nome "Fim tempo." Nele, ele se propôs a provar que não existe tempo na natureza, ea sequência de eventos que habitualmente organizamos ao longo do eixo do tempo é não o que outro Como as inércia nosso pensamento, não tendo Com realidade nada em geral.

Esta é talvez a hipótese mais radical e extravagante sobre a natureza do tempo, e minha história cerca de vários cosmológico modelos foi gostaria incompleto, E se gostaria EU não pago conceitos rápido inglês Apesar gostaria de várias linhas. Teoria Barbour detalhe revisado por Raphael Nudelman no fascinante artigo "The Newest Guide to Tempo", Publicados dentro dois quartos revista "Conhecimento - força" por 2002 ano, e vocês, leitor, sem trabalho você pode Com sua familiarizar. EU vou recontar sua resumidamente.

Barbour ocupa não objetos físicos reais, mas a relação entre eles. Se um nós vamos levar três pontos e conectar eles direto linhas, então Nós temos triângulo certo Gentil. isto e vai ser Barburovsky "Razão" que descreve sistema de três pontos. Se no momento seguinte a posição dos pontos no espaço mudar, então o triângulo terá uma forma diferente. Esta nova "relação" já terá outro características.

Agora vamos denotar o comprimento de cada um dos lados do nosso triângulo por algum número. Construímos um espaço com três eixos coordenados e em cada eixo separamos um desses números. No nós ter sucesso o único ponto dentro espaço, que, auto você mesma é claro vai ser refletir não real posição inicial pontos, uma Total só relação entre três objetos. Chamamos esse espaço condicional (com um espaço, não tem nada em comum) espaço de configuração, ou K-space. Tudo estados subsequentes do sistema de três objetos ao longo de sua história serão ser descrito totalidade pontos, certo caminho perfurado sobre Espaço K.

Semelhante Operação posso Faz Com cada a partir de real fisica partícula, o preenchimento o universo e então tudo elas vou levar vencimento eles Lugar, colocar dentro configuração espaço. Barbour chamadas seu fictício espaço Platonia dentro honra excelente grego filósofo qual o, Como as conhecido insistiu no existência real do comum conceitos (universais). Segundo Platão, o mundo material é pálido cópia de magnífico Paz Ideias seu imperfeito semelhança.

Se um gostaria mundo obedeceu leis clássico mecânica newton, cada subseqüente seu doença definitivamente fluiu gostaria a partir de o anterior. Tal quadro universo foi chamado de determinista e estava em pleno andamento desde o início o século passado. O notável astrônomo e matemático francês Pierre Laplace tempo até se comprometeu a calcular o futuro do universo, se ele tivesse à sua disposição coordenadas de todas as partículas elementares. No mundo de Newton, um observador fora Platonia, poderia gostaria especificamos subsequência tudo Barbour pontos e conectar eles trajetória, dentro resultado o que no cada pontos apareceu gostaria "história" co seus ter passado e o futuro.

Para infelizmente nós vivemos dentro probabilístico mundo, que o controlada quântico leis. Princípio incerteza impõe fundamental banimento no simultâneo definição coordenadas e Rapidez elementar partículas: Como as mais precisamente um parâmetro é medido, menos precisamente outro pode ser calculado. Portanto, os pontos sobre mapa de Platonia, refletindo a posição das partículas no espaço de configuração de Barbour, deve substituir probabilidades. Mas então foto De uma vez só vai perder nitidez: em vez fixo pontos nós veremos leve confusão, tremendo confusão acima de vermelho quente asfalto. Conectá-los a uma trajetória rígida (escrever uma "história") será decisivamente impossível.

Mas por que ainda percebemos o tempo, se na realidade ele não existe? Barbour argumenta que "a impressão de mudança surge aqui apenas porque em nossa o cérebro coleta várias porções de informações sobre várias posições (ou estados) o mesmo objeto." Em sua opinião, a rejeição da categoria de tempo permite não só livrar-se das singularidades com seu amontoado de infinitos, mas também de uma vez por todas lidar com suas flechas desajeitadas. Em todos os outros cenários cosmológicos, o tempo fluindo a partir de do passado dentro futuro, Porque o que Universo teve Começar. Mas dentro Platonia Barbour
"momento zero" ausência de sobre definição, porque o Tempo a partir de sua retirado. Se um dentro Platonia por três pontos acessível algum especial configuração Alfa, Onde tudo partículas são dentro 1 Lugar, colocar, então então mesmo a maioria feira e por Universo dentro no geral.
A "Grande" Platonia também deve ter sua própria configuração Alpha, um destaque especial ponto, quando todas as partículas o universo são dentro 1 Lugar, colocar.

Barbour escreve:

...

A paisagem da Atemporalidade se desdobra como uma flor para todos os outros pontos que presente você mesma universal configuração a maioria diferente tamanhos e dificuldades. Pode ser, a forma Platonia é o que promove reforçado Rio abaixo probabilístico "espuma" dentro lado Essa configurações, que conter "lembretes" seu em geral origem do ponto Alfa.

Um palavra, Tempo, Com pontos visão Barbour - isto é fantasma, desencarnado fantasma, produto de nossa psique imperfeita. Nós a percebemos como uma corrente que tem bastante uma certa direção, apenas porque nós mesmos somos parte integrante isto Paz, seu incondicional filhos. Verdadeiro Universo privado Tempo seu traz para lá nossa consciência estúpida, que, por bem ou por mal, se esforça ver no desconhecido dolorosamente familiar, vestindo um par de fraque em um polvo e, portanto, descreve o mundo é puro aproximadamente.

O que pode ser dito sobre isso? A grande maioria dos físicos estima As ideias de Barbour são muito céticas, acreditando com razão que são diversão matemática vazia, definir brilhante escolar paradoxos. Não desculpe lugares e vamos citarfamoso teórico australiano Paula Davis.

...

Barbour, grosso modo, afirma que o tempo realmente não existe. Estou pronto concordam que o espaço e o tempo não são as realidades últimas. É possível que subjacente eles realidade representa você mesma algum "PRÉ-Espaço-Tempo", a partir de elementos dos quais nosso espaço-tempo observável é construído, assim como a substância que observamos é constituída de micropartículas, que, por sua vez, podem vir a ser construído a partir de PRÉ-partículas, a partir de mais mais fundamental blocos de construção matéria - supercordas - ou algo dentro isto Gentil. Curti partículas substâncias espaço-tempo também talvez conceito derivado.

...

E, no entanto, em um nível suficientemente grande, na escala do macro e mega-mundo, essea maioria espaço-tempo, que nós familiar. A partir de dele é proibido simplesmente sai fora Com com a ajuda da matemática... Antigamente, antes do advento das teorias da relatividade e da gravidade, em estava na moda em certos círculos dizer que o tempo É apenas uma fruta humana consciência, derivado a partir de nosso Sentir fluxo eventos, O que é isso de alguma forma caminho associada à capacidade do cérebro perceber eventos apenas em alguns "temporal sequências." Não há como negar que o tempo é um fluxo, mas não é puramente humano invenção ou categoria de consciência. Para um físico, tempo e espaço junto com a matéria são isto é papel brinquedo estruturas, Com que nasce ela própria Universo ou, mais precisamente, a partir de que criada Universo. Conversa, o que o tempo não é existe, simplesmente sem significado.

Aqui Então, curto e Claro. Ivashka Irá andar, uma Vitka vai ser em casa sentar, Como asfalou 1 operário-camponese mãe, incomodado comportamento seu Senior filho.

Resta-nos cuspir com o chamado princípio antrópico, após o qual vamos continuar para mais queimando perguntas. Sobre incrível alinhamento fundamental constantes, joia em forma inicial parâmetros universo nós aconteceu de ser mencionado mais de uma vez, e você, caro leitor, deve lembrar o que está errado o diabo é terrível, como o pintam. Modelos cosmológicos postulando a multiplicidade os mundos (por exemplo, teoria caótico inflação André Linde ou desenfreado brotando global Universo Lee Smolina), permitir jogar fora no aterro hipótese banal do Criador, porque eles consistentemente e consistentemente decidem pergunta cerca de fino no canteiro de obras mundo constantes. No entanto, não nós vamos correr em frente.

O termo "princípio antrópico" foi proposto pela primeira vez por um professor de Cambridge Universidade de Brandon Carter, um dos maiores astrofísicos do nosso tempo. No entanto, astuto pessoas pago Atenção no incrível alinhamento constantes fundamentais muito antes de Carter. Assim, no início da década de 1950 o famoso astrofísico inglês Fred Hoyle se perguntou como carbono e oxigênio dentro estelar entranhas. Para ele gerenciou perceber curioso numérico a razão entre a energia total de três partículas alfa (ou equivalentemente, núcleos hélio) e o nível de energia do núcleo de carbono. Assim, quando três partículas alfa se fundem, carbono, isto magnitude devo Maquiagem 7,7 megaelétron-volt. Subseqüentemente isto o efeito quântico foi descoberto experimentalmente. E um pouco mais tarde o grande Paul Dirac apanhado mais 1 incrível correspondência entre tamanhos observável universo e força gravidade dentro sua, embora estes quantidades de jeito nenhum não conectado amigo Com amigo.

Não menos interessante e este facto, o que densidade nosso Paz muito perto para crítico densidade. Se um gostaria magnitude ? foi de várias menos crítico, matéria espalhada, que está em um estado muito rarefeito, simplesmente não teria tempo de Juntar dentro massas, necessário por formação estrelas. A PARTIR DE outro mão, E se ? mais
?cr, então, pelo contrário, a condensação prosseguirá em ritmo acelerado, e a vida no Universo (ou, falando mais estritamente, estruturas complexas) simplesmente não terá tempo de surgir. E já ainda mais, não haveria tempo suficiente para a evolução do mundo orgânico, que na Terra, como conhecido durou vários bilhões anos.

Se um aumentar dentro 100 uma vez numérico significado gravidade permanente, então dentro muitos mesmo uma vez será reduzido Tempo vida Sol. Claro, o que cinquenta milhão anos claramente insuficiente para no planetas solar sistemas surgiu biosfera. No outros valores da constante de interação eletromagnética, o próton perderá sua estabilidade - o tijolo fundamental do universo, e se, além disso, "corrigirmos" as constantes um pouco Forte e fraco interações, aparência Universo vai mudar antes da irreconhecibilidade.

Relações massas próton, nêutron e elétron entre você mesma também tenho valor determinante tanto para a estrutura moderna do Universo, quanto para a aparência nele vida. Digamos que a massa de um nêutron excede a massa de um próton por uma quantidade desprezível (cerca de 10-3m?). Se apenas dobrarmos esse valor, os átomos dos elementos químicos perder a estabilidade. Da mesma forma, um aumento na massa de um elétron por apenas um fator de três liderará para decair núcleos átomos hidrogênio - a maioria difundido elemento dentro Universo.

Dimensão em torno da nós espaço também dá rico Comida por reflexões. Três dimensões espaciais garantem a circulação estável de corpos amigo aproximar amigo: ou corpo estábulo em movimento sobre elipse (dentro privado caso, sobre círculos), ou voa para longe dentro infinidade sobre parabólico ou hiperbólico trajetórias. Mas no mundo quadridimensional, o movimento periódico em uma órbita fechada impossível: planeta ou irá cair no central leve, ou imediatamente voar para longe dentro infinidade. Isso significa que no mundo de quatro dimensões espaciais, existir sustentável planetário sistemas, o movimento de elétrons em torno de átomos núcleos eetc. Toda a matéria se desfaz em pó. E em mundos com menos de três dimensões, os átomos perder habilidade irradiar dentro contínuo espectro, porque o elétrons não poderia lá faça o necessário por este orbital transições.

Lista o mais fino ajustes fundamental constantes continuamente crescendo e hoje já atingiu uma magnitude verdadeiramente assustadora. Lentamente, pense sobre o que alguém sábio e prudente poliu deliberadamente o universo para que pudesse deixe de ser criança humano. NO nosso disposição acessível três opção resposta no isto pergunta.

Opção um. As leis da natureza são criadas por uma mente superior. Teoricamente semelhante situação bastante possível é por isso não nós nos tornaremos rejeitar sua Com limite. NO fim termina criamos em laboratórios terrestres meios nutrientes artificiais para o cultivo micro-organismos benéficos, e quem sabe que avanços a biotecnologia fará um par de mil anos. No entanto, não está totalmente claro como essa hipótese a mente superior conseguiu sobreviver nas chamas do fogo universal quando nosso mundo surgiu da inexistência, e onde ele estava e o que estava fazendo quando o mundo ainda não existia. Por outro lado, overmind - também é supermind na África, e nosso negócio é bezerro - puto de suas pernas e pare. No entanto cientistas sérios começam a estremecer quando se trata da providência divina. A PARTIR DE ajuda intervenção sobrenatural forças posso sem algum trabalho explique algum fenômeno, mas então a ciência ordens por muito tempo viver. Ciência natural uma abordagem, dentro diferença a partir de fé, inclinado confessar princípio Occam: não deve multiplicar número entidades em excesso de precisar. É por isso vamos embora opção quarto 1 teólogos e teólogos. mais alto força estão listadas de acordo com eles departamento.

Opção dois. Se Teoria de Tudo (TOE para abreviar) jamais será construído, é provável que os valores numéricos dos constantes receberão uma explicação natural e razoável. Quando os cientistas entendem o que é massa, carga, spin e outras essências purl do universo, talvez seja possível responderà pergunta por que eles assumem exatamente esses e não outros valores. Então antrópico princípio posso vai ser decolar Com agenda dia. Teoria M cerca de que contou dentro capítulos anteriores, hoje reivindicações no Muito de, mas antes da linha de chegada tchau mais longa distância.

Opção terceiro, a maioria Gentil nosso coração. Se um universo não Exausta observável papel universo, E se elas dentro multidão nascido a partir de quântico flutuações espaço-tempo espuma (sobre Linde) ou a partir de primário buracos negros (de acordo com Smolin), então nosso Universo deixa de ser único e o único em seu Gentil. Fundamental constantes poderia aceitar dentro esses incontáveis os mundos quaisquer valores arbitrários, e vida e inteligência surgem apenas naqueles universos onde as condições são adequadas para eles. É verdade que pode parecer a alguns que a natureza no raridade desperdício: acumular-se tipo de avanço os mundos, para dentro algum a partir de eles uma faísca de razão se acendeu. Einstein disse que Deus não joga dados. Enquanto isso não há nada para se surpreender aqui, porque a natureza é uma construtora cega, e o desperdício é seu característica imanente. Dos milhões de ovos, apenas alguns milhares sobrevivem, e as árvores todos os anos eles espalham as sementes em abundância, para que algumas delas cresçam. No pergunta "Por que nosso universo é do jeito que o vemos?" a resposta segue: "Se Universo foi outro, nós gostaria aqui não Era!" isto e há redação antrópico princípio.

Na verdade, o princípio antrópico existe em duas formulações - fraco e forte. O princípio antrópico fraco insiste que a vida inteligente surge apenas lá e quando e onde as condições são adequadas para isso. Digamos cosmologia moderna afirma que o universo começou cerca de 14 bilhões de anos atrás e continuará a existir longo O suficiente. Por que vivemos relativamente perto do momento de seu nascimento? O caixão abre de forma simples: 10 bilhões de anos atrás, estrelas de segunda geração com química a composição necessária para o aparecimento de estruturas complexas ainda não era, e depois de alguns dezenas de bilhões de anos, todos eles queimarão sem deixar vestígios, e a vida inteligente do nosso tipo se tornará impossível.

Forte antrópico princípio diz o que leis natureza e opções constantes fundamentais são tais que permitem o surgimento de vida inteligente. Outro Em outras palavras, o mundo está aprisionado para o homem. Francamente, ambas as versões do princípio antrópico alegar praticamente 1 e então mesmo, mas afinal seu Forte hipóstase consideravelmente devolve teleologia. Acontece que, o que tudo gigantesco maquinaria universo concebida exclusivamente para você e para mim. Não é fácil conciliar com tal formulação. Além do mais, nada mal gostaria contribuir um significativo esclarecimento.

Quando nós nós dizemos o que no outros parâmetros fundamental constantes dentro Universo impossível complexo estruturas e vida, deve gostaria adicionar: vida dentro formas conhecidas por nós. Mas mesmo a vida protéica no planeta Terra tem uma enorme adaptável potencial. O suficiente lembrar cerca de Então chamado "Preto fumantes"
– quente gêiseres no fundo oceanos. Eles são são por este meio viveiro vida, Apesar a temperatura da água perto do fumante atinge 300 graus Celsius a uma pressão de de várias centenas atmosferas. o que já aqui conversa cerca de hipotético extraterrestre organismos de quem intercâmbio substâncias pode ser acumular no fundamentalmente diferente químico base.

Aliás, as condições naturais e climáticas do nosso planeta estão mudando muito rapidamente. amplo alcance, que não interfere com organismos se sentem bem e pólo, e no equador. Temperatura ótimo - um negócio gosto. Nilo crocodilo teria tido dificuldades no Círculo Polar Ártico, e ursos polares, morsas e focas dificilmente apreciado gostaria trópicos. Se um gostaria branco urso foi capaz razão logicamente, ele certamente chegaria à conclusão de que a natureza sábia teve um cuidado especial para garantir que para ele, branco urso Era OK. Não trazer Senhor viver dentro abafado deserto, Onde tarde com fogo você não encontrará focas saborosas e saudáveis, e o sol queima impiedosamente. É uma questão de parentes Penates: legal um pouco de água, fresco brisa e semestral polar noite...

Resumindo este capítulo, enfatizamos mais uma vez: a ideia de uma pluralidade de universos natural caminho permite problema joia definições fundamental constantes, de modo que a incômoda e desajeitada hipótese de Deus pode ser com a consciência limpa com segurança enviar para lixo.

Anel por aí Sol

No distante Estrela Vênus O sol é ardente e dourado, No Vênus, ah em Vênus
No árvores azul folhas...

Nicolau Gumilyov

Se o universo estivesse esgotado por galáxias, estrelas e outros buracos negros, nós poderia gostaria ousadamente colocar aqui ponto. No entanto dentro mundo existem mais e planetas - compactar não luminoso corpo, circulando por aí estrelas, e no 1 a partir de tal celestial telefone vivemos nós Com vocês. Palavra "planeta" dentro tradução Com grego significa
"vagando". Os antigos gregos, vários séculos antes do nascimento de Cristo, notaram que dentro extenso família imóvel estrelas há seus inquietação, desenho no firmamento confuso curvas. Antiguidade astrônomos sabia cinco vagando estrelas - Mercúrio, Vênus, Marte, Júpiter e Saturno. Junto com a Lua e o Sol eles formaram cosmos do mundo antigo, e a esfera de estrelas fixas coroava esta esbelta arquitetura conjunto Curti cúpulas. Terra, por si próprio, foi Centro universo.

Posteriormente, os cinco magníficos foram reabastecidos com mais três andarilhos eternos - Urano Netuno e Plutão. este trindade é proibido decifrar desarmado olho, portanto, foi descoberto relativamente tarde - após a invenção do telescópio. Urano descoberto em 1781 pelo astrônomo inglês William Herschel, Netuno em 1846 - francês Urbano Joseph Le Verrier, uma Plutão - americano Clyde William Tombo dentro década de 1930 Verdade, Plutão, por uma série de razões, tem hoje negado o direito de ser chamado de planeta e colocado em especial categoria anão planetas ou transneptuniano objetos.

NO nosso dias até alunos júnior Aulas conhecer o que por aí o que fiação.

O lugar central no sistema solar pertence à nossa luz do dia, e os planetas Aplique Em volta dele ao longo alongado círculos - elipses.

Corretamente empate órbitas planetas gerenciou longa distância não imediatamente. Eu mesmo O Criador heliocêntrico sistemas polonês astrônomo Nicolau Copérnico pensamento o que órbitas planetas são círculos regulares. E só depois de mais de 100 anos outro famoso astrônomo, Alemão João Kepler, gerenciou mostrar, o que o único figura geométrica consistente com dados observacionais é uma elipse, e o Sol situado dentro 1 de seus truques.

Relativamente tamanhos Sol também existia vários opiniões. A maioria mentes gregas antigas desesperadas admitiram que poderia ser do tamanho de Atenas, e um sábio, audaz suponha o que Sol já de jeito nenhum não menos Peloponeso Península, foi exilado Com desgraça. É claro verdadeiro dimensões Sol de várias mais. E embora ocupe um lugar modesto na nomenclatura estelar, sendo considerado ordinário anã amarela classe G, seu tamanho é muito impressionante. O diâmetro do Sol é cerca de 1,4 milhão de quilômetros (diâmetro da Terra para comparação - pouco mais de 12 mil quilômetros), e dentro Alemão concluiu 999/1000 tudo massas solar sistemas. Média distância a partir de Terra antes da Sol - 149 milhão quilômetros. este valor recebido ligar astronômico unidade (uma. e.), e ela é serve por Medidas interplanetário distâncias. O Sol é uma das 200 bilhões de estrelas que habitam nossa Galáxia (a Way), e está localizado junto com seus nove planetas nos arredores da galáxia espirais, dentro 26 mil leve anos dela Centro.

Vamos dar uma olhada mais de perto na estrutura do sistema solar. Exceto quatro planetas terrestre grupos (Mercúrio, Vênus, Terra e Marte), quatro gás gigantes (Júpiter, Saturno, Urano, Netuno) e dentro muitos tudo mais enigmático Plutão dentro composto solar sistemas estão incluídos Então chamado pequena planetas, geradores cinto asteróides entre órbitas de Marte e Júpiter, bem como cometas e meteoros que chegam de seus arredores distantes. Lá, além das órbitas de Netuno e Plutão, um cinturão se estende por dezenas de unidades astronômicas. Kuiper - uma coleção de planetas anões e fragmentos de rocha e gelo de várias formas e tamanhos. Ainda mais longe encontra-se uma enorme nuvem esférica de corpos protoplanetários, nomeados em homenagem ao astrônomo holandês pela nuvem de Oort. A partir daí, a longo prazo cometas. Finalmente, no maioria planetas solar sistemas existem natural satélites (exceto Mercúrio e Vênus). Júpiter tem atualmente mais de 60 satélites, Saturno tem 56, Urano tem 27, Netuno tem 13 e Plutão tem 3. Marte Total dois satélite (Fobos e Deimos, o que dentro tradução Com grego significa "temer" e
"horror"), e nossa velha Terra conseguiu adquirir apenas uma coisa - a Lua. Mas mas mais próximo vizinho Terra parece muito impressionantemente no fundo outros satélites, cedendo em tamanho apenas aos três maiores satélites de Júpiter (Ho, Ganimedes, Calisto) e satélite Saturno Titã.

Entre os antigos romanos, Mercúrio (também conhecido como Hermes grego) era considerado o deus do comércio, e já que o alfa e o ômega das transações comerciais sempre foi engano vender, eles dizem), então, em combinação, esse deus astuto patrocinava bandidos e golpistas.

Quão e adequado loquaz e eficiente lojista espaço Mercúrio verde ágil: dá a volta ao Sol em apenas 88 dias, e o seu ano, portanto, em quatro supérfluo vezes mais curta terreno. Distância antes da Mercúrio a partir de Sol está mudando dentro largo dentro de - a partir de 46 antes da 70 milhão quilômetros, inventando dentro média 58 milhão quilômetros. É fácil ver que a órbita de Mercúrio se assemelha a uma órbita fortemente alongada. elipse, que difere marcadamente das órbitas quase circulares de todos os outros planetas da órbita solar. sistemas. Elipticidade órbitas celestial corpo recebido expressar Através dos sua excentricidade
– a razão entre os semieixos maior e menor da órbita. No caso de Mercúrio, esse valor é 0,2, enquanto a excentricidade da órbita da Terra é mais de 10 vezes menor (cerca de 0,017). Exceto Ir, órbita Mercúrio perceptivelmente inclinado para eclíptica - avião terrestre órbitas. Canto

inclinação é de 7 graus. Para estes dois parâmetros - o grau de excentricidade e o ângulo inclinação para a eclíptica - apenas Plutão conseguiu ultrapassar Mercúrio (0,25 e 17 graus respectivamente).

Devido à sua proximidade com o Sol, Mercúrio recebe seis vezes mais luz solar por unidade de área do que a Terra. No periélio, o ponto de distância mínima do Sol, temperatura seu iluminado superfícies é 430°C uma dentro afélio - ponto remoção máxima - cai para 290 ° C. Temperatura no lado noturno do planeta cai antes da menos 170°C. Já que a média densidade de Mercúrio quase assim mesmo, Como as no Terra, deve ter um núcleo de ferro, que, segundo cálculos, ocupa quase metade volume planetas.

Da superfície da Terra, Mercúrio é bastante difícil de observar através de um telescópio (em latitudes ele nada mal visível só dentro verão meses), é por isso compor sériomapas confiáveis do planeta e esclarecer suas características físicas acabou sendo possível depois Ir, Como as vizinhança mais próximo para Sol planetas visitou espaço sondar
"Mariner-10". Mercúrio é pequeno e muito quente, é inferior ao diâmetro da Terra em quase três vezes e por volume - 14 vezes. O diâmetro de Mercúrio é de 4.880 quilômetros, e a massa é 5,5% da massa da Terra. A força da gravidade em sua superfície é três vezes menor que a da Terra, e um homem de estatura média pesaria cerca de 25 quilos lá. Entre os planetas do Sol sistemas menores do que Mercúrio apenas distante Plutão. O mercúrio tem uma atmosfera rarefeita de hélio criada pelo vento solar e contendo quantia hidrogênio, vestígios argônio e não ela. Sua pressão na superfície planetas dentro 500 bilhões de vezes menos do que a pressão do ar na Terra ao nível do mar. Sonda "Marineiro-10" também revelou que Mercúrio tem um campo magnético dipolar muito fraco (100 vezes mais fraco terrestre).

No por todo grandes Tempo astrônomos pensamento o que Mercúrio, Como as e Lua para terra, sempre convertido para Sol 1 hemisfério, então há gira por aí machados sincronizado com o movimento em torno do Sol. No entanto, em meados da década de 1960, com usando pesquisa de radar, descobriu-se que o período de rotação do planeta quente do sistema solar é de cerca de 59 dias, portanto, Mercúrio faz uma rotação completa em torno de seu eixo em dois terços do seu ano. Logicamente, o sol gravidade devo foi a muito tempo atrás desacelerar seu axial rotação, mas estaca em breveisso não aconteceu, surgiu uma hipótese tentadora de que Mercúrio já havia girado em torno de Vênus e apenas recentemente foi rejeitado por um universo celeste mais massivo. corpo. De qualquer forma, a modelagem matemática de sua órbita não exclui a possibilidade o que dentro distante passado ele era satélite Vênus.

Nomeado após a antiga deusa romana do amor e da beleza (entre os gregos - Afrodite) Vênus - mais próximo nosso vizinho dentre grande planetas (ao menos distância a partir de Terra
– apenas 39 milhões de quilômetros) e a estrela mais brilhante no céu noturno depois da lua. Ela é brilha dentro 13 uma vez mais brilhante Sírius a quem pertence honorário primeiro Lugar, colocar o mais brilhante estrelas. O brilho de Vênus é tão grande que com certa habilidade às vezes pode ser visto mesmo durante o dia, contra o céu azul. Isso ocorre porque o segundo planeta a partir do sol envolto em uma espessa camada atmosférica, 100 vezes mais poderosa que a atmosfera da Terra. Gás cobrir Vênus, permeado de várias camadas nuvens, excelente reflete luz solar.

Honra descobertas venusiano atmosfera pertence nosso compatriota Michael Vasilyevich Lomonossov. assistindo dentro 1761 ano passagem Vênus sobre disco solar, ele escreveu: "Um solavanco apareceu na borda do Sol, o que é ainda mais quanto mais perto Vênus chegava da performance. Logo essa espinha foi perdida, e Vênus de repente ficou sem borda ... "Lomonosov concluiu que" o planeta Vênus está cercado nobre ar atmosfera... O que é encharcado aproximar nosso bola terrestre."

Vênus localizado por pouco dentro um e meio vezes mais perto para o sol Como as Terra (108 e 149 milhão quilômetros respectivamente), uma Porque recebe a partir de recompensa nosso luminárias dentro dois Com metade do calor. Em termos de tamanho, Vênus e Terra são quase irmãs gêmeas: o diâmetro de Vênus é apenas ligeiramente inferior ao diâmetro da Terra e é de 12.104 quilômetros (0,95 do diâmetro da Terra, que é igual a 12.756 quilômetros), e sua massa é igual a 81% da massa Terra. Cheio volume de negócios por aí Sol Vênus compromete por 225 terreno dias, uma aqui período sua rotação em torno do eixo é um pouco maior - 243 dias. Nenhum outro planeta no solar sistema não gira em torno de seu eixo tão vagarosamente, Vênus é o detentor do recorde indiscutível sobre partes a maioria lento diário rotação. Além disso isto comprometido De dentro para fora, dentro lado, oposto sua orbital movimento, o que na realidade não único propriedade Vênus. Digamos Urano e Plutão também fiação dentro reverso, mas eles fazem isso deitados quase de lado, enquanto o eixo quase Vênus perpendicular ao plano órbitas. Assim, ela é a única planetas, que "verdade" gira vice-versa. Descobrir Como as deve dentro características da rotação diária de Vênus foi sucedida há relativamente pouco tempo - no início dos anos 60 anos do século passado, quando os métodos de radar começaram a ser amplamente utilizados, o que possibilitou olhar dentro sob ela densa cobertura de nuvens.

Antes da voos para Vênus primeiro espaço sondas muitos escritores de ficção científica imaginava nosso vizinho mais próximo como uma espécie de paraíso tropical, abafado e abafado Paz, abordado intransitável selva. Dentro molhado crepúsculo sem limites selva criaturas vis estavam escondidas, ocupadas devorando sua própria espécie. Diferente decrépito moribundo Marte Vênus desenhado algum cientistas júnior irmã Terra como era em épocas geológicas distantes, muitos milhões de anos atrás. Outros insistiam que não havia terra em Vênus, e toda a superfície planetas ocupa um vasto oceano contínuo.

Realidade acabou Onde mais prosaico e mais inesperado. Acontece que a atmosfera
A "beleza de rosto branco" (como os astrônomos da China antiga chamavam de Vênus) é de 96,5% de dióxido de carbono e quase 3,5% de nitrogênio. E para a participação de todos os outros gases - oxigênio, vapor de água, óxido e dióxido de enxofre, argônio, neônio, hélio e criptônio - não precisa mais de 0,1%. É verdade que deve-se ter em mente que, como a atmosfera venusiana é 100 vezes mais poderoso que a Terra, contém cerca de cinco vezes mais nitrogênio do que na atmosfera da Terra. No superfícies planetas, debaixo monstruoso nublado colcha, reina sem precedente, ensurdecedor aquecer dentro 460–470 graus sobre Celsius. No tal temperatura estão derretendo alguns metais. Até o lado ensolarado de Mercúrio é um pouco mais frio. E embora poderoso nublado camada espesso dentro de várias dezenas quilômetros reflete 77% queda no dele ensolarado Sveta, supersaturado dióxido carbono atmosfera cria o efeito estufa mais forte na superfície de Vênus, devido ao qual a temperatura e atinge valores tão elevados. Pela mesma razão, é surpreendentemente estável e não depende da latitude da área. Só nas terras altas é um pouco mais fresco - no de várias dezenas graus.

Nublado camada, contendo gotas concentrado sulfúrico ácido, se estende até uma altura de 70 quilômetros, e nas camadas mais altas da atmosfera há também clorídrico e fluorídrico ácidos. Nublado camada gira Como as solteiro todo, mas muito mais rápido que o próprio planeta, fazendo uma revolução completa em 4-5 dias. Portanto, nas alturas cerca de 60 quilômetros de ventos com força de furacão sopram constantemente a uma velocidade de 100 metros por segundo (360km/h). Mas perto da superfície do planeta, a velocidade do vento cai para vários metros por segundo, mas como a atmosfera de Vênus é 50 vezes mais densa que a da Terra e apenas 14 vezes inferior dentro densidade agua, então até vento força 1 metro dentro me dê um segundo - muito sério tentativas. A pressão da atmosfera na superfície de Vênus é 90 vezes maior que a da Terra (90 e 1 bar, respectivamente), e uma pressão de 119 bar foi registrada no fundo do Diana Canyon. Mesmo ligado os picos mais altos das montanhas do segundo planeta, atingindo 11 quilômetros de altura, pressão é 45 bar, ou seja, 45 vezes mais do que na Terra ao nível do mar. Em um mundo, Vênus - isto é mundo escaldante aquecer, purgado Através dos vermelho quente ventos e para sempre e sempre esmagado forte dióxido de carbono casaco de pele, alguns inferior sobre densidade agua.

Claro, nenhuma vida nas formas a que estamos acostumados pode sobreviver no inferno quente. segundo planeta. A beleza de rosto branco dos astrônomos chineses acabou sendo a mais real infernal de fogo.

Para um curto século de astronáutica terrestre, cerca de trinta estações automáticas. Os primeiros veículos de descida foram projetados para máxima pressão de cerca de 7 bar e, portanto, rapidamente entrou em colapso mesmo nas camadas superiores do venusiano atmosfera. Mas foi com a ajuda deles que foi possível estabelecer a composição gasosa da cobertura de nuvens nosso vizinho mais próximo. As sondas domésticas Venera-13 e Venera-14, que fizeram em 1982, um pouso suave na superfície do planeta, conseguiu trabalhar por cerca de 2 horas em assassino clima Vênus. Análise solo mostrou o que minerais, componentes latido planetas, dentro muitos semelhante terreno basalto, encontro no fundo oceânicobacias de águas profundas. Sonda americana "Magellan" por quatro anos de trabalho em órbita Vênus (1990-1994) compilou e transmitiu à Terra mapas detalhados de sua superfície. Alívio segundo planetas complicado e representa você mesma extenso montanhoso planícies, atravessado por numerosas cordilheiras que se assemelham a dorsais meso-oceânicas no terra, e também alpino planalto vulcânico origem.

Vulcânico atividade Vênus dúvida não chamadas. No sua superfícies dezenas de milhares de vulcões foram descobertos, alguns deles chegando a 100 quilômetros em através. É possível que vulcões individuais continuem a entrar em erupção até hoje, mas sua o número é relativamente pequeno. Formas de relevo completamente únicas também foram identificadas em Formato muito gordo e devagar espalhando lava fluxos - Então chamado vulcões de panqueca. Mas há muito poucas crateras de meteoritos em Vênus - cerca de 900, ou seja, não mais dois no milhão quadrado quilômetros. Por comparações: no marte no tal mesmo área existem por pouco cento e cinquenta crateras, uma no lua - aproximar quatrocentos. Aparentemente, isso se deve ao fato de que no passado recente (cerca de 500 milhões de anos volta) sua superfície sofreu uma espécie de renovação: rochas antigas com vestígios bombardeio de meteoritos foram preenchidos com lava jovem. Um argumento adicional em a vantagem de tal cenário é a ausência de manifestações de placas tectônicas em Vênus, típica para a Terra ou Marte.

É por isso dentro última coisa Tempo passou a ser muito popular hipótese Então chamado
"vulcanismo súbito", destinado a explicar características climáticas únicas Vênus. De acordo com esta hipótese, a ausência de deriva continental levou ao fato de que lentamente acumulando calor subterrâneo cerca de meio bilhão de anos atrás durante a noite espirrou por dezenas de milhares de vulcões emergentes simultaneamente. Na atmosfera planetas recebido monstruoso quantia ácido carbônico, sem torção volante efeito estufa. O resultado desses processos foi o desaparecimento da água e a rápidapromoção temperatura.

Resta acrescentar que Vênus não foi encontrado para ter um campo magnético ou radiativo cinturões, apesar da presença de um núcleo de ferro com raio de 3.000 quilômetros e um manto poderoso a partir de fundido raças, ocupando uma grande papel volume planetas.

O quarto planeta do grupo terrestre recebeu o nome do antigo deus romano da guerra Marte, que o originalmente foi ctônico divindade fertilidade e selvagem natureza. A palavra grega "chthonos" significa "terra", e é costume chamar criaturas ctônicas criaturas do interior da terra, abundantemente dotadas de seu poder produtivo. Valente Marte tornou-se um guerreiro mais tarde e, como tal, foi identificado com o grego antigo Ares, patrono da guerra insidiosa e pérfida pela guerra, enquanto Atena Palas personificado guerra honesto e feira.

Marte está uma vez e meia mais distante do Sol do que a Terra, então o ano marciano duas vezes mais longa que a da Terra: sua duração é de 687 dias terrestres. Além do mais, a órbita de Marte tem uma excentricidade bastante perceptível (0,09), de modo que a distância até quarto planetas a partir de Sol está mudando dentro tangível dentro de - a partir de 250 milhão quilômetros dentro afélio antes da 207 milhão quilômetros dentro periélio (no Terra relevante valores são 152 e 147 milhões de quilômetros). Distância média entre Marte e Sol é 227,9 milhões quilômetros.

As características da órbita marciana levam ao fato de que a cada dois anos (mais precisamente, então a cada 780 dias) a Terra e Marte estão a uma distância mínima um do outro amigo, que varia de 56 a 101 milhões de quilômetros. Encontros planetários semelhantes são chamados de confrontos. Se a distância entre eles for inferior a 60 milhões de quilômetros, então eles falam de um grande confronto. Este evento se repete Através dos todo 15-17 anos.

O diâmetro de Marte é de 6.800 quilômetros, ou seja, é quase metade do tamanho da Terra. Em termos de massa, é 10 vezes inferior ao nosso planeta e em termos de área de superfície - três e meia.vezes. Um dia marciano é ligeiramente mais longo que um dia terrestre (24 horas 39 minutos e 23 horas 56 minutos). respectivamente), e o ângulo de inclinação do equador para o plano da órbita é de 25 graus, o que apenas dois graus maior que a da Terra. No entanto, ao contrário do nosso planeta, as estações do ano os hemisférios norte e sul de Marte têm durações diferentes, o que é explicado por conspícuo o alongamento de sua órbita.

Um palavra, Marte sobre muitos parâmetros muito semelhante no terra, Muito de mais, Como as algum outro planeta solar sistemas, é por isso ele sempre chamado crescente interesse entre os terráqueos. O curso do raciocínio era extremamente simples: se na Terra durante vez que floresceu a vida, então é possível excluir que Marte é planeta habitado? E assim que ele, com toda a probabilidade, é mais velho que a Terra, então há bastante pode ser existir altamente desenvolvido civilização, Muito de à frente de dentro técnico relação à terra. Quando, no final do século XIX, o astrônomo italiano Giovanni Schiaparelli relatado o que repetidamente viu no superfícies Marte internet grandes Sombrio linhas, vinculativo polar e moderado zonas planetas, americano Percival Lovell imediatamente sugerido eles artificial origem. Seguindo por cientistas para causa escritores se juntaram, jogando combustível no fogo do fundo de seus corações. O fascínio por Marte cresceu além dias uma pela hora.

HG Wells povoou o quarto planeta com horríveis lesmas gigantes com um tufo de tentáculos ao redor de uma boca em forma de bico. Produto de uma evolução completamente diferente, eles nós estamos encarnação nu razão Com limpamente recortado emocional esfera. Arrogante e desdenhosamente eles olharam das alturas cósmicas para o estúpido enxame vida terrena. Nosso planeta estava interessado nesses cefalópodes inteligentes apenas como um recurso alimentar inesgotável, como outro posto avançado no caminho de sua expansão irresistível. Muito à frente dos terráqueos em termos técnicos, eles construíram facilmente uma enorme frota interplanetária, e na virada do século (o romance de Wells A Guerra dos Mundos foi escrito em 1898 ano) naves espaciais marcianas caíram como ervilhas na sofrida Terra. desajeitado exércitos europeus acabou sendo não dentro forças resistir gigantesco e invulnerável combate tripés, esmagador no local tudo em torno da mortal térmico feixe. Cidades veio dentro desolação, uma ferro estradas crescido daninha Relva. avançando o fim Sveta. Humanidade salvou acidente: marciano arruinado microrganismos terrestres inofensivos para as pessoas, porque viviam em sua terra natal praticamente dentro estéril condições, por pouco totalmente tendo perdido imunidade, Então Como as mais um monte de séculos de volta exterminado tudo infeccioso e parasita doença. incrível descuido por altamente desenvolvido civilização, dominado tripulado espaço vôo…

Fundamentalmente outro interpretação confrontos dois os mundos proposto Alexei Nikolayevich Tolstoy na fantástica história "Aelita" (1923). Ele envia para Marte dois entusiastas - o engenheiro Los e o soldado do Exército Vermelho Gusev. Depois de um curto interplanetário aparato de vôo, construído às custas da república (onde está o dinheiro, Zin?), com segurança pousando bravos viajantes na superfície do Planeta Vermelho. Marte sob a caneta Tolstoi Irresistível rolando para pôr do sol. este decrépito, moribundo mundo a muito tempo atrás

desperdiçou ineptamente a herança do grande passado, e agora uma alta cultura criada por trabalho árduo de dezenas de gerações de marcianos, está em profunda declínio. murcho canais, abandonado moradores cidades, destruído antes da motivos gigantesco reservatórios
– no todos mentiras selo ruína e desolação.

Ao longo do caminho, acontece que com seu inédito decolagem cultural Os marcianos são obrigados nativos do planeta Terra: há 20 mil anos, quando a lendária Atlântida, tendo se partido em pedaços, afundados nas profundezas do mar, os ferozes Magatsitls - a casta suprema dos atlantes, pelo fogo e plantado com uma espada civilização em todo o mundo - começou sair nativo planeta. Pela oceano queda agua, dentro fumaça e cinzas, elas voou para longe dentro mundo espaço dentro bronze, quem tinha Formato ovos, espaço dispositivos. marciano anuais Ir Tempo dizer:

Quarenta dias e quarenta noites os Filhos do Céu caíram sobre Tuma. A estrela Talzetl estava subindo depois amanhecer e ardeu com uma luz incomum, como um mau-olhado. Muitos dos Filhos do Céu caíram mortos, muitos foram mortos nas rochas, mas muitos chegaram à superfície de Tuma e foram vivo.

Os ancestrais dos marcianos chamavam seu planeta natal de Tuma e a estrela sangrenta Talzetl - isto é Terra em dialetos locais. Os alienígenas lavraram os campos e os semearam com cevada, cortaram estéril marciano planícies rede canais e erigido ciclópico os prédios. Juntos Com eles veio Excelente Conhecimento, gravado colori pontos dentro antigomanuscritos.

Mensageiros soviético Rússia apanhado de forma alguma outro era. Se um tirar proveito terminologia de Lev Nikolaevich Gumilyov, um conhecido historiador russo, marcianos finalmente e irrevogavelmente perdeu a passionaridade e caiu na pura insanidade. Semelhante doença, quando sociedade extremamente atomizado uma vital energia seu membros flutua perto do ponto de congelamento, é comumente chamada de fase de obscurecimento. Fragmentos de alta cultura deteriorado dentro empoeirado depósitos de livros, uma potência foi usurpado monte oligarcas cínicos. As pessoas comuns viviam na pobreza. Escusado será dizer que o herói Civil guerra, aposentado comandante de divisão Gusev, aguentar tal feiúra não poderia. Ele olhou ao redor, e sua alma ficou ferida pelo sofrimento. O comandante da divisão de combate iniciou um golpe, e no início a sorte o favoreceu. Mas as coisas logo deram errado. capotamento solto milícia rebeldes governo tropas cruzou dentro resoluto ofensiva, e nosso Heróis tive precipitadamente levar embora pernas. Ligar quarto planeta dentro composto russo federação, para infelizmente Então e fracassado.

Então Páginas "Marciano crônicas", lançado De baixo caneta americano escritor de ficção científica Ray Bradbury, um nascimento de Marte muito diferente. Mas no mais pungente Nos contos deste ciclo, vemos a mesma coisa - uma cultura frágil e refinada que está morrendo sob as botas de colonos sem cerimônia e sem educação da Terra. Esses fortes e vigorosos rapazes Maravilhoso conhecer Com que lados no sanduíche óleo, uma mínimo manifestação inteligência causas no eles saudável afirmação da vida riso. Eles são Diversão derrubando cidades marcianas de brinquedo há muito abandonadas por seus habitantes, e torres de porcelana sem peso se desfazem silenciosamente em pó. Nativos ameaçados de extinção de alguma forma sobreviver minha século dentro a maioria surdo e inacessível cantos planetas, e só raramente-raramente posso Vejo impetuoso Branca de Neve veleiros marciano, corte as hastes afiadas das areias vermelhas dos desertos marcianos. E na encruzilhada cogumelos depois chuva, deixe de ser criança feio latas, abrir salsicha debaixo sinais desajeitados e caminhões pesados ronronam enquanto eles desajeitadamente giram nas nuvens fino laranja pó. Um palavra, repete excelente americano fronteira, dentro resultado o qual pereceu e Derreteram sem vestígio único cultura o todo continente.

MAS o que é quarto planeta dentro realidade? o que representa você mesma real, uma não um Marte imaginário? Até recentemente, não havia respostas para essas perguntas. Cientistas fantasiou quem em que muito. Marte é um planeta morto, alguns disseram. Se houvesse vida, então ela é pereceu centenas milhão anos de volta, quando sobre Terra andei por aí antediluviano lagartos. Nada disso, outros objetaram. E o que você quer fazer com uma extensa rede canais (a propósito, até 50 quilômetros de largura!), Que conectam as calotas polares com latitudes temperadas de Marte? Não há dúvida de que se trata de irrigação complexa edifícios, redistributivo precioso marciano umidade. Delírio cinzento éguas, céticos fumegaram. Os chamados canais são apenas falhas naturais crosta marciana. E quem disse que Marte é um mundo duro e antigo, perguntaram os entusiastas. Talvez a maior parte - oceanos ligados por uma concha de gelo, e o notório canais - muito simples rachado gelo ou vegetação, alimentado subglacial umidade.

A clareza relativa veio apenas com o início da era da astronáutica. As primeiras sondas atingiu o quarto planeta, registrou uma atmosfera extremamente rarefeita, a completa ausência de grandes reservatórios e numerosos vestígios de intensa bombardeio de meteoros. Hoje, quando nas proximidades de Marte (e em sua superfície em inclusive) visitou muitas estações automáticas, temos o direito de trazer o primeiro preliminares resultados. E E se passagem popular ator de cinema Filippova antes da agora desde permanece sem resposta ("Existe vida em Marte, existe vida em Marte - isso ainda é ciência desconhecido") então relativamente floração macieiras posso fala mais definitivamente.

Como Marte recebe mais de duas vezes menos calor do Sol do que a Terra, temperatura média anual em sua superfície é menos 60 graus Celsius. E embora no verão no equador a temperatura às vezes suba alguns graus mais alto zero, as quedas diárias de temperatura são enormes e chegam a várias dezenas de graus. Por exemplo, no hemisfério sul, no paralelo 50, a temperatura no auge do outono não sobe acima de menos 18 graus Celsius ao meio-dia e cai para menos 63 à noite graus. Então significativo alcance temperatura hesitação no por todo dias explicou extremo escassez marciano atmosfera, consistindo no 95% a partir de dióxido de carbono gás. No compartilhar azoto e argônio responsável por 2,5% e 1,6% respectivamente, uma o teor de oxigênio não excede 0,4%. registrado na calota polar norte exclusivamente Baixas temperaturas ordem menos 138 graus Celsius. atmosférico A pressão na superfície de Marte é 160 vezes menor do que na Terra ao nível do mar. Apenas ligado no fundo das depressões mais profundas, "cresce" duas vezes. A atmosfera marciana é extremamente seco e por pouco totalmente privado agua vapores. Além disso no marte periodicamente inflamar-se o mais forte tempestades, elevação dentro ar bilhões toneladas pó. Eles duração vem antes da 100 dias, uma Rapidez vento atinge 70 quilômetros dentro hora.

Então o caminho moderno Marte - isto é muito forte mundo, e conversa cerca de a existência de quaisquer formas de vida complexas em condições tão extremas, de acordo com tudo probabilidade, não responsável por. A PARTIR DE outro mão, não deve esquecer, o que vida caracterizada por extraordinária plasticidade e alto potencial adaptativo. Nós já ocorrido menção cerca de comunidades organismos fabuloso Eu mesmo sentimento aproximar
"Preto fumantes" no oceânico dia, Onde temperatura atinge 250–300 graus Celsius. Algum terreno bactérias poderia gerir sem oxigênio e sobreviver dentro ácidos e álcalis. A superfície sólida da Terra e os oceanos são apenas uma pequena parte habitado Paz, uma profundo dentro entranhas nosso planetas floresce complexo ecossistema microorganismos, por pouco não comunicando Com externo o mundo. Por opinião algum cientistas, quantia organismos assentou debaixo terra, visivelmente excede número chão habitantes. controvérsia muitos bactérias poderia dentro fluxo grandes Tempo sobreviver dentro espaço, o que Era não uma vez comprovado experimentalmente. É claro duro a luz ultravioleta os mata, mas uma fina camada protetora de poeira, como regra, acaba sendo bastante o suficiente, para aumentar significativamente eles resiliência.

Portanto, não está absolutamente excluído que no solo marciano possa ser encontrado formas de vida primitivas, especialmente considerando o fato de que há água em Marte. A camada inferior das calotas polares do Planeta Vermelho, com vários quilômetros de espessura, é complexa de gelo de água comum misturado com poeira e, no topo, são cobertos com uma película fina congeladas dióxido de carbono. isto Então chamado "seco gelo", que o com certeza Bom para você sinal, leitor: seu largo usar dentro verão aquecer, para Salve ☐ a partir de prematuro Derretendo algum Comida produtos, por exemplo sorvete. Entre a propósito, as mudanças sazonais nas calotas polares estão associadas precisamente à evaporação dessa fina (cerca de 1 metro) da camada superior. Além disso, em algumas áreas abaixo da superfície de Marte devo ser localizado muitos quilômetros espessura eterno permafrost. O disponibilidade criolitosfera testemunhar dentro em particular algum peculiaridades edifícios geológico estruturas no superfícies Marte. MAS relativamente recentemente teórico cálculos pegou confiável experimental A confirmação. americanoa sonda espacial "Mars Odyssey", lançada em abril de 2001, descoberta no dia 60 grau de latitude sul é um vasto oceano de gelo de água subsuperficial. Além disso, por Segundo alguns cientistas, no solo marciano em profundidades de 100 a 400 metros, a água pode ser ser até dentro líquido doença: dentro por outro lado caso difícil explique a origem de sulcos específicos nas paredes de cânions e crateras. Verdade, não mesmo Claro, Como as no arrepiante marciano tempo frio congelando escorva no casal quilômetros profundamente em pode ser sobreviver líquido agua. A PARTIR DE outro mão, aproximar ígneo focos, que no marte o suficiente, gelo pode ser fundição, passagem dentro líquido Estágio.

Diversos desencorajador este facto, o que reentrada dispositivos americano "Vikings" comprometido suave pousar no superfície Marte e no por todo durante vários anos estudando a composição da atmosfera, condições meteorológicas e do solo, não encontrou vestígios matéria orgânica, que poderia ser um produto da atividade vital dos microrganismos. No entanto bastante Pode ser, o que construtores autopropulsado dispositivos muito simples errado escolheu direção pesquisas. Se um micróbios se escondendo profundo dentro chão, "Vikings" elementar não poderia eles achar.

Então o caminho pergunta cerca de marciano vida posso formular dentro três opções:
1) no marte Nunca não Era vida; 2) no superfícies planetas vida Não, mas ela é pode ser existir dentro sua entranhas; 3) hoje no marte vida Não, mas ela é existia dentro o passado é por isso posso achar sua vestígios. A PARTIR DE primeiro opção tudo Claro. Relativamente segundo possível vários opiniões mas para com confiança razão cerca de subsolo bactérias necessário adicional pesquisar. MAS aqui terceiro opção representa indiscutível interesse, porque o muitos cientistas convencido o que dentro distante passado agua no marte Era dentro excesso. Segundo alguns cálculos, há 4 bilhões de anos era ainda mais do que na Terra. Sobre isto testemunhar grandioso cânions e secou rio leito do rio, dentro encontrados na superfície de Marte. Alguns deles chegam 200 quilômetros largura no comprimento de várias mil quilômetros. Até poderoso Amazonas – a maioria profundo rio nosso planetas - parece no isto fundo o suficiente pálido. Onde poderia livrar-se de agua, formado esses geológico estruturas, era que avaliado dentro 3 bilhão anos e mais? Entre tópicos cientistas planetários não excluir o que dentro este distante era extenso áreas norte hemisfério Marte nós estamos abordado oceano profundidade do quilômetro. Lagos marcianos mortos também são encontrados de forma visível-invisível. Um deeles Era relativamente recentemente identificado americano geólogos. Dele dimensões poderia acertar a maioria rico imaginação: sobre área isto bastante comparável Como território total do Texas e do México, e a profundidade desse monstro chegou a 2 quilômetros. Então o que mesmo afinal ocorrido Com Marte? Cenários catástrofes inventou excelente vários. Por exemplo, Francês astrônomo Jacques Laskar acredita o que canto inclinação machados rotação Marte para avião seu órbitas há magnitude variável. Hoje, Como as conhecido marciano eixo inclinado para eclíptica debaixo ângulo 25 graus, então há Total no dois graus mais, Como as canto inclinação terrestre machados. Por opinião Láscara, 6 milhão anos de volta isto magnitude foi 47 graus. Marte colocar praticamente no lado, e seu postes recebido máximo ensolarado aquecer. Polar chapéus Derreteram totalmente, e dentro atmosfera planetas recebido enorme quantidades dióxido de carbono gás e agua vapores. Dióxido de carbono forneceu estufa efeito, e agua casais condensado e caiu no superfície, formando

oceano com vários quilômetros de profundidade. Laskar acredita que nos últimos 10 milhão anos canto inclinação marciano machados para avião eclíptica repetidamente mudado dentro muito largo dentro de - a partir de 13 antes da 47 graus. Causa para isso Era poderoso o campo gravitacional dos vizinhos mais próximos de Marte, em primeiro lugar - Júpiter. Quarto o planeta se assemelha a um pião infantil ou pião em estado de equilíbrio instável que renderizar impacto de fora. Marte tudo Tempo "dançando" e postes planetas receber então excesso, então falha ensolarado aquecer. Hoje no marte glacial período. Entre a propósito, sobre opinião Francês astrônomo, terreno eixo também poderia gostaria
"pular" vai e volta E se gostaria não estabilizador influência Lua.

outro versão catástrofes proposto nosso compatriota Alexandre Portnov, cujo artigo foi publicado na edição de fevereiro da revista "Knowledge is Power" de 2004 ano. Marte muitas vezes chamado Vermelho planeta e dentro isto nome Não não exagero: sua superfície realmente tem um tom avermelhado devido à alta contente dentro marciano chão Então chamado de cor vermelha areias. Aqui esses areias vermelhas completamente incomuns de Marte, que lembram a cor do sangue, apenas interessado Portnova. Um negócio dentro volume, o que e vermelho cor sangue, e vermelho cor marciano areias explicou 1 e brinquedo mesmo causa - abundância óxido glândula. Hemoglobina, comunicando sangue específico cor, contém óxido glândula, uma seu trivalente óxidos dentro Formato areia e pó cobrir superfície Marte. Portnov escreve:

...

americano estações entregue inteligência cerca de químico composição marciano solo e indígena montanha raças. Esses dados indicam que o solo vermelho marciano é composto de a partir de óxidos e hidróxidos glândula Com impureza glandular argila e sulfatos cálcio e magnésio. Tal conjunto de minerais é típico para minerais de cor vermelha amplamente desenvolvidos na Terra. crostas de intemperismo que ocorrem em um clima quente, uma abundância de água e oxigênio atmosfera.

Em épocas geológicas passadas, quando a Terra era dominada por climas quentes e úmidos estufa clima, flores vermelhas nós estamos comum Muito de mais largo e, provavelmente, cobriu a superfície de quase todos os continentes. O poder total das flores vermelhas terrestres atinge de várias quilômetros, mas então mesmo a maioria posso Vejo e no Marte: camada marciano "ferrugem" avaliado dentro 3–5 quilômetros. Entre a propósito, nenhum no 1 o planeta do sistema solar, exceto a Terra e Marte, tal "ferrugem" não é encontrada. Ao mesmo tempo, é bem conhecido que as rochas de cor vermelha na Terra poderiam formar apenas depois Ir, Como as dentro atmosfera apareceu gratuitamente oxigênio. Mas pegar dentro volume, o que praticamente o todo oxigênio terrestre atmosfera (uma seu lá 21%) Tem biogênico origem, ou seja, formada como resultado de processos biosféricos. Em outras palavras, oxigênio - isto é produtos e filhos vida. Se um destruir tudo vegetação, o oxigênio livre evaporará quase instantaneamente. Ele vai se reconectar com orgânicos substâncias vai entrar dentro composto dióxido de carbono e oxidar ferro montanha raças.

De onde veio a "ferrugem" marciana, se o conteúdo de oxigênio na atmosfera o quarto planeta é completamente insignificante - não mais que 0,4%? Tal montante é claramente insuficiente por Educação poderoso camada de cor vermelha raças. Consequentemente, esses as rochas são muito antigas e se formaram quando havia muito oxigênio livre. Ele foi retirado da atmosfera marciana e oxidou o ferro das rochas, formando o famoso vermelho areias. ramificado rio internet irrefutavelmente testemunha cerca de em abundância agua dentro distante passado. Resumo: assim poderoso camada "ferrugem" no marte poderia ocorrem apenas com a ação combinada de água e oxigênio atmosférico livre em condições caloroso clima. MAS porque o oxigênio dentro tal quantidades devo tenho biogênico origem, para marte uma vez as florestas rugiam.

O que aconteceu? O que matou a vida no Planeta Vermelho? Portnov acredita que Os destroços de sua terceira lua, Thanatos, colapsaram na superfície de Marte. No entanto, sobre tudo ordem.

As areias vermelhas marcianas têm uma característica única - elas são magnéticas. Muitas vezes eles são chamados assim - as areias vermelhas magnéticas de Marte. Mas flores vermelhas terrenas, estranho o caminho não magnetizado. NO Como as mesmo é este o caso? Mais uma vez vamos ouvir Portnova:

...

este afiado diferença dentro fisica propriedades explicou tópicos o que no o mesmo composição química (Fe2O3), o mineral hematita (de grego "hematomas" - sangue) Com impureza limonita (hidróxido glândula), uma no marte o mineral maghemita, um mineral muito raro nas rochas terrestres, um óxido magnético vermelho, predomina ferro, tendo a composição química da hematita, mas a estrutura cristalina do mineral magnetita (Fe3O4).

A hematita e a limonita são minérios de ferro comuns, enquanto a maghemita é formada ocasionalmente no oxidação magnetita, E se persistir seu primário cristalino estrutura e propriedades magnéticas. Quando aquecido acima de 200 ° C, a maghemita se transforma em hematita e torna-se não magnético.

A maghemita era considerada um mineral raro na Terra até que descobri que território Yakutia literalmente bombardeado com enormes quantidade magnético óxidos glândula. Eram areia marrom-avermelhada ou manchas de várias formas. Mas as propriedades desta maghemita nós estamos incomum: depois calcinação ele permaneceu magnético, Curti seu sintético análogo. EU descrito seu Como as novo mineral variedade e nomeado
"estábulo maghemita". surgiu perguntas: Por quê ele é diferente sobre propriedades a partir de "habitual" maghemita, Por quê seu Então um monte de dentro Yakutia mas Não dentre numerosos flores vermelhas equatorial zonas Terra?

Resta explicar de onde veio a maghemita estável, e mesmo em tais quantidades. Portnov escreve que é facilmente formado quando as crostas de intemperismo de limonita são calcinadas, que dentro Yakutia muito um monte de. Consequentemente, precisar procurar fonte Alto temperatura. No início, os cientistas pecaram em incêndios florestais, mas isso não explicava nem sem contar nada: as florestas estão queimando em todos os lugares, inclusive no equador, e o óxido de ferro magnético está lá ou nada, ou insignificante. A solução veio, como muitas vezes acontece, com um inesperado lados.

Uma cratera gigante de meteorito foi descoberta na bacia do rio siberiano Popigay aproximar 130 quilômetros dentro através, era o qual, sobre opinião especialistas, é
35 milhão anos. grandioso catástrofe ocorrido no virar dois geológico períodos da era cenozóica - o Eoceno e Oligoceno, quando a flora e a fauna da Terra sofreram mudanças significativas. Em particular, a fronteira dessas eras é marcada pela divergência de um único tronco de primatas e o aparecimento dos primeiros antropóide macacos. É provável que uma das razões que remodelou a face do nosso planeta foi um ataque de meteorito do espaço. Presumivelmente, o asteróide Popigai atingiu 8-10 quilômetros de diâmetro e voou de Rapidez aproximar trinta quilômetros dentro me dê um segundo. Ele chocado atmosfera Através dos, uma lançado no acertar energia foi assim excelente, o que imediatamente derretido de várias mil cúbico quilômetros montanha raças, misturando juntos basaltos, granitos e depósitos sedimentares. Dentro de um raio de vários milhares de quilômetros, tudo foi queimado até o chão, evaporado agua lagos e rios, uma superfície planetas no significativo por todo frito como um osso dentro incêndio.

MAS agora lembrar o que diretamente por órbita Marte situado cinto asteróides - enorme Roy miniatura planetas e destroços errado formas, aplicando por aí Sol entre órbitas Marte e Júpiter. A maioria grande a partir de pequena planetas - Ceres, abrir mais dentro 1801 ano, Tem diâmetro cerca de 1000 quilômetros, mas a grande maioria dos corpos celestes no cinturão de asteróides são muito menores - de centenas metros a vários quilômetros. Sinais de um intenso impacto de meteorito foram encontrados em Marte. bombardeio; algum só gigantesco crateras, cada a partir de que mais Popigaisky, há mais de uma centena em sua superfície. Assim, temos o direito suponha o que magnético flores vermelhas Marte obrigado seus origem o mais forte calcinação seu solo dentro resultado asteróide acertar. escasso a atmosfera do quarto planeta também recebe uma explicação natural, pois os gases Alto temperaturas virar dentro plasma e desaparecer dentro espaço. MAS oxigênio, detectável hoje no marte dentro insignificante quantidades, posso ousadamente nome relíquia: estes são os restos miseráveis do oxigênio que uma vez foi gerado pela destruição vida.

Marte tem dois pequenos satélites - Fobos e Deimos ("medo" e "horror" em traduzido do grego), que giram em torno do planeta mãe a muito baixo órbitas. Eles origem finalmente não instalado. NO seu Tempo famoso doméstico astrofísico E. A PARTIR DE. Shklovsky até expresso hipótese o que Fobos pode ser ter uma origem artificial, mas posteriormente sua hipótese não foi confirmada. Segundo a maioria dos cientistas, os satélites de Marte são capturados por ele do cinturão de asteróides. Eles são presente você mesma celestial corpo errado formulários Com por pouco circular órbitas. Phobos se assemelha a uma batata de 26 quilômetros de comprimento e 18 quilômetros de largura. Dimensões de Deimos menos - 16 e dez quilômetros respectivamente. Deimos empates por aí Marte no uma distância de cerca de 23 mil quilômetros, mas Phobos rasteja muito baixo: está separado de planetas um pouco menos 6 mil quilômetros. Período seu apelações muito pequena - por sozinho marciano dia ele tem tempo três vezes dar a volta Marte. Fobos velozes Aproximando para materno o planeta e bastante Pode ser, o que ele o suficiente em breve (sobre astronômico padrões, é claro) vai atravessar Então chamado limite Rosha, então há algum bastante certo crítico distância (ter por todos celestial corpo), no que gravitacional força rasgar o satélite no partes.

No marte limite Rocha passa dentro 5 mil quilômetros a partir de superfícies planetas, portanto, Fobos estava um pouco aquém de uma morte inglória, mas barulhenta. Estimado especialistas, tragédia acontecer cerca de Através dos 40 milhão anos e vai ser tenho consequências catastróficas. Quando os destroços do satélite colidem com Marte, sua superfície aquecimento antes da Altíssima temperaturas, uma sobras atmosfera dentro Formato plasma voar para longe dentro mundo espaço.

Portnov escreve:

...

Quão Nós vemos títulos por satélites escolhido muito com sucesso: Marte localizado debaixo Medo com Horror para arrancar. Acho que Marte tinha pelo menos uma outra lua para o qual o melhor nome é Thanatos, morte. Thanatos estava em uma órbita mais baixa, do que Fobos. Ele foi inibido pela densa atmosfera marciana, passou pelo limite Roche e seus fragmentos destruíram toda a vida em Marte. Fragmentos deste terrível asteróide ataques - pedaços da crosta marciana - voaram para a Terra. Curiosamente, as crateras de Marte Formato linearmente alongado zonas e Segue amigo por amigo, Como as vestígios submetralhadora filas. Pode ser, Então refletido instruções "a Principal golpes" queda amigo por amigo destroços Thanatos.

o que posso contar sobre isto cerca de? Versão Portnova, sem dúvida, merece atenção Porque o que excelente explica vários inconsistências dentro recente geológico passado Vermelho planetas. A PARTIR DE 1 mão, seco cânions e pré-histórico rio vales, lavado relíquia águas, uma Com outro - morto uma paisagem lunar que não deixa chance para os geólogos. Quando os destroços do despedaçado satélite queimado tudo vivo no superfícies Marte ocorrido magnetização rochas de cor vermelha, e os restos da atmosfera marciana se transformaram em plasma quente e espalhadas no espaço interplanetário. Das alturas cósmicas desceu mortal resfriado, e por alguns milhões anos Marte virou dentro deserto sem vida.

Entre a propósito, nosso planeta também sabia não o melhor Tempo e não Ficar cansado fugir a partir de extremos dentro extremo. No por todo recente dois milhão anos cruel glaciação Com invejável regularidade mudado caloroso interglaciais. Há cerca de 10 mil anos, no chamado máximo Holoceno, as geleiras finalmente Derreteram e média anual temperatura Teimosamente escalado acima. Por relativamente um curtoao longo do tempo, cresceu muito, excedendo os valores modernos em 3-5 graus. NO naquela época, todas as zonas climáticas foram deslocadas 800 - 1000 quilômetros para o norte, e latitude contemporâneo Murmansk barulhento florestas de carvalhos. Deserto Saara foi florescendo savana, em cujas extensões ilimitadas manadas de ungulados arrancavam grama, e na lama crocodilos e hipopótamos espirram nas piscinas quentes. Mas alguém hoje isto lembrar? romances por muito tempo passado dias lendas da antiguidade profundo...

Merece atenção história Alexandra Portnova cerca de voou antes da Terra fragmentos da crosta marciana após a queda de Thanatos. Meteoritos vêm de Marte conhecidos várias dezenas, o que por si só leva a certas reflexões. Hoje sua origem marciana está praticamente fora de dúvida, uma vez que o isótopo a composição dos gases raros desses corpos celestes é idêntica à composição da atmosfera de Marte. Mas o meteorito ALH84001 pesagem aproximar 2 quilogramas, encontrado dentro Antártica dentro 1984 ano, chamado verdadeira sensação. Um estudo cuidadoso da descoberta mostrou que o meteorito mencionado sofreu um forte impacto cerca de 16 milhões de anos atrás, e atingiu a Terra relativamente recente (13 mil anos atrás). Tudo ficaria bem, mas o estudo de seu interior estruturas usando um microscópio eletrônico de varredura possibilitou identificar no corpo celestial convidado muito específico detalhes, remanescente de fósseis microorganismos. Por personagem químico depósitos, lado de dentro que "desafogado" bactérias, cientistas veio para conclusão o que eles era é 3.6 bilhões de anos, ou seja, sem dúvida se refere ao momento em que o meteorito estava no planeta rochas. É verdade que os especialistas estão confusos com o fato de que bactérias marcianas hipotéticas dentro 100 - 1000 uma vez inferior dentro tamanhos eles terreno análogos. Microbiologistas sacudir ombros: dentro assim pequena volume não será capaz caber intracelular organelas, necessário pare eles atividade vital.

Dimensões "Marciano" bactérias bastante comparável Com terreno vírus, mas recente não tenho celular estruturas e não poderia existir por conta própria. A PARTIR DE por outro lado, até que ponto os microbiologistas podem ser confiáveis quando se trata de leis desconhecido evolução? Um palavra, pergunta restos abrir: para presente Tempo dentro disposição terrestre Ciência acessível o único testemunha extraterrestre vida, muito, porém, não confiável.

Quinto planeta solar sistemas sobre lei desgasta nome supremo Deus a partir de antigo panteão romano. Júpiter olímpico, ele é o Zeus grego, o Trovejante, severo, mas feira senhor: para ele nada não custos fugir mortal Peru sobre péssimo não-ouvinte, quem quer que fosse - um homem ou alguma outra criatura de Deus. Para cegar um Júpiter, seriam necessárias 318 Terras - exatamente isso muitas vezes ultrapassa a Terra em massa. E embora ele seja mais de duas vezes mais pesado que todos os outros planetas do sistema solar, juntos, são necessários pelo menos 1047 Júpiters para moda primeira e única Sol. Diâmetro Júpiter supera terrestre dentro onze uma vez e é quase 143 mil quilômetros. Como convém a um patriarca de uma família planetária, ele flutua no céu com dignidade condizente com sua dignidade, imponente e sem pressa, em acompanhado por uma escolta honorária de seus 63 companheiros, dando uma volta completa Sol por 12 sem pequena anos. reinante pessoas Com Olimpo pressa lugar algum no eles à frente eternidade.

Júpiter conduz Lista gás gigantes, que surpreendentemente diferente a partir de planetas terrestre grupos. Primeiramente, elas muito excelente e massivo: no eles compartilhar responsável por 99,5% da massa de toda a família planetária. Em segundo lugar, eles são compostos principalmente de hidrogênio e hélio, portanto, a densidade média da substância dos planetas gigantes se aproxima da densidade da água - de 0,7 g/cm3 de Saturno a 1,6 g/cm3 de Netuno. A densidade média dos planetas terrestres é muito acima de e flutua a partir de 5,5 g/cm3a Terra antes da 3,9 g/cm3a Marte. Em terceiro lugar, elas privado distinto Beira, separando atmosfera e superfície planetas: eles poderoso gás Concha suavemente passa dentro oceano líquido molecular hidrogênio. Finalmente, tudo os planetas gigantes são anéis, mas se todo mundo já ouviu falar sobre os famosos anéis de Saturno, então semelhante Educação em Netuno, Júpiter e urânio nós estamos descoberto relativamente recentemente.

Régio Júpiter parece muito impressionantemente até no fundo seus gás irmãos. Por exemplo, Saturno, que não é muito inferior a ele em tamanho, é mais de três vezes mais leve Júpiter. Visível superfície quinto planetas - isto é camada sólido nebulosidade a partir de faixas escuras e claras alternadas, pintadas em cores diferentes e estendendo-se de equador aos paralelos quarenta das latitudes norte e sul. A diversidade de zonas latitudinais devido à mistura de vários compostos químicos. Talvez o detalhe mais famoso na superfície de Júpiter - a chamada Grande Mancha Vermelha, uma formação oval tamanhos variáveis, localizados na zona tropical meridional. Atualmente isso dimensões são 15.000 x 30.000 quilômetros, então dentro do ponto vermelho você pode trabalho para colocar lado a lado dois globos. Astrônomos observam esta estrutura misteriosa no mais de 300 anos.

Algum cientistas considerado vermelho ver sólido e o suficiente fácil corpo, flutuando dentro superior camadas atmosfera, mas isto extravagante versão não encontrado confirmação. De acordo com conceitos modernos, a Grande Mancha Vermelha é gratuita vórtice atmosférico migratório do tipo anticiclônico, porém, a origem deste vórtice e as razões para sua incrível estabilidade, os planetólogos não podem dizer nada certo.

Apesar de seu peso, Júpiter gira muito rapidamente em torno de seu eixo. Cheio rotação é completada em apenas 9 horas e 50 minutos, então a duração do Júpiter dias não excede dez horas. MAS porque o planeta representa você mesma não sólido corpo, Rapidez axial rotação difere dependendo a partir de latitude, tão equatorial as zonas giram mais rápido que as polares. Não há estações em Júpiter porque o plano de seu equador está praticamente no plano da órbita (o ângulo de inclinação é apenas 3 graus). Como já mencionado, os principais componentes de Júpiter que compõem o corpo planetas são hidrogênio e hélio em uma proporção de 80 e 20%, respectivamente (em massa). No Neste estudo usando sondas espaciais mostrou que a camada superior de nebulosidade, com toda probabilidade, composto de pinado amônia nuvens, e abaixo é a mistura hidrogênio, metano e congeladas cristais amônia. Por Verifica convectivo processos dentro atmosfera de Júpiter, um sistema de correntes zonais estáveis é formado na forma de fortes ventos soprando na mesma direção. Sua velocidade é muito significativa e varia de 50 a 150 metros por segundo. Júpiter tem um campo magnético poderoso, de acordo com a força ordem superior magnético campo Terra. planeta cercar estendido radiação cintos, uma pluma magnetosfera Júpiter posso fixar até por órbita Saturno.

Júpiter está localizado cinco vezes mais longe do Sol do que a Terra, a uma distância de cerca de 800 milhão quilômetros, é por isso temperatura externo nublado cobrir gigantesco o planeta não se eleva acima de menos 130 graus Celsius. No entanto, a radiação térmica seu entranhas duas vezes excede ingresso ensolarado aquecer, o que Ele fala cerca de complexo processos, em progresso dentro profundidades planetas. A PARTIR DE profundidade pressão e temperatura rapidamente estão crescendo chegando muito grande quantidades. NO 1995 ano vizinhança Júpiter visitou Sonda americana "Galileo", cujo módulo de descida conseguiu com a ajuda de um pára-quedas penetrar na atmosfera do gigante gasoso até uma profundidade de 156 quilômetros, como resultado resultando em dados valiosos sobre a estrutura interna do planeta. E a própria sonda pela primeira vez em a história entrou em órbita ao redor de Júpiter e até 2003 estudou o planeta e seus satélites. Trarei citar a partir de fundamental trabalho "Astronomia: século XXI", lançado para 175º aniversário Estado astronômico Instituto eles. P. PARA. Sternberg.

...

No base dados, recebido espaço sondas, e teórico cálculos modelos matemáticos da cobertura de nuvens de Júpiter foram construídos e idéias sobre sua estrutura interna. De uma forma um tanto simplificada, Júpiter pode ser representado como conchas com densidade crescente em direção ao centro do planeta. No fundo da atmosfera espesso 1500km, densidade que velozes crescendo Com profundo, localizado camada gás-líquido hidrogênio espesso aproximar 7000km. No nível 0,9 raio planetas, Onde pressão é 0,7 Mbar (então há dentro 700 000 uma vez mais terreno. - *EU. Sh.*), uma temperatura é de cerca de 6500 K, o hidrogênio passa para um estado líquido-molecular e, após 8000 km - em um estado metálico líquido. Junto com hidrogênio e hélio, a composição das camadas inclui uma pequena quantidade de elementos pesados. Núcleo interno com um diâmetro de 25.000 km - silicato de metal, Incluindo também agua, amônia e metano. Temperatura dentro Centro é 23 000K, uma pressão - cinquenta Mbar. semelhante estrutura Tem e Saturno.

Está claro: Júpiter - isto é mundo, Então diferente a partir de nosso o que Era gostaria também Imprudentemente Com limite rejeitar possibilidade existência incomum formulários vida dentro entranhas de um planeta enorme. A atmosfera de Júpiter contém oxigênio, nitrogênio e carbono e contente oxigênio, sobre algum estimativas, pode ser dentro 5 - dez uma vez ultrapassarem ensolarado. E Apesar procurar agua dar a maioria contraditório resultados, pergunta cerca de a presença de vapor de água na atmosfera do quinto planeta não foi definitivamente resolvida. Em tudo caso, a presença de nuvens cumulus de curta duração nas proximidades da Grande Mancha Vermelha faz sobre muito pensar.

Não menos interessantes são os grandes satélites de Júpiter, comumente chamados de Galileu, em homenagem ao físico e astrônomo italiano que os descobriu no início do século XVII Galileu Galilei. Existem quatro deles - Io, Europa, Ganimedes e Calisto, e Ganimedes é o mais grande satélite dentro solar sistema; ele supera sobre tamanhos até Mercúrio. No entanto, atualmente, a atenção da maioria dos cientistas é atraída pela segunda Satélites galileus - a Europa como possível candidata ao papel de berço dos protozoários formas de vida. O fato é que a superfície deste pequeno planeta (seu diâmetro é um pouco menor lunar) é coberto com uma poderosa crosta de gelo de cem quilômetros de espessura, e sob ela rola preguiçosamente ondas um oceano sólido de água líquida, cuja profundidade pode chegar a 50 quilômetros. O oceano subglacial é uma espécie de manto da Europa, e é bem provável que que a água nele é morna, porque é aquecida pelo calor que vem das entranhas do planeta. Então o caminho segundo satélite Júpiter - a única coisa, Além do mais terra, celestial corpo solar sistemas, não testado falta de vida umidade.

Médio densidade Europa Aproximando para densidade planetas terrestre grupos e é de cerca de 3 g/cm3. Consequentemente, 80% de sua massa cai sobre rochas de silicato, compondo o núcleo aquecido, e 20% - em gelo de água (manto de água-gelo líquido mais gelo latido). Gelo Concha planetas abordado espesso rede rachaduras e falhas, panes, o que fala de processos tectônicos ativos que ocorrem nas entranhas da Europa. Grande rachaduras esticar no milhares quilômetros, uma eles largura flutua a partir de vinte antes da 200 quilômetros. É possível que no oceano quente da subcamada do segundo satélite de Júpiter poderia existir protozoários formulários vida. Algum cientistas acreditam o que a maioria favorável termos devo ganhar corpo não dentro oceânico profundidades, uma dentro áreas falhas tectônicas na superfície do planeta. O fato é que devido ao efeito de maré Júpiter rachaduras periodicamente estão se estreitando e estão se expandindo. NO último caso agua sobe quase até a superfície, e então o sol começa a penetrar em sua espessura leve, necessário para sustentando a vida.

A outra lua de Júpiter, Io, é ligeiramente maior que a Lua e é notável por sua vulcanismo, que o estimulado maré impacto materno planetas e perturbações gravitacionais de seus vizinhos mais próximos - Europa e Ganimedes. Mas quase consiste inteiramente de rochas, e dezenas de vulcões ativos emitem vapor de enxofree dióxido de enxofre a uma altura de centenas de quilômetros a uma velocidade de 1 quilômetro por segundo. É por isso em temperaturas médias muito baixas na superfície Ho (menos 140 graus sobre Celsius) lá posso descobrir quente pontos Tamanho de 75 antes da 250 quilômetros cuja temperatura atinge 100-300 ° C. As maiores luas de Júpiter são Calisto eGanimedes é meio gelo. O diâmetro de Calisto é quase igual ao diâmetro de Mercúrio,uma Ganimedes é superior isso em tamanho.

O sexto planeta do sistema solar, conhecido desde os tempos antigos, foi nomeado em honra romano Deus Saturno o qual recebido identificar Com grego Cronos. Saturno tinha o mau hábito de engolir seus filhos recém-nascidos, pois, de acordo com a previsãoGaia, ele seria deposto por seu próprio filho. Conseguiu escapar do triste destino só júnior Zeus-Júpiter ao invés de o qual Reia esposa Saturno escorregou esposoenvolto dentro fralda pedra. amadurecido, Júpiter comprometido Palácio golpe, uma voraz pai desistiu dentro Tártaro. NO antiguidade Cronos-Saturno simbolizado inexorável tempo devorador. A personalidade, com certeza, é desagradável, embora o filho com papai também não especialmente ficou em cerimônia. Então o que poeta teve completo certo Escreva:

> *E à meia-noite ele sobe no leste Saturno*
> *morto e brilha como chumbo.*
> *Verdadeiramente sinistro e cruel*
> *Sua romances, O Criador!*

Como Júpiter, Saturno é uma enorme bola de gás, rapidamente girando em torno de um eixo. Um dia na superfície de Saturno dura 10 horas e 40 minutos. Embora Saturno não seja muito inferior a Júpiter em tamanho (seu diâmetro é de apenas 20 s um pequeno mil quilômetros a menos que o rei dos planetas, e é 120.500 quilômetros), é mais de três vezes mais leve que ele, mas 95 vezes mais massivo que a Terra. Isso é explicado único baixo meio densidade sexto planetas: ela é menos densidade agua e é 0,7 g/cm3 contra 1,33 g/cm3a Júpiter então há por pouco duas vezes abaixo de. Saturno não capaz afogar mesmo dentro querosene.

Saturno está a quase um bilhão e meio de quilômetros de distância do Sol - dez vezes mais longe A Terra, portanto, por unidade de área, recebe 90 vezes menos calor solar, e sua a temperatura no limite superior da nuvem não excede 120 graus Celsius negativos. No entanto, a radiação térmica de suas entranhas é o dobro do fluxo de energia recebido por ele de Sol. Saturno - hidrogênio-hélio bola, mas dentro diferença a partir de Júpiter ele contém Muito de mais hidrogênio sobre comparação Com hélio - 94% e 6% respectivamente (sobre volume). Órbita isto resfriado gigante representa você mesma por pouco correto círculo, uma cheio inversão de marcha Sol ele se compromete por 29 segundos meio ano.

famoso argolas Saturno primeiro descoberto Holandês físico e astrônomo Christian Huygens na segunda metade do século XVII, e um quarto de século depois os franceses astrônomo italiano origem J. Cassini gerenciou decifrar Sombrio slot, dividindo o anel plano brilhante em dois. A parte externa deste colar gigante, estendendo por pouco no milhão quilômetros, chamado anel MAS, uma interno - anel B. Posteriormente, mais quatro anéis foram identificados - C, D, E e F, e em 1980-1981 sondas espaciais americanas Viajante 1 e A Voyager 2 foi enviada para a Terra As fotos Saturno e seu argolas Com Alto resolução. No esses As fotos distintamente É visto, o que argolas Saturno consiste a partir de muitos mil Individual estreito argolas. Sistema argolas, cinto sexto o planeta - isto é miríade pedra e gelado destroços a maioria vários quantidades e formulários.

Saturno é tão listrado quanto Júpiter, mas devido às baixas temperaturas, congelamento vapores de amônia com a formação de neblina densa, seus cinturões latitudinais não são tão claramente visíveis. Um vórtice atmosférico gigante em forma oval é encontrado perto do pólo norte Tamanho Com terra, recebido título Grande Castanho pontos. NO atmosfera Saturno golpe Forte zonal vento, Rapidez que - a partir de 100 antes da 500 metros dentro me dê um segundo dependendo da latitude. Como Júpiter, Saturno tem um poderoso campo magnético, eixo que coincide com eixo de rotação planetas.

Das 56 luas de Saturno, a mais interessante é o seu maior satélite - Titã.ligeiramente inferior a Ganimedes, mas superior em tamanho Mercúrio. Seu diâmetro é 5150 quilômetros, mas decifrar detalhes no superfícies planetas não parece possível devido a denso atmosfera, pressão que dentro um e meio vezes mais do que na Terra ao nível do mar. A atmosfera de Titã é quase inteiramente de nitrogênio (98,4%), enquanto o metano representa apenas 1,6%. Além disso, contém impurezas de propano, etano, acetileno, argônio, hélio, monóxido e dióxido de carbono, e alguns outros gases. A temperatura das camadas atmosféricas superiores está se aproximando de menos 120 graus sobre Celsius então Como as temperatura superfícies planetas um monte de abaixo de e é menos 179 graus, o que explicou peculiar antiestufa efeito (espesso névoa espalha e reflete os raios do sol. Aliás, se uma pessoa por algum milagre acabasse em Titã, ele, com toda a probabilidade, seria capaz de voar facilmente em sua densa atmosfera, prendendo asas como o grego Ícaro em suas mãos, uma vez que a gravidade no superfícies maior lua Saturno dentro sete vezes menos terrestre.

Antes da recente Tempo cientistas pensamento o que debaixo nublado casaco de pele titã pode ser ocultar oceano quilômetro profundidades a partir de etano, metano e azoto, mas dados, recebido automático estação Cassini, visitou vizinhança Saturno e se tornar seu satélite artificial, forçado a reconsiderar essa opinião. No inicio 2005, a Cassini disparou a sonda Huygens, que entrou na atmosfera de Titã e usando um pára-quedas, fez um pouso suave em sua superfície. Acontece que aquele líquido no titã muito não muito: tchau gerenciou achar só relativamente pequena lagos de hidrocarbonetos perto do pólo norte. Após a "titanização" dos Huygens, esta o planeta se tornou o único satélite do sistema solar (sem contar, é claro, a lua), no superfície que desceu espaço sonda. MAS estação Cassini continua devidamente trabalhar para órbita Saturno até aqui desde.

Até a segunda metade do século XVIII, ninguém havia nascido sob o signo Urano, porque nossos ancestrais não sabiam da existência desse corpo celeste. sétimo planeta O sistema solar foi descoberto em 1781 pelo inglês William Herschel, para o qual ele recebeu o título de astrônomo da corte com um salário de 200 libras. Novato quase imediatamente apelidado de Urano, o que era bastante natural: já que Saturno é nativo de Júpiter Papai, então outro planeta deveria ter sido chamado dentro honra Avós.

Urano fiação por aí Sol no distância aproximar 3 bilhão quilômetros, fazer cheio volume de negócios por 84 Do ano co Rapidez por pouco 7 quilômetros dentro me dê um segundo (A velocidade orbital da Terra é de 29 quilômetros por segundo). Não há nada surpreendente nisto pois quanto mais longe o planeta está do sol, mais lento ele gira - assim diz o terceiroLei de Kepler. Mas a rotação axial de Urano é bastante singular: o plano de seu equador inclinado em relação ao plano da órbita em um ângulo de 98 graus, de modo que gira em torno do eixo quase deitada de lado. Portanto, a duração do dia e da noite no sétimo planeta Muito de excede período sua axial rotação. Sol, que Com superfícies urânioparece brilhante Estrela, devagar, dentro fluxo 21 terreno Do ano, sobe dentro céu, uma tendo atingido o zênite, outros 21 anos se arrastam lentamente até desaparecer no horizonte. Chegando 42 anos noite. Então este é o caso um negócio no pólos, Onde duração dias e noites tem 42 anos. A uma latitude de 30 graus, o dia e a noite duram 14 anos e a uma latitude de 60 graus - 28 cada. O período de rotação axial de Urano é igual a uma média de 15 horas, significativamente mudando dentro dependendo da latitude.

Quão e outro planetas gigantes, Urano representa você mesma enorme gás bola, no 85% consistindo a partir de hidrogênio, no 12% - a partir de hélio e no 2,3% - a partir de metano. Dele médiaa densidade é apenas um pouco maior que a densidade da água e é de 1,3 g / cm, e a massa é de 14,5 vezesmais do que a massa da terra. Em tamanho, o sétimo planeta é visivelmente inferior a Júpiter e Saturno, no entanto, seu diâmetro (cerca de 51.120 quilômetros) é quatro vezes o da Terra. Urano é muito mundo frio. A temperatura de sua superfície quase não muda em latitude, mas significativamente flutua dependendo da profundidade - de menos 210 graus Celsius no nível da parte superior nebulosidade antes da menos 170 graus dentro subnuvem camada. NO diferença a partir de outros gás gigantes, Urano praticamente não tem fontes internas de calor. No sétimo planeta descoberto poderoso magnético campo e nove muito estreito e denso argolas, por pouco não reflexivo ensolarado Sveta. Antes da presente Tempo dentro arredores urânio visitou uma e única sonda espacial - Voyager 2, voando rapidamente por elaJaneiro 1986.

MAS o que pode ser contar a ciência cerca de miúdos deitado no lado Avós? NO livro
"Astronomia: século XXI" nós lemos:

...

De acordo com o modelo da estrutura interna de Urano, no centro a temperatura do planeta deveria ser inferior à de Júpiter e Saturno, mas superior à da Terra - cerca de 7200 K, e a pressão aproximar oito milhões de barras. Acima de grande essencial, consistindo a partir de metais, silicatos, gelo amônia e metano e ocupando cerca de 0,3 do raio do planeta, deve haver um manto de misturas de água e gelo de amônia-metano. No nível de 0,7 raio do centro começa gás Concha de hidrogênio e hélio.

Urano é acompanhado por 27 satélites, sendo o maior deles, Titânia, de diâmetro 1580 quilômetros. A temperatura média diária da superfície dos satélites, 60% dos quais são gelo, extremamente baixo - menos de 60 K (menos 213 graus Celsius). agua gelada no esta temperatura vira dentro sólido mineral.

Netuno foi descoberto em 1846 "na ponta de uma caneta" pelo astrônomo francês Le Verrier. Tendo descoberto anomalias no movimento orbital de Urano, ele sugeriu que no sétimo planeta solar sistemas renderiza influência desconhecido maciço corpo, e exatamente calculou sua posição no céu. Guiado pelos cálculos de Le Verrier, o alemão astrônomos Halle e D_re sem trabalho encontrado oitavo planeta que apareceu dentroponto celestial esferas, Especificadas perspicaz Francês. isto Era completo triunfoclássico mecânica Newton.

Foi decidido nomear o novo planeta Netuno (também conhecido como Poseidon grego) em homenagem a antigo patrono romano do mar. Netuno que governa a tempestade parentes irmão Júpiter juntos Com que ele dividido dominação acima de o mundo depois derrubar titãs. Por muito para ele pegou dentro destino mar, então Como as coroado trovão assentou no Olimpo e passou a ser governar montanha alturas. Eles terceiro a descendência uterina - o terrível Hades (seu outro nome é Plutão) - instalou-se no "sombrioabismos terra" e tornou-se senhor do reino o morto.

Mais de um ano e meio se passaram desde a descoberta do oitavo planeta no sistema solar. séculos, mas um ano de Netuno sopra apenas em 2011, pois Netuno, distante de Sol no quatro Com metade bilhão quilômetros (ou trinta astronômico unidades), compromete cheio ciclo por 165 terreno anos. Por seus física parâmetros ele algunsdiferente de Urano, ligeiramente inferior a ele em tamanho (o diâmetro de Netuno é quase 49 530 quilômetros), mas perceptivelmente superando sobre massa (17 massas nosso planetas) o que explicou seu maior meio densidade (cerca de 1,64 g/cm3). A partir de Sol Netuno recebe dentro 900uma vez menos aquecer, Como as Terra. No entanto dentro diferença a partir de calma urânio intensidadetérmico radiação entranhas oitavo planetas por pouco triplo excede ingresso solar energia de fora. Este fenômeno está associado ao decaimento de radionuclídeos pesados no núcleo do planeta.por causa de enorme distância Netuno o estudo seu superfícies associado co dificuldades significativas . No entanto, a necessidade de invenções é astuta.   Aproveitando o arranjo mútuo   único da Terra   e   dos planetas gigantes, a sonda espacial Voyager 2 gerenciou escorregar dentro 1989 ano no distância 5000 quilômetros a partir de Netuno tendo conseguido decifrar algum detalhes seu nublado casacos de pele. NO sulista hemisfério planeta descoberto Uma grande mancha escura do tamanho da Terra, à deriva rapidamente sentido oeste a uma velocidade de 325 metros por segundo. Ventos soprando na atmosfera Netuno também não é um quilo de passas: sua velocidade atinge 400-700 metros por segundo. terreno furacões arrancando telhados de casas e derrubando trens, nesteo fundo nada mais é do que uma suave brisa do mar. O planeta tem um campo magnético, duas vezes inferior em poder ao campo magnético de Urano, bem como um sistema de anéis, alguns dos que presente abrir educação como arcos.

Como todos os outros gigantes gasosos, Netuno é um mundo de hidrogênio-hélio, e em a parcela de hélio representa não mais que 15%, e o metano é ainda menor - cerca de 1%. Especialistas suponha o que debaixo nublado camada mentiras extenso agua oceano, saturado íons vários químico elementos.

NO. G. Surdin, 1 a partir de autores trabalhar "Astronomia: século XXI", escreve:

...

Quantidades significativas de metano parecem ser armazenadas mais profundamente no manto gelado. planetas. Mesmo a uma temperatura de milhares de graus a uma pressão de 1 Mbar (um milhão de bar, ou seja, um milhão de vezes mais do que na superfície da Terra. – *L.Sh.*) mistura de água, metano e amônia pode formar gelo sólido. Para a parte do manto de gelo quente, provavelmente representa 70% da massa de todo o planeta. Cerca de 25% da massa de Netuno deve, segundo cálculos, pertencem ao núcleo, constituído por óxidos de silício, magnésio, ferro e seus compostos, e também rochas. Um modelo da estrutura interna do planeta mostra que a pressão em suaCentro cerca de 7 Mbar, e temperatura - cerca de 7000 PARA.

Netuno tem 13 luas, mas a maior é a mais notável. - Triton, com um diâmetro de 2705 quilômetros. Girando em torno do planeta mãe no distância 355 mil quilômetros (cerca de tal mesmo distância separa lua a partir de Terra), ele o único a partir de tudo satélites Netuno em movimento sobre órbita dentro marcha ré direção. A temperatura da superfície de Triton não excede 38 graus Kelvin (menos 23 graus Celsius) e é uma planície fissurada que lembra um melão descasca. Supõe-se que sob a camada de gelo com cerca de 200 quilômetros de espessura agua oceano 150 km profundidades, saturado amônia metano e sais.

No entanto a maioria grande mistério Tritão - isto é seu vulcânico atividade. Os especialistas até tiveram que criar um termo especial - criovulcanismo vulcanismo a baixas temperaturas, porque ninguém poderia imaginar que através congeladas os mundos no quintal solar sistemas poderia tenho no entanto algum vulcânico atividade. Imagine você mesma gêiser, hackear nítrico gelo no superfície do planeta e decolando a uma altura de até 8 quilômetros. Neste caso, a espessura da coluna também muito doente - de 20 metros a 2 quilômetros. Jato subindo no céu dissipa ventos (no Tritão há escasso atmosfera, consistindo a partir de azoto, uma pequena quantidade de metano e hidrogênio) e se transforma em plumas que se estendem por 150 quilômetros.

Tritão ligado 70 % complicado a partir de silicatos e em trinta % iso gelo, dentro cuja composição estão incluídos azoto, monóxido de carbono e metano. O criovulcanismo ainda não recebeu uma explicação clara, mas alguns cientistas acreditam o que ele pode ser ser amarrado Com maré aquecendo superfícies planetas, uma também Com penetração solar radiação Através dos translúcido superior camadas gelo.

Por comparação Com Tritão, que o só alguns menos lua, Nereida, tendo alguns miseráveis 340 quilômetros de diâmetro, parece uma migalha perfeita. No entanto menos isto é terceiro sobre Tamanho satélite Netuno antes da Total interessante tópicos o que empates por aí materno planetas sobre extremamente alongado órbita Com excentricidade aproximar 0,75. Tal órbitas inteiramente e ao lado encontrar no cometas que ou eles se aproximam do Sol, derretendo nas chamas de sua cromosfera, ou voam para a escuridão e o friodistante arredores sistema solar.

Nove ou dez?

– Dizer, gogi, Quantos vai ser quatro vezes dois?
– Sete, professora.
– Em algum lugar Então, gogi, em algum lugar Então... Sete, oito...

Piada

O nono planeta está girando a uma distância tão grande que cabe início do século 20 era decididamente impossível. Mesmo um feixe de luz passando distância da terra ao sol em apenas oito minutos, leva cinco e meio horas para rastejar pela metade até Plutão. Plutão foi descoberto recentemente 1930 ano, e Com momento seu descobertas passado alguns mais três Com metade meses de Plutão, para uma revolução completa em torno do Sol, este pequeno e muito frio o planeta faz quase 246 anos terrestres. A honra de abrir o nono e menor planetas solar sistemas pertence americano astrônomo Clyde Tombo, que na época tinha apenas 24 anos. No entanto, o destino de Plutão de alguma forma não perguntou. pobre rapaz então seguranças Com desgraça a partir de membros planetário família, então novamente aceitaram de volta debaixo trovão aplausos. este estúpido saltar contínuo o suficiente por muito tempo, tchau dentro agosto 2006 Do ano no Em geral conjunto Internacional União Astronômica em Praga ruidosos delegados por maioria de votos finalmente privou o sofredor Plutão do status honorário de um planeta clássico e não colocou seu juntos co satélite Caronte dentro grupo Então chamado transneptuniano objetos (TN). As principais razões para tal discriminação ultrajante foram o pequeno tamanho o nono planeta e algumas características de sua órbita. Plutão é o menor planeta solar sistemas (total de 2300 quilômetros de diâmetro, ou seja uma vez e meia menos Moon), no entanto, sua área de superfície (17,9 milhões de km2) é bastante comparável com o território Rússia.

Plutão, meio-irmão de Zeus-Júpiter e Poseidon-Netuno, era o governante os reinos dos mortos, e Saturno e Urano eram seu pai e avô, então ele é maravilhoso se encaixam na família dos planetas mais distantes do sistema solar. Os antigos gregos o consideravam cru homem rico por para ele pertencia não só almas morto, mas e incontáveis tesouros escondidos nas profundezas da terra. O senhor do antigo Erebus tinha outro nome - Hades, ou Hades, que se traduz como "sem forma", "invisível", "terrível". Quando em 1978 O astrônomo americano James Christie descobriu o satélite natural de Plutão ele foi quase imediatamente batizado de Caronte em homenagem ao mítico barqueiro do reino dos mortos. Esse velho sombrio e hostil, vestido com trapos surrados, transportava os mortos águas subterrâneo rios, que dentro Auxiliar Era cheio-cheio: tormentoso Estige, fogosa Phlegeton, Lethe - o rio do esquecimento e impenetrável Cocytus preto. Infelizmente, tudo no mundo tem minha preço, uma Porque trabalhou Caronte de jeito nenhum não é grátis. Lembrar Brodsky, leitor?

Em vão o taciturno Caronte procura o dracma em sua boca,
em vão alguém trombetas andar de cima dentro minha
afinação puxado para fora.

Eu te envio uma despedida sem nome Com margens desconhecido o que. Sim vocês e não importante.

É verdade que Iosif Alexandrovich ficou um pouco animado, aumentando descaradamente o pagamento de viagem. O falecido realmente colocou dinheiro debaixo da língua durante o rito fúnebre, no entanto, não era uma dracma de peso total, mas um obol - uma pequena moeda de prata ou cobre dignidade dentro 1 sexto sua papel.

O mundo bom não terá o nome do deus da morte. Comparado com a Terra, Plutão fica mil e quinhentas vezes menos calor solar, portanto, em sua superfície sempre reina gelado resfriado - a partir de menos 220 antes da menos 240 graus Celsius. No tal baixo temperaturas, até mesmo o nitrogênio congela, formando grandes cristais transparentes de até vários centímetros de diâmetro. Gelo de água comum também pode ser encontrado em Plutão, no entanto, em pequenas quantidades. O monóxido de carbono congelado é encontrado em algumas áreas carbono. Um viajante que pisar na superfície do nono planeta verá uma paisagem de beleza estonteante, um mundo incrível de formas geométricas perfeitas como gelado salões Nevado rainhas a partir de contos de fadas Hans cristão Andersen. Curti Garoto Kayu, ele até pode ser tentar dobrar palavra "eternidade" a partir de transparente cristais, para onde, como não em Plutão, você pode na íntegra menos sentir sua realeza indiferença? azeviche céu acima de cabeça dentro tifóide erupções cutâneas estrelas, conglomeração século gelo debaixo pés e enorme Caronte, ainda pendurado dentro zênite, Como as lembrete sobre vaidade de todas as coisas.

Plutão explorado a partir de mãos Fora mal, Porque o que no de hoje dia isto é o único planeta solar sistemas, antes da que tchau mais não pegou nenhum 1 sonda espacial. O voo para Plutão é uma tarefa técnica muito difícil, pois seis bilhões de quilômetros que separam o nono planeta do Sol, apresentam um máximo requisitos e para problema comunicações de rádio Com automático estação, e para elementos sua fonte de energia. Padrão solar baterias no tal enorme distância completamente inútil. No entanto, em janeiro de 2006, o americano aparelho Novo Horizontes", que deve se reunir com o senhor do frio mundos em Julho de 2015. Se tudo correr bem, a sonda espacial continuará voando, tudo mais longe do sol. Seu novo alvo serão objetos do cinturão de Kuiper - uma nuvem amorfa Através dos congeladas gelado pedregulhos, deitado por a órbita de Plutão.

NO 1988 ano no nono planetas foi descoberto muito escasso atmosfera, presumivelmente consistindo a partir de azoto, metano, argônio e não ela. Pressão isto por pouco neblina sem peso é completamente insignificante, o que, no entanto, não interfere com o fluxo de produtos químicos reações. Debaixo influência ensolarado vento átomos azoto, carbono, hidrogênio e oxigênio interagir entre você mesma gerando complexo orgânico conexões. estabelecendo-se no superfície planetas, elas mancha sua dentro rosa amarelado cor. Mas a maioria uma característica notável da atmosfera de Plutão são suas metamorfoses sazonais associadas a mudança vezes Do ano. Por a medida aproximação para Sol temperatura começa crescer, o que leva à evaporação do gelo de nitrogênio e ao "inchaço" da atmosfera. Mas se Plutão sair a partir de Sol um jeito (seu órbita representa você mesma fortemente alongado elipse), Como as a temperatura cai imediatamente, e os gases se condensam novamente e caem na superfície planetas dentro Formato cristais azoto gelo. Chegando sazonal glacial período, e a atmosfera desaparece por um longo tempo sem deixar vestígios. Então Plutão é o único um planeta no sistema solar cuja atmosfera nasce e morre periodicamente, como em cometas durante a sua movimentos ao redor do sol.

Os parâmetros da órbita de Plutão também merecem atenção. No momento de sua inauguração, localizado longe o suficiente do Sol, ocupando legitimamente o lugar do nono planeta. Mas porque isso órbita Tem muito significativo excentricidade (0,25, então há visivelmente maior que a de Mercúrio), a distância de Plutão ao Sol durante seu ano está mudando por pouco dentro dois vezes - a partir de 29,6 uma. e. dentro periélio antes da 48,8 uma. e. dentro afélia. Então o caminho

Plutão às vezes está mais próximo do Sol do que Netuno. pelo ponto mais próximo Plutão passou sua órbita em setembro de 1989 e agora continua se afastando afélio (o ponto de distância máxima do Sol), que chegará apenas em 2112, e a primeira revolução completa ao redor do Sol após sua descoberta será concluída apenas em 2176. Além disso A órbita de Plutão está fortemente inclinada para avião eclíptica (17 graus, em 10 graus mais do que Mercúrio), o que também é atípico para a maioria dos planetas dasistemas.

Axial rotação nono planetas também Tem seus peculiaridades. Canto entre O plano equatorial de Plutão e seu plano orbital são 32 graus, então ao se mover em órbita, rola de um lado para o outro, como um pão. Nesse sentido, ele um pouco recorda Urano, Apesar no o último Como as nós lembrar axial humor mais mais: o sétimo planeta, na verdade, está de lado. Rotação completa em torno do eixo de Plutão completa em 6,4 dias terrestres, e seu satélite Caronte envolve a mãe planetas dentro precisão por então mesmo a maioria Tempo. Exceto Ir, órbita Caronte mentiras dentro plano equatorial de Plutão, por isso é visível apenas de um hemisfério e nunca não se escondendo por horizonte. MAS porque o distância entre Plutão e Caronte não excede 19 400 quilômetros, Com superfícies Plutão seu satélite parece muito impressionantemente: seu visível diâmetro dentro Sete uma vez mais diâmetro Lua no terreno firmamento.

Devo dizer que Plutão e Caronte são um conjunto completamente únicodentre outros planetas solar sistemas. Eles são muito perto sobre tamanhos (2300 e 1200 quilômetros respectivamente) e localizado no pequena distância amigo a partir de amigo. A proporção de suas massas também é alta sem precedentes, já que Plutão é apenas oito vezes mais pesado que Caronte. Para comparação: a Lua, tradicionalmente considerada muito um grande satélite, 81 vezes mais leve que a Terra, e localizado muito mais longe. Semelhante as proporções de massa de outros planetas do sistema solar e seus satélites dão incomparavelmente menor quantidades. Digamos satélites Júpiter (não Falando já cerca de satélites Marte) inferior a ele em massa por vários milhares de vezes. Por outro lado, Plutão e Caronte são diferem no parâmetro de densidade média, o que nos permite pensar em suas origem. Portanto, a maioria dos astrônomos acredita que Plutão e Caronte são uma duplaanão planeta.

Agregar tudo esses circunstâncias - extremamente alongado órbita nono planeta, fortemente inclinado para a eclíptica, seu diâmetro e massa muito pequenos, a presença satélite extremamente fora do padrão - no final, eles levaram os especialistas de forma decisiva e banir irrevogavelmente Plutão do número de planetas do sistema solar e colocá-lo na lista objetos cintos Kuiper (OPK).

O leitor já se encontrou tantas vezes nas páginas deste livro com trans-netunianos objetos (ou objetos do cinturão de Kuiper, que é praticamente a mesma coisa), que chegou a hora falar sobre os arredores distantes do sistema solar com mais detalhes. Se algum o andarilho interestelar olhava para o sistema solar de lado, ele veria que cercado esférico nuvem protoplanetário telefone, enxame pedra e gelado pedregulhos tamanhos relativamente pequenos. De acordo com algumas estimativas, existem vários bilhões, e a massa total desses celestiais corpos é comparável à massa de Júpiter. este esférico Concha, controlo remoto no 20-50 mil astronômico unidades a partir de Sol, nomeou a nuvem de Oort em homenagem ao seu descobridor, o astrônomo holandês Jan Hendrik Oort. Lembre-se de que uma unidade astronômica (1 UA) é a distância média de Terra ao Sol, que é de cerca de 150 milhões de quilômetros. Assim a nuvem Horta está monstruosamente longe - 20-50 mil vezes mais distante do Sol do que a Terra. Até Plutão está mil vezes mais perto, pois o afélio de sua órbita fica "somente" em 50 unidades astronômicas do nosso luminar. Tais distâncias não fazem mais sentido mede em quilômetros, porque a partir da abundância de zeros começa a ondular nos olhos. Para que você leitor, poderia algum visualmente introduzir você mesma esses espaços abertos, o suficiente contar, o que central papel nuvens Oort mentiras dentro metade leve Do ano a partir de terreno observador. Proxima Centauri, nossa estrela mais próxima, tem apenas oito uma vez mais.

Celestial corpo, constituintes nuvem Oorta, devagar girar por aí Sol, fazendo uma revolução completa em vários milhões de anos. Os astrônomos acreditam que de lá, Com distante periferia solar sistemas, venha Então chamado longo prazo cometas, que estão se movendo sobre extremamente alongado órbitas Com periélio abaixo da órbita de Mercúrio. Neste caso, o ponto de sua remoção máxima é perdido em distância total - em milhares ou mesmo dezenas de milhares de unidades astronômicas do Sol. Finalmente, as órbitas dos planetas estão aproximadamente no mesmo plano (o plano da eclíptica), e cometas estão voando Como as Deus no alma colocar - debaixo a maioria bizarro cantos, a partir de o que, na realidade, e foi concluiu sobre esférico Formato nuvens Oort.

Mas que força empurra os fragmentos de gelo de suas órbitas calmas, forçando-os a mudar por pouco circular trajetória no elíptico? Antes da recente Tempo foi pensado o que anomalias no movimento de alguns objetos da nuvem de Oort é introduzida pela força gravitacional total o impacto de quase todas as estrelas da Via Láctea, já que os cometas de longo período uniformemente distribuído sobre firmamento. No entanto de várias anos de volta americano o astrônomo John Matese surgiu com uma hipótese sensacional. Tendo analisado cuidadosamente trajetórias anos 82 a maioria Bom estudado longo prazo cometas ele veio para a conclusão de que se encontra uma seletividade distinta na distribuição de suas trajetórias. Sobre terceiro esses cometas vem predominantemente Com 1 mão, é por isso conversa sobre distribuição uniforme não é necessário. Além disso, todos eles têm órbitas atípicas - muito curto em comparação com as órbitas de outros cometas. Segundo Matese, o motivo semelhante anômalo comportamento é não total gravidade estrelas, uma influência algum maciço corpo - décimo planetas solar sistemas, que empurra para fora cometas da nuvem de Oort em direção ao Sol. De acordo com seus cálculos, este planeta em várias vezes mais pesado que Júpiter e se esconde no próprio núcleo da nuvem, à distância cerca de 25 mil unidades astronômicas (cerca de 0,4 anos-luz), volume de negócios ao redor do sol por 4-5 milhões anos.

Além disso, é provável que a órbita do planeta hipotético esteja fortemente inclinada para avião eclíptica, uma ela própria ela é gira retrógrado então há dentro direção, diretamente oposto movimento maioria planetas solar sistemas. Órbita Com tal parâmetros devem ser instáveis, então o planeta "X" de John Matese não é nativo, mas veio: ela é não poderia Formato lado de dentro pó de gás disco, que o quatro Com meio bilhão de anos atrás deu origem aos oito planetas clássicos - de Mercúrio a Netuno inclusivo. Consequentemente, "errado" décimo planeta inicialmente representado você mesma sem teto andarilho, vagando dentro interestelar espaço, e apenas relativamente recentemente ela foi de cor azul e adotada, quando ela estava em arredores Sol.

No entanto, ainda não é necessário falar seriamente sobre o décimo planeta na nuvem de Oort, porque é real ninguém estava assistindo - existe exclusivamente "Na ponta caneta" John Matese. MAS aqui dentro cinto Kuiper que o começa por pouco imediatamente mesmo por órbitas de Netuno e Plutão, muitos planetas foram descobertos recentemente. americano o astrônomo Gerard Kuiper na década de 50 do século passado apresentou a hipótese de que em na parte de trás do sistema solar, há um vasto cinturão de asteróides número dois (em oposição a a partir de Bom famoso cintos asteróides entre órbitas Marte e Júpiter), que o se estende por bilhões de quilômetros e gradualmente desaparece, deixando entre si e nuvem Oort imponente vazio Gap = Vão. Grandes Tempo hipótese americano permaneceu nada mais do que um elegante jogo da mente, até que no início dos anos 90 do século passado, vários detritos gelados não foram encontrados na órbita de Plutão. Desde então a existência o cinturão de Kuiper tornou-se um fato indiscutível, e a lista de objetos transnetunianos de ano para ano firmemente é reabastecido novos representantes.

Se um nuvem Oort comparar distante Subúrbios de Moscou então cinto Kuiper deitado no distância de 30 a 100 unidades astronômicas do Sol, estará perto de Moscou. Por estimado especialistas, ele pode ser contar centenas mil ou até milhões gelado e pedregulhos de vários tamanhos. Tandem Plutão - Caronte também caiu no número objetos do cinturão de Kuiper, tendo perdido o status de um planeta clássico, que já escreveu. Causa para isso vir a ser pequena dimensões nono planetas (diâmetro Plutão apenas 2300 quilômetros, dentro um e meio vezes menos, Como as no Lua) e peculiaridades sua órbitas (expresso excentricidade e perceptível inclinar para avião eclíptica).

sério Os problemas de Plutão iniciado dentro 2003 ano, quando Grupo americano astrônomos dentro capítulo Com Michael Marrom descoberto dentro cinto Kuiper o suficiente brilhante um objeto que recebeu o código de catálogo 2003UB313. Em 2005, foi possível calcular órbita e calcular o tamanho do novo planeta. Descobriu-se que ela estava se movendo extremamente alongado órbita e hoje localizado dentro ponto máximo remoção a partir de Sol, no uma distância de 97 unidades astronômicas. Mas quando atingir o periélio, será localizado três vezes mais perto - quase a mesma distância do Sol que Plutão. Verdade, isto é acontecer não em breve, porque Xena (exatamente Então nomeado minha planeta Marrom, dentro honra heroínas famoso Series cerca de mulher guerreira) compromete cheio volume de negócios por aí Sol por 650 anos. Brown e sua equipe estimam que o diâmetro de Xena deve ser aproximadamente 3.000 quilômetros, o que imediatamente colocou Plutão em uma posição incômoda, porque seu diâmetro significativamente menos. Além disso, a equipe de Brown descobriu mais dois objetos brilhantes do Cinturão de Kuiper.no distância 51 astronômico unidades a partir de Sol, só um pouco inferior dentro tamanhos nono planeta (cerca de 70 % sua diâmetro).

MAS quando Ele revelou, o que diâmetro xena, Pode ser, determinado errado, uma verdadeiro sua dimensões poderia dentro dois Com supérfluo vezes ultrapassarem diâmetro Plutão paixões e de forma alguma incendiou-se não no Piada. A PARTIR DE que tal, um pergunta a propósito nós devo contar seu nono e Mais recentes planeta solar sistemas, E se um monte de mais por aí Sol um corpo celeste muito mais impressionante gira? Não é mais fácil de limpar impiedosamente azarado Plutão de uma família planetária amigável, reclassificando-o em um objeto do cinturão Kuiper? Especialmente quando você considera que Xena encontrou um satélite, chamado Gabrielle em homenagem a verdadeiro amigas corajoso guerreiros. NO colchetes Nota o que subseqüentemente Xena renomeado Eridu - a antiga deusa grega da inimizade e discórdia, cortando seu diâmetro antes da 2400 quilômetros. Tempo não menos ele tudo é igual a mais Plutão diâmetro o qual é 2300km. Gabriela também riscado a partir de santos - hoje ela é chamado Disnomia. A propósito, foi Eris quem brigou com Afrodite, Atena e Hera, jogando mesa a famosa maçã da discórdia com a inscrição "Most Beautiful", que levou ao Trojan guerra. Bom aquilo no gregos havia tantos deuses...

No início de 2004, o telescópio espacial americano Spitzer encontrado no cinturão Kuiper mais 1 planeta que agora localizado dentro 13 bilhão quilômetros a partir de Sol, isto é, duas vezes mais distante que Plutão. Como Xena-Eris, ela segue em frente sem Deus elipse esticada, fazendo uma revolução ao redor do Sol em 10.500 anos. Seu afélio (ponto distância máxima) deve estar a 130 bilhões de quilômetros de nossa luminária, que é cerca de 900 unidades astronômicas, então as dimensões do cinturão de Kuiper devem ser, provavelmente aumentará em pelo menos uma ordem de magnitude. O novo planeta foi nomeado Sedna honra esquimó deusas oceano e amantes marítimo animais, uma sua diâmetro estimado em 1800 quilômetros. Entre outros achados do ano "zero", há vários outros objetos notáveis: planetas anões 2003EL61 e 2003FY9, quase tão bons quanto Plutão dentro tamanhos, e Quaoar Com através aproximar 1300 quilômetros (Quaoar - isto é divindade criadora no índios tribo Tongva). Primeiro a partir de esses planetas Tem Formato elipsóide rotação e viagens dentro escoltado dois satélites.

O cinturão de Kuiper deu aos astrônomos muitos mistérios. Por exemplo, descobriu-se que ele diminui gradualmente, como acreditava seu descobridor, e abruptamente e inesperadamente se interrompe algum - muito grande - distância a partir de Sol. Por opinião especialistas, semelhante
"decapitação" explicou explosão Super Nova estrelas próximo a partir de nosso luminárias, dentro

pelo que toda a parte marginal da nuvem de poeira gasosa, que serviu de material para a formação dos planetas do sistema solar, acabou por ser completamente varrida. Inicial a ideia do cinturão de Kuiper como um disco plano de corpos protoplanetários (em oposição a esférico nuvens Oort) também, aparentemente deve reconhecer errôneo. Digamos a órbita de Xena-Eris não é apenas fortemente alongada, mas também inclinada ao plano da eclíptica sob ângulo de 44 graus, e o ângulo de inclinação das órbitas de dois outros objetos do cinturão de Kuiper descobertos grupo Castanho, é 28 graus. MAS E se lembrar, qual é a órbita Plutão também situa-se fora do plano de órbitas de todos os outros planetas do sistema solar (embora Plutão isto canto menos - Total 17 graus), então já só sobre este parâmetro deve excluir da lista clássico planetas.

Assim, as órbitas de quase todos os objetos do cinturão de Kuiper são inclinadas em relação ao plano da eclíptica é completamente arbitrária, o que contradiz fortemente a corrente teoria da formação dos planetas no sistema solar. A julgar pelo cenário ortodoxo, planetas nasceram de um disco plano de gás e poeira que cercava o amadurecimento dentro seu Centro Estrela - futuro Sol. No entanto Mais recentes observacional dados irrefutavelmente testemunhar o que cinto Kuiper - não não cinto e seu é proibido tratá-lo como um disco plano. Muito provavelmente, é uma esfera uma formação semelhante à nuvem de Oort muito mais distante. Então nosso sol sistema, E se olhar no sua de fora vai ser semelhante no matrioska ou lâmpada: 1 grande esfera (nuvem Oort), lado de dentro sua esfera um pouco menos (cinto Kuiper) e, finalmente, Sol e oito planetas mentindo praticamente em 1 aviões.

A velha teoria da origem dos planetas não dá essa imagem, portanto, nos últimos anos alguns astrônomos começaram a desenvolver ativamente um cenário fundamentalmente diferente, que recebeu o nome do oligarca. Nesta versão, o papel principal é atribuído aos chamados planetas oligarcas, que, pelo poder de sua gravidade, influenciaram significativamente o comportamento outros corpos celestes. Após o nascimento do Sol, planetas clássicos e cinturões de asteróides o processo de formação do sistema solar não foi de forma alguma concluído, mas continuou a ganhar voltas. Os asteróides cresceram rapidamente e depois de cruzar um certo limite começaram a atrai para você mesma outro corpo, transformando em dentro ampla planetas. Sergey Ilin dentro artigo
"Tormentoso biografia décimo planeta" publicado dentro Junho quarto revista "Conhecimento
– força" por 2006 ano, detalhe estabelece essência oligárquico roteiro.

...

Segundo os autores desta nova teoria, o mesmo processo ocorreu simultaneamente nos arredores do sistema solar, no cinturão de Kuiper. Como resultado, como os cálculos mostram computador simulações, lado de dentro solar sistemas devo Era Formato 20-30 objetos do tamanho de Marte e nos arredores - aproximadamente o mesmo número de objetos do tamanho da Terra. Com esse número, eles deveriam estar perto o suficiente, e isso com a necessidade causado distorção eles órbitas amigo amigo. Tráfego "oligarcas" passou a ser caótico elas "jogado fora" amigo amigo Com sustentável órbitas, localizado dentro avião eclíptica. Papel a partir de eles no isto geralmente estava saindo a partir de solar sistemas dentro interestelar espaço, tornando-se "sem teto" planetas, "planetário" outro, o resto adquiriu órbitas inclinadas nos ângulos mais "selvagens" em relação ao plano eclíptica, e assim em sua totalidade criaram uma nuvem esférica com um diâmetro de 1000 unidades astronômicas ou mais. Nesta nuvem, portanto, deve até hoje dia existir não só "pequena planetas" modelo Plutão ou 2003UB313, mas e alguns dos sobreviventes "oligarcas primários". Os defensores de tal cenário esperam o que criada agora telescópios, destinado por metas oportuno avisos Terra cerca de asteróide perigo, permitir paralelo produzir busca sistemática por tais "oligarcas" e encontrar "o décimo, décimo primeiro, décimo segundo e Então Mais longe" planetas com terra ou mesmo mais.

Nós iremos o que e, vamos viver - veremos...

MAS Como as este é o caso um negócio Com planetas aproximar outros estrelas? Afinal E se nosso Sol, representando você mesma comum amarelo Estrela espectral classe g, gerenciou adquirir uma família impressionante de oito planetas clássicos e dezenas de milhares asteróides e planetas anões fora do traje, é lógico supor que outras estrelas também podem ter seus próprios planetas. E uma vez que o principal refúgio da vida em O universo são precisamente os planetas (em todo caso, a maioria tende a pensar assim biólogos), a busca por planetas extra-solares é de particular relevância. Com efeito, a conclusão indispensável "vinculativo" vida para superfícies planetas feito no base nosso muito experiência escassa (a vida é conhecida por nós em uma única versão terrena), mas a adivinhação cafeteria mais grosso mais menos proveitosamente. É claro, bastante provavelmente, o que vida pode ser nascer até dentro interestelar meio Ambiente (dentro seu Tempo Inglês astrofísico Fred hoyle escreveu no isto tema fantástico novela debaixo nome "Preto nuvem"), mas tal hipótese seria ainda mais especulativa. Com os planetas, é de alguma forma mais claro - para isso exemplo nosso ter Existência. É por isso E se nós querer conhecer, quantos vida é comum no Universo, você deve primeiro lidar com sistemas planetários em outros estrelas.

Até recentemente, muitos cientistas acreditavam que os planetas são uma ocorrência muito rara em espaço. Tal visão Com evidência fluiu para fora a partir de teorias origem planetas Inglês astrônomo Jeans. De acordo com isto uma vez popular teoria, planetas O sistema solar foi formado a partir da língua da substância solar, que foi arrebatada forças gravitacionais de uma estrela massiva passando pelo Sol. jato de matéria, espirrou no espaço, tinha uma forma fusiforme - com um espessamento no centro partes e extremidades relativamente finas. Portanto, os planetas mais próximos do Sol grupos e os mais distantes como Plutão e outros objetos do cinturão de Kuiper são pequenos em tamanho. tamanhos e massa, uma dentro Centro solar sistemas assentou gás gigantes. MAS uma vez que a aproximação das estrelas não é apenas um evento acidental, mas também extremamente raro (em qualquer caso, nos arredores da Via Láctea, onde está o nosso Sol), o nascimento de sistemas comprometido muito raramente. Verdade, hoje teoria Jeans representa dentro significativo a medida histórico interesse, Então Como as no mudança sua veio diferente cenário: praticamente simultâneo ocorrência planetas e Sol a partir de girando nuvem de gás e poeira. Seja como for, as teorias continuam sendo teorias, e desejamos conhecer com certeza existem planetário sistemas no outros estrelas.

É claro direto óptico observação planetas aproximar outros estrelas impossível ainda hoje e é improvável que seja possível no futuro próximo. E embora científica e técnica progresso avança aos trancos e barrancos, há proibições de personagem. planetas, Como as conhecido presente você mesma celestial corpo, que brilhar pela luz refletida de seu sol, então seu brilho contra o pano de fundo do esplendor da estrela-mãe praticamente indistinguível. Para ver uma faísca delicada contra o fundo de um fogo ardente até agora até agora ninguém conseguiu. Possivelmente no centro da Via Láctea, onde as estrelas colidem em bandos próximos, o rastreamento visual dos planetas não é particularmente difícil, mas em periferia nosso galáxias fixação planetas no vizinho estrelas se vira por pouco uma tarefa insolúvel. Braços espirais da Via Láctea, um dos quais vegeta nosso Sol, distante a partir de Centro galáxias no 26 mil leve anos, não poderia gabar-se de Alto densidade estelar população. isto de jeito nenhum não Holanda, não Bélgica e não o vale do Ganges, onde as pessoas se sentam umas sobre as outras, mas sim Yakutia ou Chukotka. Há muito espaço livre em nossas latitudes galácticas. vou te lembrar leitor que mesmo as estrelas mais próximas estão inimaginavelmente distantes: a distância de Proxima Centauri (a propósito, "proxima" em latim significa "mais próximo") é 4,3 leve Do ano, famoso "vôo" Estrela Barnard fica para trás a partir de Sol no 6 leve anos, uma para Sirius - a maioria estrela Brilhante nosso céu - por pouco 9 luz anos.

Se você pegar um cubo com um lado de 10 anos-luz, na melhor das hipóteses eles caberão nele dois ou três estrelas. MAS aqui dentro comum bola congestionamento, deitado não longe de Centro galáxias (dentro composição leitoso Caminhos tal aglomerados aproximar 200) no 100 cúbico leve anos responsável por de várias centenas estrelas. Densidade estelar população lá dentro vários milhares de vezes mais alto, e o céu noturno nessas partes deve ser excepcionalmente brilhante. Então, enfatizar mais uma vez: direto óptico observação fora do sol planetas (ou exoplanetas, Como as eles vir a ser Liga hoje) não parece possível.

Mas E se exoplaneta é proibido descobrir diretamente, então, ser pode ser, dentro disposição contemporâneo astronomia existem indireto métodos eles detecção? NO Atualmente, vários desses métodos têm sido propostos - o método astrométrico, o método radiação velocidades, observação trânsitos e algum outro. EU não eu me tornarei entrar dentro detalhes técnicos e detalhar cada uma dessas abordagens, mas vou apenas observar que maioria contemporâneo métodos detecção exoplanetas Sediada no contabilidade gravidade distúrbios dentro movimento estrelas. Um negócio dentro volume, o que algum maciço corpo (por exemplo, um planeta), girando em torno de uma estrela, age sobre ela com a força de sua gravidade. Neste caso, o planeta, por assim dizer, puxa ligeiramente a estrela para si e, devido ao movimento ao longo órbita ela é periodicamente acontece sobre vários lados a partir de luminárias, então e Estrela periodicamente está mudando dentro diferente instruções debaixo ação gravidade planetas. Outros palavras E se planeta em movimento sobre órbita por aí materno estrelas, então e Estrela, dentro minha virar, não restos imóvel, uma descreve minúsculo círculo dentro espaço debaixo influência forças gravidade seu natural satélite. Então o caminho ambos os corpos realmente giram em torno de um centro de massa comum, que os astrônomos chamado baricentro.

É claro peso planetas insignificante pequena sobre comparação Com peso estrelas, é por isso alcance sua hesitação muito pequena. Digamos Sol debaixo impacto atração Júpiter (e este é o planeta mais massivo) oscila em torno do centro de massa do Sol sistemas a uma velocidade de apenas 12,5 metros por segundo. Para a Terra ou Vênus, esse valor ainda é menos e é de cerca de 0,1 metros por segundo. Podemos dizer que o sol está um pouco balançando no movimento planetas sobre seus órbitas uma baricentro solar sistemas mentiras, assim o caminho lado de dentro nosso luminárias. Antes da a maioria recente Tempo sensibilidade equipamento, acessível dentro disposição astrônomos foi claramente insuficiente para detectar corpos celestes leves em torno de outras estrelas. Embora tais tentativas repetidamente foram feitos tudo elas nós estamos no limite experimental precisão e Foram submetidos razoável dúvida.

A situação mudou apenas no início da década de 1990, quando espectrômetros de uma nova geração, o que tornou possível medir velocidades radiais com muito mais precisão estrelas. o que tal radial Rapidez? Se um no estrelas acessível satélite (outro Estrela ou planeta), então no movimento por aí baricentro radial Rapidez estrelas (Rapidez sua aproximando ou afastando-se do observador ao longo da linha de visão) experimentará flutuações com período, igual período circulação estrelas por aí Centro peso Sensibilidade equipamento dentro fim XX século aumentou, sobre extremo ao menos no ordem, Então o que passou a ser possível achar extra-solar planetas, comparável sobre massa Com Júpiter.

Além do método astrométrico e do método da velocidade radial, há outro caminho detecção exoplanetas - Então chamado observação trânsitos. Se um pegar planeta no momento de sua passagem pelo disco de uma estrela, é possível não apenas calcular sua massa, mas e definir dimensões (volume), uma Consequentemente - calcular densidade. É claro é impossível distinguir um círculo escuro no disco pontilhado de uma estrela (mesmo com o telescópio mais poderoso estrelas parecem pontos adimensionais), mas para medir uma pequena diminuição no fluxo Sveta a partir de estrelas bastante Pode ser. Para infelizmente método observações trânsitos requer cumprimento especial condições: planeta, sua Estrela e terrestre observador devo ser localizado dentro 1 avião (dentro avião Kepleriano órbita, Como as eles dizem astrônomos). Tal sorte Cai fora relativamente raramente, é por isso casos observações trânsitos podem literalmente ser contados nos dedos. No entanto, o jogo vale a pena, porque somente com a ajuda deste método é possível estudar várias características importantes dos exoplanetas, a medida eles raio e até mesmo pesquisar propriedades eles atmosferas.

O primeiro sucesso caiu no compartilhar suíço astrônomos M. Formar-se e D. Quelotsa, que afortunado descobrir planeta aproximar como o sol estrelas, designadas dentro diretório Como as 51º dentro constelação Pégaso (51 Peg). isto significativo evento ocorrido dentro 1994, mas as características do primeiro exoplaneta foram tão inesperadas o que cientistas decidiu deter publicação, para Como as deve verificar novamente seus resultados. Em 1995, todas as dúvidas se foram, e a descoberta eclodiu. Novo planeta em 51 Pégaso foi incrível. Sua massa era aproximadamente igual à massa de Júpiter, e a distância de materno estrelas foi Total 0,05 astronômico unidades, então há dentro vinte uma vez menos do que da Terra ao Sol (e até quase 8 vezes menos do que do Sol a Mercúrio). Planeta comprometido cheio volume de negócios por aí estrelas por 4.2 dias - tal é foi duração sua Do ano. por causa de proximidade para luminar temperatura sua superfícies excedido 1000 graus por Kelvin.

Contar, o que científico mundo foi derrubado dentro doença choque - nada não contar. planetário sistema 51 Pégaso acabou absolutamente diferente no solar sistema. No outono de 1995, Major e Quelotz relataram sua descoberta em uma conferência na Itália, e planetas concordou ligar sobre nome estrelas Com adicionando cartas "b" por primeiro encontrado planetas, "Com" - por segundo e Então Mais longe. Inicialmente astrônomos divertido Eu mesmo ter esperança o que suíço gerenciou tropeçar no algum anomalia sem precedente raridade dentro mundo planetas, mas subseqüente encontra forçado dê uma olhada no coisas diferente. Outro exoplaneta tinha uma massa quatro vezes maior que a de Júpiter, e o período sua revolução em torno da estrela-mãe (ou seja, o ano) acabou sendo ainda mais curta - 3,3 dias. Posteriormente, planetas desse tipo começaram a ser chamados de "Júpiteres quentes". Verdade, em Em 1996, os astrônomos americanos D. Marcy e P. Butler parecem ter conseguido descobrir planetário sistema, parcialmente reminiscente solar, no estrelas upsilon Andrômedas (? E), mas mais atento análise mostrou o que semelhança isto é aparente. NO sistema
?E três planetas muito pesados estão circulando em torno da estrela-mãe, e a massa o mais próximo deles é ligeiramente menor que a massa de Júpiter, e os outros dois são mais pesados que o nosso gás gigante dentro dois e quatro vezes respectivamente. Primeiro (a maioria fácil) planeta - típica
"Júpiter quente" com um raio de órbita de 0,06 UA. e., mas os outros dois encontram-se em distâncias - 0,9 e 2,5 ae No entanto, as órbitas desses exoplanetas distantes não têm nada em comum Com órbitas planetas solar sistemas, porque o possuir muito significativo excentricidade. Infelizmente, é uma chatice novamente. A lista de planetas extra-solares continuou firmemente reabastecimento, e para meio Marta 2007 Do ano havia já 182 estrelas, sobrecarregado por planetas. E como em alguns sistemas foi possível encontrar vários planetas, eles em geral quantia em menor número 200.

Assim, hoje os astrônomos têm, embora limitados, mas No entanto, existem estatísticas suficientes para apoiar a afirmação de que Aproximadamente 4% das estrelas próximas ao Sol em termos de propriedades espectrais têm sistemas ou planetas únicos. Estrelas ligeiramente mais quentes e ligeiramente mais frias classes F e K (lembre-se que nosso Sol pertence à classe G) planetas foram encontrados completamente alguns. Claro, isso não significa que estrelas brancas e azuis quentes não tenham planetas. na realidade; é que o método da velocidade radial não é universal e não funciona bem se Estrela tem um inquieto fotosfera.

Mas o principal problema é que quase todos recém-descobertos exoplanetas ou famílias planetárias mostram uma diferença marcante da sistemas e sua planetas. Apenas dentro solteiro casos gerenciou descobrir planetas, circulando sobre circular ou por pouco circular órbitas no suficiente remoção a partir de materno estrelas. Tudo outros ou estão girando Como as louco, de volta para trás para seu o sol aquecendo a centenas e milhares de graus (e estamos falando de gigantes gasosos do tamanho de Júpiter, uma então e mais), ou são no afiado excêntrico órbitas mais assemelhando-se às órbitas dos cometas. O que você diria sobre um planeta várias vezes maior do que sobre massa Júpiter, que então Aproximando para materno Estrela por pouco de volta para trás então voa além da órbita de Netuno? Enquanto isso, é exatamente assim que o planeta famílias estranhos sóis.

Recentemente, os astrônomos têm falado sobre "Júpiteres muito quentes". Um desses planeta, dentro um e meio vezes excedendo Júpiter sobre massa, foi relativamente recentemente descoberto no estrelas ensolarado modelo. Ela é localizado no distância 3.3 milhão quilômetros (0,02 UA) da estrela-mãe (a distância média de Mercúrio do Sol é 58milhões de quilômetros) e gira em torno dele em um tempo recorde - 1,2 dias. Da superfície deste planeta único, a estrela-mãe parece inimaginável. uma enorme bola explodindo com fogo crepitante (50 vezes maior em diâmetro que o Sol no terreno céu).

Incomum planetário famílias outros estrelas resolutamente contraditório teoria geralmente aceita da formação de sistemas planetários, segundo a qual o Sol e os planetas nasceram a partir de pó de gás disco praticamente simultaneamente. Tudo planetas solarsistemas caem em dois grandes grupos: bolas sólidas relativamente pequenas com Alto densidade, guardada rochoso raças, e gás gigantes, de quem média densidade alguns é diferente a partir de densidade agua. Diferença entre grande e pequena planetas explicou tópicos o que gás gigantes nasceram dentro central partes nuvem protoestelar acumulando gradualmente enormes massas de gás na gelado núcleo, uma pequena planetas formado no aproximar e distante periferia pó de gás disco, Onde substâncias Era muito não muito. Educação planetas terrestre grupos concebida Como as resultado múltiplo confrontos e fusões Então chamado planetário (planetário embriões) Com subseqüente eles aquecendo por Verifica radioativo elementos, assentou dentro núcleos sólido planetas. Porque o primário pó de gás nuvem teve Formato girando por aí vertical machados disco Com espessamento no centro, as órbitas de todos os planetas devem ser quase regulares círculos e estão no mesmo plano. Pelo menos é o que diz a teoria geralmente aceita. formação do planeta.

Enquanto isso, exoplanetas e famílias de exoplanetas teimosamente se recusam a se encaixar esta imagem idílica, então astrofísicos e cientistas planetários têm que procuraroutro explicações. E E se incomum propriedades primeiro extra-solar planetas inicialmente considerado como algum tipo de anomalia, então novas descobertas nos encorajam a pensar sobre o que anomalia mais rápido Total, deve contar nosso solar sistema. Para explique fenômeno dos "Júpiteres quentes", foi proposto um mecanismo de migração, que é lento deslizando planetas Com Alto órbitas, Onde elas originalmente formado, no órbitas baixo, circunstelar. Este circunstância, o que elas nenhum dentro quem caso não poderia nascidos nas proximidades da estrela mãe, onde estão até hoje, maioria cientistas planetários dúvida não chamadas. Adicional argumento dentro beneficiar
"distante" nascimento "quente Júpiteres" são descoberto astrônomos nuvens de poeira gasosa na fase de formação do planeta. A vasta área ao redor da estrela é sempre limpo, livre de poeira e gás, porque a densidade da radiação estelar aqui tão alto que varre completamente todo o lixo para a periferia. Portanto, o material onde os "Júpiteres quentes" de órbita baixa são formados, só podem ser localizados em distância não menos cinco astronômico unidades a partir de parental estrelas. Por tudo visibilidade, mecanismo migração Liga muito cedo, uma desenvolvimentos desenvolve muito rapidamente: por muito pouco tendo tempo nascer planetas começar deslizar sobre suavemente inclinado espirais para seu o sol tchau maré interações estrelas e planetas não estabilizar órbita
"quente Júpiter" de volta para trás para Estrela. No entanto, bastante acessível e outro cenário: gravidade materno estrelas constantemente diminui a velocidade planeta tchau este não colapso sobre

afilando espirais no seu Sol e não queimar dentro seu entranhas.

Espremidos perto da estrela-mãe, os gigantes gasosos são tão um fenômeno comum que só pode dar de ombros. O fenômeno do sistema solar encontra inteligível explicações. Médico física e matemática Ciências EU. xanfomalidade, empregado Instituto espaço pesquisar RAS, escreve cerca de isto próximo caminho:
"Planetas extrasolares oferecem aos teóricos tantas perguntas que se encaixam em toda a teoria Educação planetas Escreva novamente. MAS ingénuo pergunta: Por quê migração Não dentro nosso solar sistema? - eles Melhor não definir". Tempo mais não custos perguntar especialistas cerca de outros fisica parâmetros exoplanetas. Tirando por ponto referência solar sistema, temos o direito de assumir que a densidade média de gigantes gasosos perto de alienígenas sóis (quente elas ou resfriado - fundamental valores não Tem) devo encaixar em valores familiares, um pouco diferente de densidade agua. No entanto, não aqui e alí Era! Médio densidade maciço exoplanetas "flutua" dentro muito largo dentro de
– de metade da densidade de Júpiter a várias densidades de Saturno. Por exemplo, um dos tais planetas, significativamente inferiores a Júpiter em diâmetro, superam-no completamente em massa, a partir de o que deve suponha o que ela é tem pesado essencial a partir de pesado elementos, no que responsável por antes da 0,7 massas novo exoplanetas. Gás gigantes dentro O sistema solar não pode vangloriar-se de um núcleo tão denso, então em padrão teorias origem planetas isto facto não encontra inteligível explicações.

O fenômeno dos "Júpiteres quentes" os astrofísicos explicaram pela metade, mas permanecem mais "resfriado Júpiter", inteiramente e ao lado descrevendo por aí materno estrelas assim esticado elipses, que mais grudou longo prazo cometas de vez em quando voando para lugar nenhum. É verdade que a simulação por computador parece ser ajudou cabana leve no evolução planetário sistemas upsilon Andrômedas ("quente Júpiter" em órbita baixa e dois planetas distantes com uma excentricidade orbital distinta). outro mão, modelos modelos conflito. Por exemplo, funcionários Washington universidade dentro Seattle por algum motivo veio para conclusão o que maioria exoplanetas, semelhante em tamanho com a Terra (apenas em caso de referência: nem um único planeta foi ainda foi observado por eles detecção mentiras por fora contemporâneo astrofísico métodos), devo ser agua os mundos. Eles são embaralhado vários cenários planetogênese, e cada vez que quatro planetas semelhantes à Terra apareciam na tela, o menor dos que foi cinco vezes menos terra, uma a maioria grande - dentro quatro vezes mais. No computador modelagem no esses virtual terras acumulado incrível a quantidade de água é 300 vezes maior do que na Terra real, então toda a sua superfície devo ser abordado impressionante oceano muitos quilômetros profundidades.

A propósito, e a busca por planetas do tipo terrestre? Ai, praticamente nada, Então Como as sensibilidade método radiação velocidades permite de forma confiável detectar apenas planetas gigantes (planetas próximos a pulsares, que serão discutidos abaixo é uma rara e feliz exceção). O menor dos exoplanetas recentemente descobertos gira por aí vermelho anão - estrelas espectral classe M Com temperatura superfície é de 2-3 mil graus Kelvin (nosso Sol tem 6 mil). Presumivelmente é sólido, ou seja, é constituído de rochas, como a Terra, e sua massa é estimada cerca de 7,5 massas terrestres (visivelmente menos que a de Netuno ou Urano). Tudo seria nada no entanto, infelizmente, este é novamente um planeta em órbita baixa (embora devido ao relativamente tamanho pequeno para chamá-lo de "Júpiter" de alguma forma o idioma não gira). Em torno de seu sol fraco, gira em dois dias (1,94 dias) e está a uma distância dele três milhões de quilômetros - 50 vezes mais perto do que a Terra do Sol. E embora a anã vermelha - não como nosso luminar quente, no entanto aquece a superfície de um vôo rápido planetas antes da 200–400 graus em Celsius. Vida terreno modelo lá por muito pouco se possível.

No entanto desespero tudo mesmo não custos, porque o Estatisticas extra-solar planetas longa distância não cheio. Digamos considerável interesse representa sistema estrelas HD37124 dentro constelação Touro Onde descoberto três planetas, cada a partir de que duas vezes mais fácil Júpiter uma os raios de suas órbitas são 0,5, 1,7 e 3,2 UA. e. E como há uma tensão especial no sistema estelar de a constelação de Touro não é observada, é bem possível supor a presença de planetas terrestres lá modelo. O mesmo se aplica à estrela 47 Ursa Maior, na qual planetas massivos semelhantes a Saturno e Júpiter, com muito semelhante parâmetros órbitas. Portanto, na região interna desse sistema, a existência de planetas tipo terra.

No entanto, permanece o fato de que a estrutura das órbitas da grande maioria dos exoplanetas até remotamente não recorda solar sistema. de volta para trás espremido para seus bolas de gás quente para o sol ou fugindo ao longo de elipses inimaginavelmente esticadas gelado gigantes não tenho nada em geral Com planetas solar sistemas. Se um sugerir que nas regiões internas de alguns sistemas exoplanetários há espaço para planetas semelhantes à Terra, é difícil imaginar como eles podem sobreviver, porque migração gigantes para Estrela inevitavelmente liderará para catastrófico interseção órbitas.

Até a anatomia dos gigantes gasosos estrangeiros é fundamentalmente diferente. Muitos deles têm maciço essencial a partir de pesado elementos, no que responsável por antes da 70% tudo massas planetas. visivelmente inferior em tamanho nosso Júpiter ou Saturno, tão atípico os exoplanetas os superam significativamente em massa. Não há nada parecido no sistema solar. atende. Tudo esses quebra-cabeças, juntos ocupado, conduzir para muito triste conclusão cerca de singularidade nosso planetário sistemas. planetas terrestre grupos Aplique sobre sustentável órbitas e dentro princípio capaz ser berço vida. planetas gigantes circulando lentamente à distância e não interfira em ninguém; Além disso, há um ponto de vista de acordo com que elas executar importante protetor função, cobertura doméstico planetas de ataques inesperados de corpos celestes perigosos. Isso se resume a alguns astrofísicos falam de uma versão peculiar do princípio antrópico, de acordo com que ocorrência vida no Terra mais próximo caminho relacionado Com Júpiter.

A astronomia como ciência se desenvolveu sob o signo da crescente descentralização. Primeiro nós aprendido, o que Terra não é Centro universo, uma representa você mesma muito um corpo celeste modesto correndo incansavelmente ao redor do sol. Então descobriu-se que nosso magnífico luminar, divinizado, exaltado ao céu e dando vida a todos criaturas - uma anã amarela comum da classe espectral G, que faz parte do Milky Há escuridão no caminho. E não está de forma alguma localizado no centro da Galáxia, como acreditou imprudentemente alguns astrônomos do século XVIII, e se estabeleceu em seu distante quintais, onde havia apenas algumas estrelas, entre dois braços espirais empoeirados. MAS agora nós eles dizem, o que disco leitoso Caminhos, isto torcido dentro apertado nó monstruoso borrão Com através dentro 100 mil leve anos, há não o que outro Como as 1 a partir de centenas bilhão galáxias, espalhado sobre universo sem limites.

O pensamento da singularidade do sistema solar continua sentado como uma lasca, bastante envenenamento astrônomos vida. Xanfomality escreve:

...

Tudo ampla planetas solar sistemas tenho por pouco coplanar (localizado dentro 1 avião) estábulo órbitas Com baixo excentricidade, exclusivo eles catastrófico convergência. Ensolarado sistema - isto é sistema Com baixo entropia (alta estabilidade). Mas são precisamente os sistemas de alta entropia dos exoplanetas em que apenas os corpos mais maciços sobrevivem pode ser a norma. O sistema solar pode ser completamente diferente daquele em que vivemos. Ou talvez vivamos nele exatamente porque ela não semelhante no outro?

NO conclusão restos contar, o que primeiro exoplaneta foi descoberto não 1994 ano, uma no de várias anos antes da - dentro 1990 quando americano astrônomo polonês origem Alex Woltzshan (Volchan dentro outro transliteração) enviado minha radiotelescópio para o pulsar fraco PSR 1257+12, localizado a uma distância de 1300 luz anos da Terra. Por sua natureza física, os pulsares são estrelas de nêutrons. que emitem pulsos poderosos e estritamente periódicos de radiação eletromagnética. Periodicidade do pulso todo mundo tem isso pulsar estritamente Individual e geralmente encontra-se em variando de 640 pulsos por segundo a um pulso por cinco segundos. rapidamente uma estrela de nêutrons em rotação é, de fato, um ímã gigante, e ao longo direto, conectando postes isto magnético, que o fiação Como as louco, voar para fora Então chamado jatos - poderoso jatos vermelho quente plasma e fótons. A variabilidade do brilho é explicada de forma simples, pois o pólo magnético não precisa estar no eixo rotação (os pólos magnéticos da Terra também não coincidem com os pólos geográficos). O jato eletromagnético de saída descreve um cone em torno do eixo de rotação, e vemos o pulsar apenas nos momentos em que "olha" diretamente para a Terra. Em um momento ele vira-se e vai para o lado, para voltar depois de algum tempo, estritamente fixo intervalo de tempo.

Porque o período pulsares exclusivamente estábulo (até antes da 10-14 segundos), radiação Rapidez nêutron estrelas posso a medida Com precisão antes da 1 cm/s o que completamente inacessíveis às estrelas comuns. Ainda mais precisamente, pode-se definir sua periodicidade deslocamento ao girar em torno do baricentro, de modo que o pulsar não tem uma grande trabalho para detectar planetas com uma massa da ordem da Terra. Mas desde a existência de planetas pulsares ninguém não poderia Sonhe até dentro de pesadelo Sonhe, astrônomos simplesmente acenou no eles mão.

Mas Alex Woltzschan quebrou a tradição e não perdeu. Análise das variações do pulsar com frequência de pulso de 6,2 milissegundos mostrou que em torno de uma estrela de nêutrons até três planetas, cujas massas são bastante comparáveis com a massa da Terra (0,02, 4,3 e 3,9 M „respectivamente). órbitas, sobre que elas estão se movendo por pouco circular e constituir 0,2 0,4 e 0,5 uma. e. Períodos apelações também aceitável - 25, 66 e 98 dias. Problema é dentro volume, o que absolutamente claro, o que caminho esses planetas poderia com segurança sobreviver explosão Super Nova, por nêutron Estrela há não o que outro Como asproduto da explosão de uma estrela comum no final de sua vida. Explosão de supernova é monstruosa cataclismo, que o devo foi "passar a ferro" limpar vizinhança estrelas, Então o que planetas elementar não poderia sobreviver. Astrofísicos suponha o que próximo a partir de explodiu supernova uma vez que havia outra estrela, cuja substância gradualmente fluiu para o pulsar (um pulsar é um corpo muito massivo), e o ranho que permaneceu fora do trabalho, condensado dentro planetas.

Para decidir, quantos único Ensolarado sistema, precisar Prosseguir Procurar exoplanetas e, em primeiro lugar, semelhantes à Terra. Há razões para acreditar que o futuro a década deve ser marcada por novas descobertas. Os franceses pretendem lançar satélite espacial COROT, especialmente concebido para observar trânsitos, e Telescópio orbital americano "Kepler" por quatro anos de trabalho será capaz de explorar aproximar 100 mil estrelas. europeu espaço agência planejado lançar satélite
"Darwin", representando você mesma sistema a partir de seis orbital telescópios, que o visa procurar sinais químicos de vida em outros planetas. Resta esperar que quantia cedo ou tarde vai passar dentro qualidade.